Kulturelle Figurationen: Artefakte, Praktiken, Fiktionen

Herausgegeben von
J. Ahrens, Gießen, Deutschland
J. Bonz, Innsbruck, Österreich
M. Hamm, London, United Kingdom
U. Vedder, Berlin, Deutschland

Kultur gilt – neben Kategorien wie Gesellschaft, Politik, Ökonomie – als eine grundlegende Ressource sozialer Semantiken, Praktiken und Lebenswelten. Die Kulturanalyse ist herausgefordert, kulturelle Figurationen als ebenso flüchtige wie hegemoniale, dynamische wie heterogene, globale wie lokale und heterotope Phänomene zu untersuchen. Kulturelle Figurationen sind Produkt menschlichen Zusammenlebens und bilden zugleich die sinnstiftende Folie, vor der Vergesellschaftung und Institutionenbildung stattfinden. In Gestalt von Artefakten, Praktiken und Fiktionen sind sie uneinheitlich, widersprüchlich im Wortsinn und können doch selbst zum sozialen Akteur werden. Die Reihe „Kulturelle Figurationen: Artefakte, Praktiken, Fiktionen" untersucht kulturelle Phänomene in den Bedingungen ihrer Produktion und Genese aus einer interdisziplinären Perspektive und folgt dabei der Verflechtung von Sinnzusammenhängen und Praxisformen. Kulturelle Figurationen werden nicht isoliert betrachtet, sondern in ihren gesellschaftlichen Situierungen, ihren produktionsästhetischen und politischen Implikationen analysiert. Die Reihe publiziert Monographien, Sammelbände, Überblickswerke sowie Übersetzungen internationaler Studien.

Herausgegeben von

Prof. Dr. Jörn Ahrens
Universität Gießen
Deutschland

PD Dr. Jochen Bonz
Universität Innsbruck
Österreich

Dr. des. Marion Hamm
Universität Graz
Österreich

Prof. Dr. Ulrike Vedder
Humboldt-Universität zu Berlin
Deutschland

Weitere Bände in dieser Reihe
http://www.springer.com/series/11198

Jochen Bonz

Alltagsklänge – Einsätze einer Kulturanthropologie des Hörens

PD Dr. Jochen Bonz
Universität Innsbruck
Innsbruck, Österreich

Kulturelle Figurationen: Artefakte, Praktiken, Fiktionen

ISBN 978-3-658-00888-8 ISBN 978-3-658-00889-5 (eBook)
DOI 10.1007/978-3-658-00889-5

Die Deutsche Nationalbibliothek verzeichnet diese Publikation in der Deutschen Nationalbibliografie; detaillierte bibliografische Daten sind im Internet über http://dnb.d-nb.de abrufbar.

Springer VS
© Springer Fachmedien Wiesbaden 2015
Das Werk einschließlich aller seiner Teile ist urheberrechtlich geschützt. Jede Verwertung, die nicht ausdrücklich vom Urheberrechtsgesetz zugelassen ist, bedarf der vorherigen Zustimmung des Verlags. Das gilt insbesondere für Vervielfältigungen, Bearbeitungen, Übersetzungen, Mikroverfilmungen und die Einspeicherung und Verarbeitung in elektronischen Systemen.
Die Wiedergabe von Gebrauchsnamen, Handelsnamen, Warenbezeichnungen usw. in diesem Werk berechtigt auch ohne besondere Kennzeichnung nicht zu der Annahme, dass solche Namen im Sinne der Warenzeichen- und Markenschutz-Gesetzgebung als frei zu betrachten wären und daher von jedermann benutzt werden dürften.
Der Verlag, die Autoren und die Herausgeber gehen davon aus, dass die Angaben und Informationen in diesem Werk zum Zeitpunkt der Veröffentlichung vollständig und korrekt sind. Weder der Verlag noch die Autoren oder die Herausgeber übernehmen, ausdrücklich oder implizit, Gewähr für den Inhalt des Werkes, etwaige Fehler oder Äußerungen.

Lektorat: Cori Antonia Mackrodt, Katharina Gonsior

Gedruckt auf säurefreiem und chlorfrei gebleichtem Papier

Springer Fachmedien Wiesbaden ist Teil der Fachverlagsgruppe Springer Science+Business Media (www.springer.com)

Inhaltsverzeichnis

Einleitung: Alltagsklänge 1

„The intangible that is invisible as well as untouchable can still be audible.“
Theodor Reik

Alltagsklänge als Untersuchungsgegenstände ernst zu nehmen, ist neu. Ebenso neu ist es, ihnen einen Platz in der Konzeptualisierung des Kulturellen zuzugestehen. Als Phänomene sensueller Wahrnehmung sind sie zu einem Gegenstand des Anspruchs geworden, der „sensory and sensual totality of experience“[1] in der kultur- und sozialwissenschaftlichen Forschung gerecht zu werden. „Die Selbstverständlichkeit sinnlicher Wahrnehmung und Interpretation ist über lange Zeit [...] übersehen worden“[2], beklagt Regina Bendix, und erwähnt mit dem Sehen auch einen Grund für diesen Umstand: Ist die Entdeckung des Hörens durch die Kulturforschung doch mit der Hoffnung und dem Wunsch verknüpft, die erkenntnistheoretischen und -praktischen Implikationen eines Zentrismus des Auges und des Sehens zu überwinden, von dem wir heute annehmen, er habe zumindest die europäische Kultur über Jahrhunderte, wenn nicht Jahrtausende, bestimmt.[3]

---

[1] Bendix, Regina 2000: Pleasures of the Ear, 33.

[2] Bendix, Regina 2006: Was über das Auge hinausgeht, 73.

[3] Vgl. Bendix, Regina ebd.; vgl. Bull, Michael u. Back, Les 2006: Into Sound, 1f.: „The dominance of the visual has often meant that the experience of the other senses – touch, taste, smell and listening – has been filtered through a visualist framework. The reduction of knowledge to the visual has placed serious limitations on our ability to grasp the meanings attached to much social behaviour, be it contemporary, historical or comparative.“

© Springer Fachmedien Wiesbaden 2015
J. Bonz, *Alltagsklänge – Einsätze einer Kulturanthropologie des Hörens,* Kulturelle Figurationen: Artefakte, Praktiken, Fiktionen, DOI 10.1007/978-3-658-00889-5_1

An dieser einleuchtenden Herleitung des sensual turn im Allgemeinen und der Sound Studies im Besonderen aus einer Abgrenzungsbewegung gegenüber dem hohen Stellenwert des Sehens in der westlichen Kultur, und nicht zuletzt auch in der von dieser hervorgebrachten Kulturforschung, erscheint mir weniger der ihr inhärente Fortschrittsanspruch interessant als vielmehr die hier zum Ausdruck kommende paradigmatische Verknüpfung des Sehens und des Hörens mit spezifischen Modi des Wahrnehmens. Verbinden wir das Sehen doch mit Genauigkeit, mit Präzision, auch mit einer Vorstellung vom Erkennen als Festhalten von Entitäten, die eindeutig von anderen Entitäten ab- und damit eingrenzbar sind.

Wenn man Hermann Bausingers Hinweis folgt, dass sich Moden nicht ohne Grund ereignen würden[4], so stellt sich die Hinwendung zum Hören auch als eine Abkehr vom Vertrauen in das Sehen dar; und zwar als eine begründete Abkehr. Der Stellenwert des eindeutigen Erkennens, des Festhaltens eines Sachverhaltes auf der Grundlage von Begriffen, deren Gültigkeit unhinterfragt besteht, hat sich in den zeitgenössischen Geistes- und Sozialwissenschaften wie auch im Gesamten der spätmodernen westlichen Kultur gewandelt. Er ist geschwächt. Wenn wir heute klar sehen, dann wissen wir nicht nur, *was* wir sehen, sondern wir wissen zugleich auch, dass unserem Blick etwas *entgeht*. Deshalb heißt geistes- und sozialwissenschaftliches Arbeiten jetzt, in einem Zustand der Pluralität der Episteme und Methoden sowie der Relativität der Aussagen, die wir auf deren Grundlage treffen, zu forschen. Es handelt sich damit um einen Zustand, der dem Subjekt des Forschens abverlangt, die eingeschränkte Gültigkeit seiner Ergebnisse zu akzeptieren. Immer wieder aufs Neue müssen Entscheidungen bezüglich der Konzeptionen getroffen werden, die als begriffliches Werkzeug des Erkennens dienen sollen. Es ist deshalb auch eine Situation der Unsicherheit, denn jedem Blick droht nicht einfach etwas, sondern möglicherweise sogar Entscheidendes zu entgehen. Diese Qualitäten sind es meines Erachtens, die nicht nur Kennzeichen des zeitgenössischen wissenschaftlichen Arbeitens darstellen, sondern Eigenschaften der spätmodernen Gegenwartskultur selbst bilden, die die Beschäftigung mit dem Klanglichen zu einem vielversprechenden Einsatz der Gegenwartskulturforschung machen.

Ich möchte für diese Annahme wie folgt argumentieren. In der beschriebenen kulturellen Situation, und in Bezug auf sie, verspricht das Hörbare einen verlässlichen Zugang zur Wirklichkeit. Dieses Versprechen hat seinen Grund in den Modalitäten des Hörens als Wahrnehmungsform. Wenn meine Studie funktioniert, dann wird dieses Argument von Kapitel zu Kapitel an Substanz und damit auch an Plausibilität gewinnen. Mit drei kurzen Beispielen aus der Forschungsliteratur will ich an dieser Stelle aber schon einmal die Tendenz anzeigen, die das Argument besitzt.

---

[4] Vgl. Bausinger, Hermann 1978: Identität, 204.

Im Ohr-Kapitel seiner Studie *Der Kopf des Körpers* schreibt Utz Jeggle: „[Das Ohr] warnt, aber es weiß nicht wovor. Es hat nicht die Kombinationskraft des Augensinns, es serviert akustisch, aber ohne Begriff […]. Es kann schlecht ordnen, es kann nur mit Bekanntem vergleichen und bleibt deshalb oft hilflos, weil es auch das registriert, was es nicht kennt."[5] Mit dem Hören geht für Jeggle ein Wahrnehmen einher, das dadurch bestimmt ist, dass sich das Wahrgenommene nicht umstandslos ‚ordnet'. Für das Hören existiert auch, was es nicht versteht. Es hält das Ungeordnet-Sein aus. Eine ähnliche Überlegung formuliert mit Brandon LaBelle ein umtriebiger Akteur im künstlerischen und akademischen Feld der zeitgenössischen Sound Studies wie folgt: „To catch a sound, to concentrate the ear, […] brings forward unsteady anticipation – sound in this regard might be the prescient announcement of what shall eventually come forward, into plain view, to spawn fear of the unknown or hope for the future."[6] Die mit einer relativen Bedeutungsoffenheit des Gehörten einhergehende Eindrücklichkeit des Klanglichen löst für LaBelle im Subjekt des Hörens eine Haltung der Erwartung aus. In Bezug auf die Funktion der Tonspur im Medium Film fassen Constanze Ruhm und Diedrich Diederichsen die Erwartung als utopisches Potenzial. In einem Gespräch mit dem Regisseur Christian Petzold erläutert Ruhm dies mit dem Hinweis auf die Differenz zwischen Bild und Ton:

„‚While the image narrates one thing, the sound narrates something else…' Diedrich Diederichsen: ‚In other words, something more is there. You see an image and hear something else. Something more is there. The world grows larger. That is truly utopian.' Christian Petzold: ‚Aha, now I get what you mean.' Diedrich Diederichsen: ‚That's just one possibility. Something more is there. Someone's coming from over there. That is already a promise.'"[7] Das Gespräch kommt hierauf in Gang, und in seinem weiteren Verlauf äußert sich Petzold unter anderem über die Schwierigkeit, wirkliche Alltagsklänge in der Filmproduktion zu verwenden. „The microphone sound is not realistic: microphones don't filter. We filter, we have perceptual filters – when we concentrate on something […], we hear something."[8]

Diederichsen antwortet hierauf, indem er die mikrofonisch-ungefilterte Klangaufzeichnung in einen Zusammenhang stellt mit dem unbewussten Hören. Hierzu greift er mit dem ‚Realen' auf eine Konzeption der Lacan'schen Psychoanalyse zurück, die bei Lacan eine Dimension der Subjektivität und des Erlebens der Wirklichkeit durch das Subjekt bezeichnet, deren Kennzeichen gerade darin besteht,

[5] Jeggle, Utz 1986: Der Kopf des Körpers, 112.

[6] LaBelle, Brandon 2010: Acoustic Territories, 41.

[7] Petzold, Christian interviewt von Constanze Ruhm und Diedrich Diederichsen 2010: You Can Only Narrate Loneliness Acoustically, 220.

[8] Ebd., 223.

im Gegensatz zum Modus der Sprachlichkeit (Symbolisches) und dem Modus der Bildlichkeit (Imaginäres), das in ihm Vorliegende und sich in ihm Ereignende in grundlegender Weise *nicht* zu mediatisieren. „[T]he merciless recording of [...] sounds by an abandoned microphone" korrespondiere nicht mit der Realität des menschlichen Wahrnehmens, sondern verfüge über „a kind of realism that lies beyond human perception [...]. That's Lacan's real, that which is not symbolized."[9]

In allen drei Beispielen ist Klang mit der Wahrnehmung von etwas verbunden, das in einer gegebenen Situation vorliegt, anwesend ist, sich jedoch der Einordnung, dem Verständnis, entzieht. Die Möglichkeiten, die sich einer Kulturanthropologie des Klangs eröffnen, haben meines Erachtens von dieser Eigentümlichkeit auszugehen. Das kann beispielsweise heißen, die Eigenschaften des Klanglichen als Forschungshaltung zu übernehmen und unvoreingenommen danach zu fragen, was in spezifischen kulturellen Situationen anwesend ist. Es kann auch heißen, dem Niederschlag nachzugehen, den klangliche Wahrnehmungen im Subjekt des Hörens bilden. Diesen und weiteren Fragen gehe ich in der vorliegenden Studie in einer Reihe von Essays nach, die jeweils ein konkretes Klangphänomen, einen Aspekt der Klangkulturforschung oder die Ergebnisse vorliegender Studien erörtern. Ihre Anordnung in Kapiteln entspricht der Bewegung des Textes im Ganzen, bestimmte Aspekte von Kapitel zu Kapitel immer weiter zu entwickeln. Trotz ihrer lediglich losen Verknüpfung und bei aller Wiederholung, die sich dabei auch einstellt, bauen die Essays deshalb aufeinander auf.

Die konkreten Gegenstände der Untersuchung bilden eine künstlerische Soundscape-Forschung auf den Äußeren Hebriden (Kap. 2.1.) und der Ansatz der klassischen Soundscape-Forschung des World Soundscape Projects um den Musiker Raymond Murray Schafer in den 1970er Jahren (Kap. 2.2.). Hieran schließt die Auseinandersetzung mit aktuellen Studien an, die sich in der Tradition der Soundscape Studies begreifen lassen. Hierzu zählen eine Forschung, die Michael Bull über Motive und Praktiken der Walkman-Nutzung durchführte, und Helmi Järviluomas Wiederholungsstudie *Five Village Soundscapes* (3.1). Während hier die semantische Aufladung der Klänge als Träger von Erinnerungen thematisiert wird, geht es in einer Reihe jüngerer Studien, die häufig Phänomene der elektronischen Dance Music in der Folge von Acid House und Techno zum Gegenstand haben, gerade um die relative Abwesenheit des Semantischen bei gleichzeitig eindringlicher Präsenz klanglicher Materialität (3.2). Die Klänge scheinen hier gar nichts zu sagen, aber dennoch sehr viel in denjenigen zu bewirken, die sie hören. Dass die Singstimme in der Popmusik der Nullerjahre vielfach digital auf eine Weise verzerrt ist, die das digitale Sich-Überschlagen geradezu ausstellt, wird beschrieben

[9] Ebd., 224.

und ein Erklärungsversuch der Attraktivität dieses Sounds unternommen (Kap. 4). Mit dem lift-up-over sounding wird ein Modus kultureller Klanglichkeit in seiner ästhetischen und kulturellen Spezifik dargestellt, den der Musikethnologe Steven Feld erforschte (Kap. 5). Abschließend beschreibe ich einen Methodenansatz, die sonische Ethnografie, der sozial-kulturelle Situationen ausgehend vom Klanglichen zu beschreiben erlaubt.

Es ist mein Anliegen, in der Beschreibung dieser verschiedenen Klangphänomene und Forschungsansätze die Möglichkeiten einer Klänge berücksichtigenden Kulturforschung in ihrer Breite deutlich werden zu lassen. Allerdings verfolge ich dabei nicht den Anspruch, alle möglichen Ansätze und die mit diesen einhergehenden Hoffnungen und Ambitionen abzudecken. Die Auseinandersetzung mit ihnen dient mir vielmehr dazu, aufzuzeigen, dass sich die sonische Kulturforschung dazu eignet, eine Thematik untersuchbar machen, deren Erforschung mir als große Herausforderung erscheint: Die Stellung des Subjekts in der spätmodernen Gegenwartskultur, und damit auch Grundzüge dieser Kultur selbst.

Für Unterstützung bei meinem Vorhaben möchte ich mich ausdrücklich bei meinen Studierenden bedanken, die sich mit mir in den vergangenen Jahren auf die Klanglichkeit als eine für die Kulturforschung interessante Dimension der Wirklichkeit eingelassen haben und von denen ich Lisa Weyer und Alexandra Bröckl stellvertretend für viele namentlich nennen möchte. Mein Dank gilt außerdem allen Beteiligten am DFG-Research Network *Sound in Media Culture* und besonders Maria Hanacek (†), Jens-Gerrit Papenburg und Holger Schulze; besonderer Dank gilt Simon Bahlmann/Czichy, Bianca Ludewig, Philipp Rhensius und Henning Wellmann für ihr Vertrauen und unseren intensiven Austausch; Johannes Springer für langjährigen Austausch und Freundschaft; Sven Opitz für seine Ermutigung, den Schritt von der Popkulturforschung zu den Sound Studies zu machen; Cora Bender für ein gemeinsames Seminar zum Thema an der Universität Bremen; Johannes Ismaiel-Wendt für so freundliche wie klare Worte; Malte Pelleter für den Hinweis auf Alexander Weheliyes Überlegungen zu Autotune; Birgit Abels, Regina Bendix, Susanne Binas-Preißendörfer, Konstantin Butz, Moritz Ege, Andrea Seier, Anna Symanczyk, Sebastian Schwesinger, Felix Gerloff und Holger Schulze für Gelegenheiten, Überlegungen präsentieren zu können; den Innsbrucker Kolleg_innen für ihr Interesse; den Teilnehmer_innen der Tübinger/Stuttgarter Supervisionsgruppe für Feldforscher_innen; Cori Mackrodt von Springer VS und meinen Mitherausgeber_innen der Reihe ‚Kulturelle Figurationen'.

Besonders bedanke ich mich bei meiner Frau Kristina und meinen Töchtern Lilli und Rosa dafür, mal in großer Nähe und mal auch distanzierter mitzumachen, was und wie es mich beschäftigt.

Hörgewohnheiten. Zur kulturellen Konventionalität der Klänge 2

Ein erster Anlauf. „Nehmen wir an, ich sei aus Eifersucht, aus Neugier, aus Verdorbenheit so weit gekommen, mein Ohr an eine Tür zu legen, durch ein Schlüsselloch zu gucken. […] Ich bin reines Bewusstsein von den Dingen […]. Meine Haltung [ist] eine bloße Art, mich in der Welt zu verlieren, mich durch die Dinge aufsaugen zu lassen wie Tinte durch ein Löschblatt“.[1] Mit Formulierungen wie diesen beschreibt Jean-Paul Sartre in seiner philosophischen Grundlegung des Existenzialismus', *Das Sein und das Nichts*, eine Situation, in der das Subjekt ganz in seinem Begehren konzentriert ist: In seinem Selbst, als Subjekt, geht es in dem auf, was es da hört und sieht („[D]iese Eifersucht *bin* ich, ich erkenne sie nicht.“[2]). Aber die Situation hält nicht; ein Geräusch besitzt die Macht, sie aufzulösen und das in ihr vorhandene Selbst anzugreifen und fundamental infrage zu stellen. „Jetzt habe ich Schritte im Flur gehört: man sieht mich.“ So wie einen Moment zuvor noch das, was zu sehen und zu hören war, dem Subjekt etwas bedeutete, so bedeutet auch der Klang der Schritte auf dem Flur, der möglicherweise vom Knarzen eines Holzfußbodens kommt (oder handelt es sich um ein Schlurfen oder um ein lautes Auftreten auf einem Steinboden?), etwas. Auch wenn das, was der Klang der Schritte bedeutet, von einer ganz anderen Art ist als die vorausgegangene Situation. An die Stelle der Konzentration des Selbst in einem eigenen Begehren tritt eine Situierung, die das Subjekt vom Anderen her erfährt und die dazu führt, dass es sich als ein ‚Objekt‘ in dessen Welt wahrnimmt; einer Welt, die vom Anderen her auf das Subjekt kommt und der etwas grundsätzlich Fremdes anhaftet. „Ich bin […] dieses

[1] Sartre, Jean-Paul 2005: Das Sein und das Nichts, 467f.

[2] Ebd., 468, Hervorhebung im Original.

© Springer Fachmedien Wiesbaden 2015

J. Bonz, *Alltagsklänge – Einsätze einer Kulturanthropologie des Hörens,* Kulturelle Figurationen: Artefakte, Praktiken, Fiktionen, DOI 10.1007/978-3-658-00889-5_2

Ich, das ein anderer erkennt. Und dieses Ich, das ich bin, bin ich in einer Welt, die der Andere mir entfremdet hat, denn der Blick des Anderen umfasst mein Sein und korrelativ die Wände, die Tür, das Schlüsselloch; alle diese Utensilien-Dinge, in deren Mitte ich bin, wenden dem andern eine Seite zu, die mir grundsätzlich entgeht. So bin ich mein *Ego* für den andern inmitten einer Welt, die zum andern hin abfließt."[3] Es ist eine Welt, die der Andere mit sich bringt, die Welt, die der Andere für das Subjekt bedeutet und deren Einrichtung von Sartres Subjekt als „Verhärtung und Entfremdung meiner eigenen Möglichkeiten"[4] erlebt wird. Die Macht, ein in seinem Begehren konzentriertes Selbst zur Selbst-Entfremdung zu führen, diese Kraft, eine Welt aufzulösen, eine Welt einzurichten, das Subjekt zu situieren, nennt Sartre den ‚Blick des Anderen'. Er hätte stattdessen auch ‚Klang des Anderen' sagen können.[5]

Ein zweiter Versuch. „Man weiß, was die Geräusche bedeuten, kennt das Knarren der Tür, das Hämmern des Schmieds, den Durstruf des Säuglings, das Geschimpfe der Nachbarin."[6] – Das in sozialwissenschaftlicher Hinsicht fundamentalste Kennzeichen des Klanglichen besteht in der Tatsache, dass Klänge in unserer Wahrnehmung meistens einen *Sinn machen*; eine Bedeutung haben; eine Bedeutung kommunizieren, transportieren. In dieser Bedeutung gehen sie in der Regel so sehr auf, dass sie in unserer Wahrnehmung – als Klänge *an sich* – hinter ihrer Bedeutung gewissermaßen verschwinden.

---

[3] Ebd., 471, Hervorhebung im Original.

[4] Ebd., 474.

[5] Das sage ich heute. Als Sartre *Das Sein und das Nichts* in den 1930er und 1940er Jahren schrieb, ließ sich die Macht, um die es ihm geht, nur am Sehen festmachen. Ein ‚Klang des Anderen' hätte der Zentralität des Auges/Blickes in der europäischen Tradition nicht entsprechen können. Eine Schlüsselszene seines Romans *Der Ekel*, die mit der Macht der Blicke operiert, erscheint mir auch kaum ins Klangliche transponierbar: Der existenzialistische Held des Romans, in dem sich eine zunächst als Ekel erlebte Wahrnehmung der Wirklichkeit einrichtet, die darin besteht, dass er die Dinge nicht länger in ihrer Bedeutung sondern in ihrer schieren Existenz erlebt, trifft im Stadtmuseum auf Portraits der Honoratioren der Stadt, in der er lebt. In diesen Portraits werden die Kriterien ihrer Welt ihm gegenüber lebendig; ihre Blicke verurteilen ihn als Nichtsnutz. Die existenzialistische Geste des Helden besteht nun darin, zurück zu schauen und den Blicken ihre Macht zu nehmen. Darüber erlischt die Autorität der Portraits und diese bleiben in ihrer Existenz zurück. Über die Wahrnehmung eines der portraitierten Honoratioren durch den Helden schreibt Sartre: „[A]uf einmal erlosch sein Blick, das Bild wurde trüb. Was blieb? Blinde Augen, der Mund, dünn wie eine tote Schlange, und Wangen. Blasse und runde Kinderwangen. Sie breiteten sich auf dem Gemälde aus." Sartre Jean-Paul 1999: Der Ekel, 104. Vgl. Waltz, Matthias 1993: Ordnung der Namen, 60-84.

[6] Jeggle, Utz 1986: Der Kopf des Körpers, 115.

Ein Beispiel. „A Auto foat untn voabei/i hea a Plottn von de Doors./I sitz vua meina Schreibmaschin,/i glaub a Volkswog'n woas".[7] Wolfgang Ambros singt in *I bin miad* darüber, wie ein Ich, das dichtet, das Lieder schreibt, nachts in der Küche an der Schreibmaschine sitzt, seine Gedanken schweifen lässt und die Umweltklänge wahrnimmt, die sich beim Hören in ein Wissen übersetzen: Ein Klang bedeutet das Motorengeräusch eines vorbeifahrenden Autos, bei dem es sich sehr wahrscheinlich um einen VW gehandelt hat.

Ein anderes Beispiel: Der Klang eines nahenden Autos macht, dass ich nicht, wie ich es eigentlich gerade noch vorhatte, die Straßenseite wechsle, sondern auf dem Gehweg bleibe. Das geschieht, ohne dass ich groß überlegen würde; denn die Klänge haben sich in den Sinn ‚Vorsicht, ein Auto kommt!' übersetzt.

Oder: Die Geräusche der Kaffeemaschine lösen eine Vorfreude auf den Kaffee aus – weil sie Kaffee bedeuten. Oder: Die Klänge der Computertastatur (und noch ein paar weitere Umweltgeräusche) bilden den Soundtrack meiner Schreibtätigkeit, also der Formulierungsbemühungen, deren Ergebnis hier zu lesen ist. Freilich beschäftigen mich nicht die Klänge der Tastatur, während ich schreibe, obwohl ich sie ja höre, sondern ich denke an Worte und Formulierungen und andere Worte und alternative Formulierungen. Die Klänge bilden einen Bestandteil der Dinge, die in diesem Fall die *Situation* des Schreibens bedeuten.

Grundlegend fungieren die Klänge in diesen Beispielen als klangliche Zeichen, die sich für das Subjekt des Wahrnehmens quasi immer schon in Bedeutungen übersetzt haben. Wobei der Begriff ‚Bedeutung' von mir hier in einem weiten Sinne verstanden wird, der auch Handlungen, Stimmungen, Gefühle etc. umfassen kann.

Die Bedeutungsdimension des Klanglichen, also seine semantische Funktion, zu benennen, fällt mir nicht leicht. Der komplizierte Einstieg mit zwei Anläufen, zwei Versuchen, zeigt dies. Der Grund für diese Schwierigkeit liegt meines Erachtens im Zeichencharakter selbst. Gerade weil die Klänge bekannt sind und gekannt werden; weil sie sich also in einen Sinn übersetzt haben, den wir denken; weil sie sich in Empfindungen übertragen haben, die wir spüren; weil sie Stimmungen hervorrufen; weil sie uns handeln machen; kurz: weil sie in Hörgewohnheiten aufgehen, die einen integralen Bestandteil umfassenderer kultureller Konventionen bilden, entgeht uns ihre semantische Funktion. Diese sträubt sich gegen das Wahrgenommenwerden, da sie unser Instrument des Wahrnehmens der Wirklichkeit ist.

Bei den zum Zeichen gewordenen Verbindungen aus Klang und Bedeutung handelt es sich um einen bislang wenig erforschten Aspekt einer kulturellen Dimension des menschlichen Daseins, die von der klassischen Ethnologie des 19.

[7] Ambros, Wolfgang 2013: I bin miad.

und 20. Jahrhunderts in Stammesgesellschaften gefunden und als Kern des Kulturellen verstanden wurde. Meint die klassische Ethnologie mit ‚Kultur' im Wesentlichen doch eine *andere Welt*, die deshalb anders ist, weil sie eine spezifische Ontologie ausbildet: Einen Bedeutungsraum, in dem bestimmte Objekte, Werte, Motive, Handlungen, Zeitpunkte, Subjektpositionen etc. existent sind und Sinn machen. Claude Lévi-Strauss bezeichnet diese kulturspezifischen Kategorien des Wahrnehmens in seiner strukturalistischen Untersuchung des Zusammenhangs von Kultur und Wissen als „klassifizierende Schemata"[8], die ermöglichten, „das natürliche und soziale Universum in der Form einer organisierten Totalität zu erfassen". Von außen betrachtet, aus der Perspektive der Ethnolog_innen, handelt es sich bei dieser Totalität um die ‚fremde Kultur'. Auf ihrer Innenseite erlebt – für die Subjekte der Kultur – handelt es sich um die Welt, in der die Dinge, das eigene Tun, die Anderen und ihre Handlungen Bedeutung besitzen.

Eine konsequente kulturtheoretische Konzeptualisierung der Funktion des Kulturellen, die Wirklichkeit zu einer Welt zu ordnen, bietet der im Strukturalismus und Poststrukturalismus verwendete Begriff der ‚symbolischen Ordnung'. Sein Modell besteht im Sprachverständnis Ferdinand de Saussures, der in zu Beginn des 20. Jahrhunderts gehaltenen Vorlesungen die Sprache als einen synchronen Verweisungszusammenhang beschrieb, in dem die Bedeutungsträger (Signifikanten) deshalb Bedeutungen (Signifikate) zu artikulieren vermögen, weil sie sich aufeinander beziehen und zugleich in ihrer Materialität (ihrem Klang) unterscheiden. Weil sie demnach eine differentielle Verkettung bilden, vermögen die sprachlichen Zeichen (die sich aus einer Verbindung von Signifikant und Signifikat zusammensetzen) in arbiträrer Weise, d. h. aufgrund der im Prinzip beliebigen, in der Realität freilich kulturell bedingten Verbindung von bedeutendem Zeichenmaterial und bedeutetem Sinn etwas zu… bedeuten.[9] Um eine prominente Anwendung dieser Überlegung handelt es sich bei Michel Foucaults Diskursbegriff. Ist ‚Diskurs' für Foucault doch nicht, wie in der alltäglichen Bedeutung des Wortes, der kommunikative Austausch, sondern das, was diesem vorausgeht und ihn damit erst ermöglicht: Die „Ordnung, auf deren Hintergrund wir denken"[10]; eine kategoriale Matrix, ein „Intelligibilitätsraster"[11] (Butler). Symbolische Ordnungen können diese zentrale Funktion des Kulturellen, ein Medium darzustellen, ausfüllen, weil sie „gleichzei-

[8] Hier und im Folgenden Lévi-Strauss, Claude 1997: Das wilde Denken, 159.

[9] Vgl. Saussure, Ferdinand de 2001: Grundfragen der allgemeinen Sprachwissenschaft, 76-87.

[10] Foucault, Michel 1995: Ordnung der Dinge, 25.

[11] Butler, Judith 1993: Leibliche Einschreibungen, 193.

tig Ordnungen der Wirklichkeit und unbewusste Ordnungen des Wissens“[12] sind, wie Matthias Waltz erläutert. „D. h. die für das traditionelle Denken fundamentale Gegenüberstellung von innen und außen, von Subjekt und Wirklichkeit ist prinzipiell aufgehoben.“[13] Als Subjekt einer symbolischen Ordnung nimmt der Mensch in einer Weise die Wirklichkeit wahr, die durch die Kategorien der symbolischen Ordnung geformt ist. Bei Pierre Bourdieu erscheint dieses Prinzip als ‚Kongruenz von sozialen und einverleibten Strukturen‘[14] oder als die ‚Homologie objektiver sozialer und subjektiver mentaler, kognitiver Strukturen‘[15], welche den Habitus kennzeichnet.

In der Erläuterung des Diktums der strukturalen Psychoanalyse Jacques Lacans, ein Signifikant repräsentiere das Subjekt für einen anderen Signifikanten, gibt Slavoy Žižek ein zugespitztes, aber nachvollziehbares Beispiel für die Funktionsweise einer symbolischen Ordnung. „Das Hospitalbett alten Stils hatte an seinem Fußende und außerhalb der Sicht des Patienten eine kleine Schautafel, auf der verschiedene Tabellen und Dokumente befestigt waren, welche die Temperatur, den Blutdruck, die Medikamente des Patienten einzeln anführten. Diese Schautafel repräsentiert den Patienten: für wen? Nicht einfach und unmittelbar für andere Subjekte (für die Schwestern und Ärzte, die diese Tafel regelmäßig kontrollieren), sondern vornehmlich für andere Signifikanten, für das symbolische Netz medizinischen Wissens, in das die Daten auf der Tafel eingetragen werden, um ihre Bedeutung zu erhalten.“[16] Um die Artikulationskraft der Zeichen und damit auch der symbolischen Ordnung als solcher deutlich zu machen, betont Žižek hier die Unabhängigkeit dieser Artikulationskraft von Menschen. Implizit wird in diesem Beispiel jedoch sowohl in Bezug auf den Patienten als auch auf das medizinische und pflegerische Krankenhauspersonal deutlich, dass diese in der von Žižek hier in einem Ausschnitt beschriebenen symbolischen Ordnung des Krankenhauses deshalb Heilung, Wissen, Erkenntnis ermöglicht, weil sie subjektiviert. Die Schwestern und Ärzte sind selbst Signifikanten, d. h. sie nehmen Subjektpositionen im Rahmen einer symbolischen Ordnung ein, die sie dazu in die Lage versetzt, Menschen als ihre Patienten und deren Eigenschaften als Krankheiten mit den von der symbolischen Ordnung angebotenen Kategorien wahrzunehmen.[17] In einer groben

[12] Waltz, Matthias 2006: Subjektivierende Ordnungen, 82.

[13] Ebd.

[14] Vgl. Bourdieu, Pierre 2001: Meditationen, 311.

[15] Vgl. Bourdieu, Pierre 2004: Staatsadel, 15f.

[16] Žižek, Slavoy 1999: Ist das Cogito sexualisiert?, 55.

[17] So begreift Judith Butler die Differenz zwischen Mann und Frau als eine kulturelle Konvention und damit ‚Mann‘ und ‚Frau‘ als zwei Subjektpositionen; vgl. Butler, Judith 1993:

Übersetzung lässt sich die symbolische Ordnung deshalb auch als *Konventionen* fassen: Eine Kultur bildet einen Bedeutungszusammenhang aus, der ein Konventionen-Zusammenhang ist, in dem sich Menschen als Subjekte erweisen, insofern sie die Konventionen in sich aufgenommen haben und auf der Grundlage dieser Internalisierungen die Wirklichkeit in spezifischer Weise als bedeutsam erleben.[18]

Im Strukturalismus und Poststrukturalismus wird die Abhängigkeit menschlicher Wirklichkeitswahrnehmung vom Medium der Kultur betont und deshalb besonders greifbar. Wie Andreas Reckwitz gezeigt hat, setzt sich diese Auffassung aber in der allgemeinen sozialwissenschaftlichen Theoriebildung im Verlauf des 20. Jahrhunderts zunehmend durch.[19]

Zu den Klängen. Wenn Klangereignisse in Bedeutungen aufgehen, bei denen es sich um kulturelle Artikulationen handelt, an welche die Menschen als Subjekte des Mediums, das kulturelle Konventionen darstellen, gebunden sind, wie kann die Dimension des Klanglichen dann die Kulturforschung zu Aussagen *über* das Kulturelle führen? Die vorliegende Studie gibt eine Reihe von Antworten auf diese Frage. Die erste und grundsätzlichste reklamiert ein Verfahren, das der Wissenschaft oft und fälschlicher Weise als generelle Eigenschaft zugeschrieben wird: Distanz einzunehmen, Klangphänomene zu objektivieren, sie zu vergegenständlichen und damit erforschbar zu machen. Eine Realisierungsmöglichkeit bietet hier der Ansatz der Ethnologie: Anstatt die Bedeutung vertrauter Klänge zu untersuchen, befasst man sich mit Klangphänomenen, die in den symbolischen Ordnungen anderer Kulturen Bedeutung besitzen.

Eine zweite Möglichkeit der Distanzierung und Objektivierung besteht in der Beschäftigung mit Klängen, die bereits eine ‚Befremdung' erfahren haben.[20] Ich denke hier an Gegenstände aus dem Bereich der Kunst, der ‚expressiven Kultur'[21],

Leibliche Einschreibungen. Matthias Waltz begreift die genealogische Position der Familie bzw. des Clans in symbolischen Gabentauschordnungen als Subjektposition; vgl. Waltz, Matthias 2006: Subjektivierende Ordnungen.

[18] Bekanntlich besteht eine starke Tendenz des Poststrukturalismus darin, gegen die Konventionen zu rebellieren.

[19] Vgl. Reckwitz, Andreas 2000: Transformation der Kulturtheorien.

[20] Von Befremdung sprechen die Soziologen Stefan Hirschauer und Klaus Amann im Zusammenhang ihres Methodenvorschlags an die Soziologie, verstärkt auf die qualitative empirische Methode der Ethnografie zu setzen. Vgl. Hirschauer, Stefan; Amann, Klaus 1997: Befremdung der eigenen Kultur.

[21] Regina Bendix verwendet den Begriff ‚expressive Kultur' zur Bezeichnung performativ-ästhetischer Praktiken und Artefakte, die einen Bestandteil der Alltagskultur bilden, gerade indem sie die „Rüschen einer Kultur [bilden], also die oft überflüssigen Schnörkel"; Bendix, Regina 1995: Amerikanische Folkloristik, 29; vgl. dies. 2000: The Pleasures of the Ear. Um ein bekanntes Beispiel für in diesem Sinne verstandene expressive Kultur handelt es sich beim balinesischen Hahnenkampf in Geertz' Analyse; vgl. Geertz, Clifford 1991: Deep Play.

als den Erzeugnissen einer ästhetischen Reflexion subjektiver Wirklichkeitserfahrung. Hier findet die Klang-Kulturforschung mit dem popmusiktheoretischen Ansatz Diedrich Diederichsens ein ausgearbeitetes Modell vor. Begreift Diederichsen das popmusikalische Hören doch als „Umsetzung von Sinnesdaten in Zeichen“[22]: „Ich höre Musik nicht ‚neu‘, wenn ich sie häufiger und genauer höre, sondern erschließe sie überhaupt erst. Eine Melodie – oder eine andere lineare Tonfolge – ist erst bewältigt, wenn man sie ‚im Kopf hat‘, ein Sound erst recht. Diese Bewältigung durch nachvollziehendes Hören meint genau die Umsetzung von Sinnesdaten in Zeichen.“ Beim wiederholten Hören setze sich dieser Vorgang fort und zugleich würden „die schon bekannten, erinnerten Elemente als – Zeichen gewordene – Erinnerung mittransportiert. Diese wiederholten und schon bekannten, also wiedererkannten Elemente verweisen den Hörer immer automatisch an einen vergangenen Moment und einen anderen Ort, nämlich an den Ort, wo er sich diesen Teil erschloss“. In der Auseinandersetzung mit der Popmusik vermag Diederichsen so davon zu sprechen, dass Klänge durch die Erfahrungen bedeutet sind, die Subjekte in Situationen gemacht haben, von denen die Klänge einen Bestandteil bildeten. Vor dem Hintergrund dieses Axioms des Popmusikhörens, das sich auf die Plausibilität stützen kann, die es für Popmusikhörende besitzt,[23] entwirft Diederichsen eine Geschichte der Popmusik seit den 1970er Jahren, deren zentrale Kategorie die Frage ist, wie diese Form der Bedeutungsaufladung in der Geschichte der Popmusik bei verschiedenen Künstler_innen und in verschiedenen Genres zu ästhetischen Zwecken in unterschiedlicher Weise eingesetzt wurde.[24]

Im Folgenden stelle ich mit einer von Greg Wagstaff im äußersten Nordwesten Schottlands, auf den Äußeren Hebriden, unternommenen Soundscape-Forschung einen Ansatz vor, der sowohl die Möglichkeit der *fremdkulturellen* wie der *künstlerischen* Befremdung zu nutzen versucht, um anhand von Klangphänomenen zu Aussagen über die Bedeutung zu kommen, die diese Klänge zum Zeitpunkt der Studie im Kulturellen der Äußeren Hebriden besitzen. Ein Vorhaben, das aufgrund der kulturell-zeichenhaften Aufladung des Klanglichen einerseits total naheliegend ist und andererseits schwer zu realisieren. Ich möchte dies noch einmal betonen und festhalten: Die Realisierung dieses Vorhabens muss damit umgehen, dass das Subjekt des Forschens die Wirklichkeit ebenfalls im Rahmen einer kulturellen Medialität erlebt; einer Medialität, die Klänge nicht in ihrer kulturellen Bedeutung *zeigt*, sondern sie in einer für die jeweilige Kultur spezifischen Weise in dieser Bedeutung aufgehen, sie also in ihrem Charakter als Signifikanten in den von die-

22 Hier und im Folgenden Diederichsen, Diedrich 1997: Hören, Wiederhören, Zitieren, 43.

23 Vgl. Bonz, Jochen 1998: Meinecke, Mayer, Musik erzählt.

24 Vgl. Diederichsen, Diedrich 1997: Hören, Wiederhören, Zitieren, 44ff.

sen artikulierten Signifikaten *verschwinden* lässt. Gegen dieses Immer-schon-bedeutet-Sein, das die Klänge in der Wahrnehmung des Subjekts besitzen, muss die Klang-Kulturforschung anarbeiten; mit dem Mittel der Befremdung, der Reflexion der eigenen Wahrnehmung und mit dem Interesse an den Wahrnehmungen, die andere Personen von den Klängen haben.

2.1 Die Soundscape der Äußeren Hebriden. Ergebnisse eines künstlerischen Forschungsprojektes

Unter dem Projektnamen *The Touring Exhibition of Sound Environments: The Sounds of Harris & Lewis (TESE)* führte Gregg Wagstaff zwischen 1999 und 2002 rund um die Orte Harris und Lewis auf den Äußeren Hebriden ein künstlerisches Soundscape-Forschungsprojekt durch. Es ist auf drei CDs publiziert, die in einem ausführlichen Booklet illustriert und erläutert werden.[25] Darüber hinaus ist das Projekt in einem weiteren Text dokumentiert, der den Titel *Towards a Social Ecological Soundscape* trägt und das Forschungsprojekt reflektiert. In der Reihenfolge, in der die Klangphänomene auf den drei CDs präsentiert werden, stelle ich die Studie im Weiteren vor. Hierbei wird die Berücksichtigung von Wagstaffs Umgang mit der semantischen Funktion des Klanglichen genauso relevant sein wie es die Phänomene selbst sind. Ausgehend von den verschiedenen Tracks versuche ich deshalb, mithilfe von Wagstaffs Erläuterungen sein Projekt in einer Weise in einen Text zu überführen und auszubuchstabieren, die sowohl verschiedene Formen der Bedeutsamkeit einzelner Klänge wie auch der Dimension des Klanglichen im Allgemeinen erkennbar werden lässt.

2.1.1 CD 1: Soundscape-Komposition

In Form einer Soundscape-Komposition präsentiert CD 1 auf etwas über siebzig Minuten „Sounds of Harris & Lewis“ (so der Titel des Tracks), die im Projektzeitraum aufgenommen wurden. Das Booklet enthält einen Index, in dem sechsundvierzig verschiedene Phänomene aufgelistet sind (die jedoch nicht separat angewählt werden können, sondern im Rahmen eines einzigen Tracks aufeinander folgen). So etwa „1 Cuckoo“, „2 Mistle Thrush“, „3 Starlings“, „4 Sheep on Croft“, „5 Sheep Herding/whistle“, „6 Sharpening scissors/Sheering“, „14 Water dripping from Cliff“, „27 Helicopter fly-past“, „32 Seas Edge – gentle“, „42 Choir

[25] Wagstaff, Gregg 2002: Sounds of Harris & Lewis.

practice for Mod", „45 CalMac new ferry and public safety announcement".[26] Die Benennung der Klänge hebt jeweils ein im Einzelfall offenbar als zentral erachtetes Klangereignis hervor: Einmal ist dies der Kuckuck, ein anderes Mal ist es zum Beispiel eine Drossel, sind es weidende Schafe, ist es die Schafschur, ein Generator, eine Trafostation etc. Zu hören ist in jedem Fall aber mehr als benannt wird. Denn nie klingt hier etwas Einzelnes, immer ist eine Situation zu hören, eine Umgebung, in der sich das Benannte befindet oder ereignet. Das klar und deutlich vernehmbare (und mir auch als solches bekannte) Rufen des Kuckucks und das Zwitschern der Drossel hat das vereinzelte Piepsen anderer Vögel und das Blöken von Schafen in seiner Umgebung. Auch ist ein leichtes Rauschen zu hören, möglicherweise handelt es sich um die Brandung oder es mag ein Effekt des Windes sein. Nummer 5 und 6, das Hüten der Schafe, Schleifen der Messer, die Schafschur – die hier zentral benannten Handlungen sind insbesondere umgeben von menschlichen Stimmen, die zu den Schafen, zu anderen Schäfern, vielleicht auch zu Wagstaff zu sprechen scheinen. Ein Fahrzeug ist zu hören, das Schlagen von Autotüren. Oder der Türen eines Anhängers? Bei der Schafschur hört man neben dem Schneiden der Schere kurz auch das Atmen eines Mannes. Vielfaches Blöken ist im Hintergrund zu hören. Ein Mann spricht – der Schafscherer, ein Kollege? Mehrere Stimmen kommen hinzu. Es findet ein Gespräch zwischen einem Mann und einer Frau im Vordergrund statt, rund um die Schur? Außerdem wird auch weiter entfernt gesprochen.

Das situative Eingebundensein der benannten, fokussierten Geräusche bleibt kryptisch. Wagstaff macht zum Kontext keine näheren Angaben. Auf diese Weise entsteht beim Hören ein vager Eindruck von Situationen; aus eigenen Erinnerungen an vergleichbare Situationen ergeben sich Vorstellungen. Bei der Schafschur, die ich schon selbst erlebt habe, geht diese Vorstellung einigermaßen weit; ich habe die Komposition der Körper von Mann und Schaf vor Augen. Auch vom Stechen des Torfes kann ich mir eine ungefähre Vorstellung machen. Offen bleibt die Vorstellung im Fall der Nr. 18, dem auf die Geräusche einer elektrischen Maschine zum Waschen der Wolle folgenden ‚Warp Winding'. Wagstaff liefert hier ausnahmsweise eine Erklärung: „In the production of Harris Tweed, ‚Warping' is the process whereby the spun yarn is wound onto a wooden pegged frame in the correct colour sequence for a particular pattern. The ‚Warp' is woven with the ‚Weft' (which runs perpendicular to it, across the width of the tweed). This weaving is carried out by islanders at their homes."[27] Das ‚schnürende' Geräusch steht also für einen Webvorgang. Aber die außerdem zu hörenden Klänge, die ich für

[26] Ebd., 6f.

[27] Ebd., 7.

die Schritte eines einzelnen Menschen halte, der sich auf einem Holzfußboden hin und her durch einen relativ leeren Raum bewegt, welchen Sinn ergeben sie hierbei? Handelt es sich möglicherweise nicht um Schritte, sondern um die Bedienung eines Holzpedals? Aufgrund der wenigen Klänge besitzt die Situation eine große Klarheit und bleibt, weil sich die Klänge nicht eindeutig bestimmen lassen, doch kryptisch.

Im Vergleich deutlich vorstellbarer sind Nummer „20 A.D. Munroes (Tarbert) Mobile Shop arriving at MacLennan's“ und Nummer „21 Interior: buying groceries“: Eine Frau spricht, irgendwo auf einem Platz im Freien, ein LKW nähert sich von fern, ein Hahn kräht, der LKW kommt näher, parkt (die Geräusche bewegen sich quasi vor mir als Hörer des Tracks hin und her), hält (Motor wird ausgeschaltet). Schritte auf Kies, das Öffnen von Türen. Die Stimme eines jungen Mannes und die Stimme einer älteren Frau begrüßen sich. Sie sagt, sie müsse erst eben ihren Einkaufszettel hervorholen. Er fragt, ob sie das Übliche haben wolle oder etwas Anderes. Sie unterhalten sich darüber, wie das Geschäft läuft, während sie den Einkauf abwickeln. Das Rascheln von Tüten ist zu hören. Der Verkäufer wiegt etwas ab – sie möchte mehr. Er nennt den Preis, sie zahlt (man hört das Münzgeld klimpern). Die Beiden verabschieden sich. Im nächsten Moment hört man Schritte im Gras, die Stimme der Frau, dann Kratzgeräusche. Das muss schon Nummer 22 sein: „Scraping Crotal/Lichen from off of rock“. Die Situation ist wieder kryptisch und auch sehr kurz, aber es findet sich eine Erläuterung: Die Kratzgeräusche, die zu hören sind, entstehen, wenn Flechten, die auf Steinen wachsen, von diesen abgeschabt werden. Die Flechten würden traditionell zur Einfärbung des Tweeds verwendet, erläutert Wagstaff.[28] Eine ähnliche Spannung zwischen der Benennung einer Handlung und Klängen, die sehr unspezifisch sind, folgt zum Beispiel auch in Nummer „30 Salmon Jumping in pen“ und Nummer „31 Feeding Salmon/broadcasting pellets“. Zunächst plätschert und plumpst es in vielfältiger Weise, dann ist ein Motor zu hören, der immer leiser wird. Daraufhin ist wieder ausschließlich das Plätschern zu hören, bis ein spezielles Rauschen hinzukommt, das auf das Geräusch folgt, wie es eine Schaufel macht, die in körniges Material hinein gestoßen und wieder aus diesem herausgehoben wird. Beim Rauschen wird es sich wahrscheinlich um das vielfache Auftreffen des Futtermittels auf einer Wasseroberfläche handeln.

Auf diese Weise erzählt Wagstaffs Soundscape-Komposition von der Welt in Harris und Lewis auf den Äußeren Hebriden. Die von ihm vorgenommene Benennung einer Tätigkeit oder Erscheinung steht für eine Klangumwelt, in der das Benannte situiert ist und die sowohl vollständiger und nachvollziehbarer als auch

[28] Ebd.

offener und unverstandener wahrgenommen werden kann. Insofern franst das vermeintlich eindeutig Benannte in der umfänglicheren, auch komplexeren Klanglichkeit des Tracks und den von ihr hervorgerufen Assoziationen aus. Oder die Bedeutung verblasst, weil die Assoziationen ausbleiben und Vorstellungen erst gar nicht entstehen. Die Konnotationen der fremden ‚Sprache' stellen sich nicht ein. Damit möchte ich sagen, dass für die hier von Wagstaff im Medium der Klanglichkeit unternommene Darstellung der Welt von Harris und Lewis zwar das Benennen, das Zeigen, das Verweisen wesentlich ist. Anders gesagt: Wagstaff artikuliert mit der Soundscape-Komposition zweifellos eine *Welt*. Aber diese Welt neigt dazu, sich der Benennung zu entziehen. Die Klänge lassen sich von mir nicht wirklich indexikalisch verstehen. Das mag mit daran liegen, dass die Klänge und ihre Bezeichnungen nur in Ausnahmen durch ein naheliegendes drittes Element ergänzt werden – eine Beschreibung oder Umschreibung der Klänge sowie der Situationen, aus denen sie stammen. Das Ausbleiben der Beschreibung ist allerdings nicht weiter erstaunlich, handelt es sich bei ihr doch um ein schwieriges Unterfangen. Mir ist diese Schwierigkeit aufgefallen, als ich nach Worten für Nummer „28 Sea/Harbour Walls" suchte. Mir kam in den Sinn: Das Meer, eine sanfte Dünung, schlägt gegen die Hafenmauer. Aber ‚schlagen' ist schon zu viel gesagt, ist als Ausdruck bereits zu stark, zu grob, um zu bezeichnen, wie es hier klingt. ‚Glucksen' bezeichnet wiederum etwas zu Kleines, auch zu Spielerisches. Aber wie ließe sich ein sanftes Schlagen dann nennen? ‚Schwappen'? ‚Das Meer schwappt gegen die Kaimauer'? Vielleicht.

Auf einer anderen Ebene steht einem indexikalischen Verständnis der Klänge im Übrigen auch entgegen, dass sich die einzelnen benannten Klangereignisse nicht auch einzeln anwählen lassen. *Sounds of Harris & Lewis* ist, wie gesagt, nicht in sechsundvierzig diskrete Tracks unterteilt, sondern bildet im Gesamten *einen* Track. Diese Tendenz der Soundscape-Komposition, dem Ephemeren der Klänge zu ihrem Recht zu verhelfen und ihrer Aufschlüsselung in eindeutig begreifbare Situationen, in wirklich nachvollziehbare Handlungen, in konkret vorstellbare Tiere etc. entgegen zu wirken, schafft zwar eine Spannung und Offenheit. Aber sie kann die ihr entgegen wirkende zweite Tendenz der Soundscape-Komposition doch auch nicht ganz aushebeln. Diese besteht darin, aus Klängen der Inseln Harris und Lewis, aus deren Arrangement und Benennung, skizzenhaft eine Welt zu zeichnen, in der spezifische Wesen, Orte und Handlungen existieren. Die Klänge und ihre Benennung evozieren so eine Vorstellung von der Welt, in der sie Bedeutung besitzen. Diese Bedeutungen wirken in der Rezeption der Komposition auf mich zwar weder so quasi-natürlich noch so universal, wie dies einer deutlich artikulierten Welt, wie der poststrukturalistische Begriff der symbolischen Ordnung sie bezeichnet, entspräche. In *Sounds of Harris & Lewis* ist eine solche Ordnung in Ausschnitten, in Fragmenten, flüchtig anwesend und zeichnet sich von diesen Ausschnitten her unvollständig und schemenhaft ab.

Im Fall der *Sounds of Harris & Lewis* wird insofern weniger eine fremde Welt, eine von den Klängen her skizzierte Ontologie der Anderen greifbar. Vielmehr scheint die Soundscape-Komposition ein Begehren zu artikulieren, das darin besteht, in eine solche andere Welt eintauchen zu wollen. An ihr partizipieren zu wollen. Ihre Gegenstände als bedeutungsvoll erleben zu wollen. Ihre Klänge ohne nachzudenken verstehen wollen zu können. Es handelt sich dabei um das Begehren nach dem Begehren der Anderen, wie es tief in die Episteme der sozialwissenschaftlichen, vor allem der ethnologischen Forschungstradition eingeschrieben ist und deren empathisches Interesse an anderen Welten fundiert.

Neben dem Begehren nach dem Wirklichkeitserleben der Anderen kommen in *TESE* weitere Formen der Bedeutsamkeit einzelner Klänge und der Dimension des Klanglichen zum Ausdruck. Wagstaff wirft in *Towards a Social Ecological Soundscape* die Frage auf, weshalb er gerade diese Klänge ausgewählt habe. „Why did I choose to extract these sonic descriptions from the continual unfolding of events? What might I have consciously or unconsciously left out?“[29] Eine Antwort hätte in der Angabe von Auswahlkriterien bestehen können, in den Kategorien, die die Matrix ausbildeten, nach der er seine Klangauswahl im Forschungsprozess traf. Wagstaff lässt sich allerdings auf diese epistemologische Ebene, auf der die Bedeutungen des wissenschaftlichen Arbeitens nicht schon als Aussagen bestehen, sondern auf der sie ausgebildet, konstituiert werden, nicht ein. Stattdessen schiebt er eine weitere Frage nach, die auf Umwegen wieder in den Bereich der Gültigkeit von Bedeutungen hinein führt: „What I want to focus on however is the issue of control, or more precisely, what input we as citizens have in the decision making processes that affect our (acoustic) environment. My guess would be that a large majority of the sounds that we hear are bi-products and that even within ‚private‘ places, you and I have little or no control over the soundscape we find ourselves in, or subjected to.“[30] Der hier angesprochene Umstand, dass Menschen von Klängen umgeben sind, die sie sich nicht ausgesucht, für die sie sich nicht entschieden haben, sondern die mit allen möglichen Alltagsphänomenen einhergehen (Haushaltsgeräte, Verkehr etc.), lässt Wagstaff von ‚noise‘ sprechen. Lärm – das sind für Wagstaff die Klänge, denen wir ausgesetzt sind. Die Konstatierung des Lärms bildet hier allerdings nicht Wagstaffs letztes Wort. Er führt eine weitere Volte durch (heraus aus dem Umweg), eine Revolte gegen das unausweichliche Gegebensein des Lärms – und thematisiert *agency*. Die Einsicht in das Unterworfensein unter

[29] Wagstaff, Gregg 2002: Social Ecological Soundscape, 119

[30] Ebd., 119f.

die in der Klangumwelt gegebenen Geräusche lässt Wagstaff rebellieren. An der Erfahrung des Ausgesetzt- und Unterworfenseins bildet sich – wie bei Sartre[31] – die eigene Handlungsfähigkeit als ein Akt des Widerstands aus. Wagstaff konstatiert, prinzipiell könne man eine gegebene Klangumwelt entweder tolerieren, vor ihr flüchten, oder aber: sie ändern.[32]

Wie TESE zeigt, ist Wagstaffs Handlungsfähigkeit als Soundscape-Forscher sogar noch vielseitiger. Sie besteht etwa darin, Klänge von im Verschwinden begriffenen Praktiken zu dokumentieren. Dies betrifft hier zum Beispiel die Erzeugung von Tweed in Handarbeit.[33] Eine weitere Erscheinungsform, die seine agency in diesem Zusammenhang annimmt, ist die Aufklärung, das „awareness rising“[34], welches mit der Soundscape-Forschung traditionell verbunden sei, wie Wagstaff mit dem Hinweis auf die Anfänge der Soundscape-Forschung im Paradigma der *Akustischen Ökologie* und dem *World Soundscape Project* der 1970er Jahre erläutert.[35] Der Aspekt der Bedeutung besteht in diesem Fall nicht im Vorhandensein einzelner Klänge und ihrem Aufgehen in einer spezifischen kulturellen Situation, zu der sie quasi natürlich gehören. Stattdessen geht es um die Dimension des Klanglichen als einem Feld der Politik. Die Sphäre des Klanglichen wird als gesellschaftlicher Bereich erkennbar, in dem politisches Handeln möglich und nötig ist – und zwar überraschender Weise! Deshalb besteht die Bedeutung der Klänge in diesem Fall schließlich auch in einer Entdeckung; der Entdeckung der Dimension des Klanglichen als politischem Handlungsfeld.

Wagstaff weist auf die politische Tradition der Soundscape Studies hin: „Soundscape Studies, and its (albeit rather loose) philosophy of ‚Acoustic Ecology‘, has always had a tributary of environmental activism. This underlying activism sets it apart from a simple observation and collection of sonic ‚otherness‘. Besides the observation, sound recordings and noise level measurements, there is a crucial driving force within such projects which seek both practical and legislative means of change towards a healthier and better functioning sound environment; from raising individual awareness, to noise legislation, to acoustic design.“[36] Entsprechend begreift Wagstaff seine Rolle als Forscher nicht als die des distanziert beobachten-

31 Vgl. hierzu Waltz, Matthias 1993: Ordnung der Namen, 45-87.

32 Vgl. Wagstaff, Gregg 2002: Social Ecological Soundscape, 121.

33 Vgl. ebd., 115f.

34 Ebd., 125.

35 Zum Ansatz der Akustischen Ökologie und dem World Soundscape Project vgl. Schafer 1994: The Soundscape; Järviluoma et al. 2009: Acoustic Environments In Change; sowie die Kapitel 2.2. und 2.1. der vorliegenden Studie.

36 Wagstaff, Gregg 2002: Social Ecological Soundscape, 130.

den Ethnologen, sondern er versteht sich als aktiven Teilnehmer am Sozialen des Untersuchungsfeldes. Er bringt sich in dieses ein, was konkret heißt, dass er sich politisch für das Lokale und die ökologische Frage engagiert.[37]

Neben dem Begehren nach dem Begehren der Anderen und dem Begehren nach politischer Handlungsfähigkeit wird rund um die Soundscape-Komposition *Sounds of Harris & Lewis* schließlich noch ein drittes Begehren erkennbar, eine dritte Ebene auf der das artistic research-Projekt TESE Bedeutung nicht einfach als Effekt der symbolischen Ordnung einer fremden Welt thematisiert, sondern Bedeutung in komplexerer Weise artikuliert. Hierbei handelt es sich um das Begehren nach Stille. So betont Wagstaff die Stille des Ortes, an dem er privat lebt und wie sehr er sich diese Stille zum Leben auch suche.[38] Im CD-Booklet schreibt Wagstaff in den einleitenden Bemerkungen zu den *Sounds of Harris & Lewis*, er wolle gar nicht ausführlich über diese Klänge schreiben, man möge sich lieber von ihnen auf eine Reise mitnehmen lassen. (Das haben wir getan: Eine Reise in eine magische Welt, die punktuell und flüchtig konkret und beinahe greifbar wird, um dann wieder ins Schemenhafte zu gleiten.) „However, I should say something about *silence*. A large amount of the sonic geography of the islands is relatively quiet – sparsely populated interiors of the island consisting of heather, peat, rock and lochans. When the wind drops, one can sit there for several minutes with nothing but the sounds of our own making and maybe the distant seas edge. This quiet is especially true on the Sabbath, when what little human activity there is, is restricted to the traffic of churchgoers. It is worth emphasising that with so many lives and habitats being encroached upon noise, these areas of quiet are something to value and properly manage. Such ‚silences' are an important part of the island's soundscape. Due to their very nature, they are not best represented on this CD."[39]

2.1.2 CD 2: Soundportraits

Auf CD 2 verbinden sich die beiden Ansätze, Klänge 1) als Bestandteile einer lokalen Ontologie zu behandeln und 2) die Dimension des Klanglichen als Feld politischen Handelns zu postulieren. Die CD präsentiert mehrere von Bürgerinnen und Bürgern der Ortschaft Ness aufgenommene Soundportraits ihres Ortes und Alltags und sie veröffentlicht außerdem Auszüge aus von Schülerinnen und Schülern der örtlichen Schule geschriebenen Klangtagebüchern und Gedichten.

[37] Vgl. ebd., 128f.

[38] Vgl. ebd., 117.

[39] Wagstaff, Gregg 2002: Sounds of Harris & Lewis, 5f.

Beide, die Soundportraits wie auch die Klangtagebücher und Gedichte, werden im Booklet gezeigt: Von vier am Soundportrait beteiligten Personen sind Kommentare abgedruckt; zu den Klangtagebüchern und Gedichten gibt es, neben dem Abdruck einiger Gedichte, eine ausführliche Erläuterung Wagstaffs zu seinem Arbeiten mit der Schulklasse sowie eine von der Lehrerin verfasste Reflexion auf die Beschäftigung mit Alltagsklängen im Schulunterricht. Außerdem findet sich im Fall des Soundportraits wieder ein fünfundzwanzig Phänomene umfassender Index und im Fall der Tagebücher und Gedichte eine Auflistung von siebzehn Tracks, benannt nach den Namen der Autor_innen bzw. Vortragenden.

Lokale Klänge und Hörweisen werden auf dieser CD im Gegensatz zu CD 1 nicht länger lediglich ‚gezeigt'; über die mit ihrer Präsentation einhergehende Verschriftlichung der Klänge (Kommentare, Tagebücher, Gedichte, Erläuterung, Rekapitulation) kommt, zumindest im Ansatz und punktuell, ein kultureller Kontext zum Ausdruck, in welchen sich die Klänge einfügen und in dem die Hörweisen als situierte Formen des Wirklichkeitserlebens erscheinen.

Hinsichtlich des Soundportraits hebt Wagstaff den Aspekt der agency hervor: „What makes this *Ness Sound Portrait* of particular significance is that it is a *self*-portrait made collectively; sounds recorded *by* people of Ness *about* Ness. It is this local, subjective and more intimate *point of ear* that distinguishes these recordings over any others made during the TESE project."[40]

Ganz im Sinne des von Wagstaff formulierten aufklärerischen Anspruchs, ein Bewusstsein für die Klangumwelt erzeugen zu wollen, löst seine Einbindung interessierter Bürgerinnen und Bürger, Schülerinnen und Schüler, bei den Beteiligten Aktivitäten und Reflexionen aus. „The production of the Sound Portrait involved several aspects which are crucial to a project of this nature. Firstly, it brought a local group together to discuss aspects of their soundscape. Secondly, it brought to the surface personal, local and cultural values – often talked of in terms of their relation to or association with the soundscape. And thirdly, implicit in it's making, were questions around notions of place, identity and representation."[41] Man erfährt nichts Näheres über die konkreten Inhalte: Nicht *welche* Werte hervortraten, nicht *inwiefern* Identität im Zuge des Arbeitens am Soundportrait zum Gegenstand von Überlegungen wurde. Eine Konsequenz aus diesem Verständnis der Klänge als Artikulationen spezifischer symbolischer Ordnungen und der Dimension des Klanglichen als Feld politischen Handelns zeichnet sich allerdings deutlich ab: Die Bedeutungen, in denen die Klänge in der alltäglichen Wahrnehmung aufgehen und verschwinden, beginnen sich von den Klängen abzulösen. Im Zuge der Reflexion

[40] Wagstaff, Gregg 2002: Social Ecological Soundscape, 122.

[41] Ebd., 123.

auf ihre klanglichen Eigenschaften und Ursachen erscheinen die Klänge nicht länger als quasi natürlich. So formuliert die am Soundportrait beteiligte Jayne MacLeod über ihre Partizipation am Projekt: „I hadn't really thought about our sound environment in great detail until I began working on the project. I realised the importance of sound – how it depicts people, places and culture. [...] I thoroughly enjoyed working on this project. It was a learning experience and I feel that I am now more aware of my sound environment."[42] Die Unhinterfragbarkeit/Unhörbarkeit/‚Unsichtbarkeit' des Selbstverständlichen wird in dieser Aussage sehr greifbar. Ähnlich äußert sich die beteiligte Lehrerin Mhari Gibson: „Personally, the concept of a soundscape in its own right was something new for me. The landscape is simply so powerful here on the islands that it seems to take over all else. What I have concluded since working with Gregg is that I should not take any of these things in isolation. The visual aspects of the landscape have accompanying sounds and even smells, which of course make their own impact if you simply take the time to enjoy them... to watch the sea, rough or calm, is wonderful but it has added pleasure when you are able to savour the sound of the waves and the heady smell of the sea air."[43] Der künstlerische Charakter von Wagstaffs Forschung schlägt sich hier nieder, indem der Lehrerin die Reflexion der Klanglichkeit der Welt die Welt in ein Kunstwerk verwandelt, oder: Die Welt noch mehr in ein Kunstwerk verwandelt als sie dies aufgrund der Schönheit ihrer Landschaft bereits gewesen ist. Es ist als steige der Genuss am Kunstwerk, indem nun noch mehr Kategorien zu seinem Verständnis zur Verfügung stünden, die weitere Aspekte hervortreten ließen und erkennbar machten. Genießen und Freude am Erkennen gehen hier Hand in Hand. Diese Freuden des Lernens, wie sie aus dem Wahrnehmen, was da ist, und dem Begreifen seines Funktionierens resultieren, werden von Mhari Gibson wie folgt ausgedrückt: „[M]y class have once again proved that for young minds such as these, the sky is the limit creativity-wise. They have been introduced to the notion of a soundscape and have embraced the challenge of formulating it into the most speculative poetry. I think they have gained an awareness of how we can be affected by sound and how sounds shape our everyday lives. It has been an enlightening and rewarding process."

Der Anspruch auf die Reflexion des Selbstverständlichen, welcher Wagstaffs Ansatz von artistic research kennzeichnet, tritt besonders in einer Aufgabe deutlich zutage, die den Schulkindern gestellt wird. Zu einer Auswahl an Klängen aus aller Welt sollen sie folgende Fragen beantworten: „What is it I am hearing? Where do

[42] Wagstaff, Gregg 2002: Sounds of Harris & Lewis, 11.

[43] Hier und im Folgenden ebd., 21.

I think this is? How does it make me feel? What do I think this place looks like?“[44] Der Reflexionsanspruch verlangt eine ausgreifende Interpretationsbewegung. Sie führt die Kinder auch in unbekannte Situationen wie die eines indischen Marktes (ein Mädchen hält hierzu den Eindruck fest, das Gefühl zu haben, von vielen Menschen umgeben zu sein) und zu Tiefenschichten der eigenen Wirklichkeitswahrnehmung, auf denen sich die semantische Bedeutungsaufladung der Klänge als emotionale Affizierung des Selbst erweist.[45] So schreibt ein Kind über die Klänge einer Werkstatt: „It makes me feel dark and gloomy.“[46] Und die im CD-Booklet mehrfach zitierte zehnjährige Lily Greenall formuliert über ein Geräusch: „I like it because it makes me think about running outside.“ Den Klang eines durch die Luft sausenden, auf dem Boden aufschlagenden Balls kommentiert sie mit „happy“.[47] Der emotionale Charakter des Bedeutsamen äußert sich bei Greenall auch, wenn es heißt, ein Chorgesang mache sie schläfrig oder wenn sie Kinderstimmen als „cruel“ qualifiziert.[48]

Was von Gibson als lernen und von Wagstaff als zur Ermächtigung führende Reflexion aufgefasst wird, stellt sich bei der Rezeption des Kunstwerks/Forschungsprojekts TESE als Herausarbeitung emotionaler Bedeutungsaufladungen des Klanglichen in einem spezifischen kulturellen Kontext dar, der hier nicht dingfest gemacht wird – es heißt nie ‚die Kultur der Äußeren Hebriden‘. Aber ein Eindruck von dieser Welt schält sich doch heraus.

2.1.3 CD 3: Soundwalks

In den auf CD 3 präsentierten und im Booklet mit einer Vielzahl von Fotografien und jeweils auch einem Satellitenbild illustrierten Soundwalks wird schließlich der Zusammenhang zwischen den Klängen und ihrer Bedeutung explizit – und damit auch der Umstand, dass die von Wagstaff thematisierte Klanglichkeit tatsächlich der symbolischen Ordnung der Welt, wie sie Wagstaff auf den Äußeren Hebriden begegnet, entspricht. Auf mehreren, hier als zwei Soundwalks zusammen geschnittenen Wanderungen lässt sich Wagstaff von drei naturkundlichen Experten die Landschaft in ihrer Flora und Fauna, und darüber hinaus auch in ökonomi-

44 Ebd, 15.

45 Zur affektiven Präsenz oder ‚Kraft‘, mit der das Klangliche Bedeutungen umgibt, vgl. auch Bendix, Regina 2005: Stimme – eine Spurensuche, 78.

46 Wagstaff, Gregg 2002: Sounds of Harris & Lewis, 16.

47 Ebd., 19 und CD 2.

48 Vgl. ebd.

scher und kulturgeschichtlicher Hinsicht, erklären.[49] Das Tondokument präsentiert entsprechend viele mündliche, Erläuterungen vorbringende Aussagen sowie Geräusche von Schritten und des Schnaufens beim Gehen; auch der Brandung und des Windes. Nur selten wird hierbei ein direkter Zusammenhang zwischen einem Klangereignis und seiner Bedeutung hergestellt (so etwa im Fall von Vogelrufen). Vielmehr entsteht beim Anhören der Soundwalks in Kombination mit dem Anschauen der Fotografien, die vor allem einzelne Tiere und Pflanzen zeigen, eine eindringliche *Atmosphäre des Wissens* und seiner Entfaltung und Vermittlung.

Den zentralen Wissensgegenstand bildet die Machair, ein besonders fruchtbarer Boden, der sich an der Küste der Äußeren Hebriden findet und in der deutschsprachigen Wikipedia in der folgenden Weise als Wissensgegenstand erscheint: „Machair ist ein gälisches Wort und bezeichnet einen sehr fruchtbaren, küstennahen Bodenmischtyp, der in Schottland und Irland zu finden ist. Wesentliche Komponenten des Bodens sind ein hoher Anteil an mineralreichen Muschelsedimenten, sowie ein Anteil organischen Substrats, häufig Torf. Die basische Wirkung des Muschelsands und die saure Wirkung des Torfs neutralisieren sich, wirksam bleibt das besonders fruchtbare Nährstoffgemenge. Dies führt zu einer besonders üppigen und artenreichen Vegetation, die ihrerseits wieder Grundlage für ein breites Spektrum an Tierarten ist, vor allem Insekten und Vögel. Ein großer Teil des schottischen Machair befindet sich auf den Äußeren Hebriden und war dort als Acker- oder Weideland über Jahrtausende eine wesentliche Grundlage für die Ernährung der Bevölkerung."[50]

Die hier beschriebene Fruchtbarkeit der Machair ist zuvorderst eine Fruchtbarkeit des Bodens. Aber dieser bildet die Grundlage für eine Blüte der Welt, die sich in dem Wissensschatz äußert, auf den Wagstaff und seine Informanten in den Soundwalks hinweisen. Ausführliche Pflanzenbestimmungen finden statt: Gänseblümchen, Butterblume, Ochsenzunge bzw. Acker-Krummhals (Alkanna), Sukkulenten etc. Dabei geht es nicht nur um das Wissen zu ihrer Benennung, angedeutet wird auch ein Wissen um die Charakteristika und damit die medizinischen Anwendungsmöglichkeiten der Pflanzen. Tiere werden gehört (Vögel), benannt (Vögel) oder erzählerisch evoziert: Heute weiden Schafe auf der Machair, und das, obwohl die Schafzucht gar nicht mehr rentabel sei. Nerze kämen vor, weil hier früher einmal Nerzzucht betrieben wurde – und vor langer Zeit einmal einige Tiere entliefen. Als öffentliche Weidefläche (commons) sei die Machair früher von unschätzbarem Wert gewesen. Noch vor wenigen Jahrzehnten habe man sie außerdem als Ackerland bewirtschaftet (Kartoffeln, Getreide). Dies sei ebenso Geschichte wie das Nebelhorn eines nahen Leuchtturms, der heute durch die komplexen Navigationsin-

[49] Vgl. ebd. 26ff.

[50] Diverse Autor_innen: Machair.

strumente überflüssig geworden ist. Wunderschön sei die Machair aber immer noch in ihrer Pflanzenvielfalt; man nutze sie außerdem auch für die Friedhöfe, weil sich der Boden so gut umgraben lasse. Und schließlich liegen im Gelände auffällige Steine, der ‚Elfenstein' und der ‚Blutstein'. An ihnen hängt ein Mythenwissen, das vom Belebt-Sein des scheinbar Unbelebten und von blutrünstigen Wikingern handelt, die Jungfrauen rauben.

So endet *The Touring Exhibition of Sound Environments: The Sounds of Harris & Lewis (TESE)* mit einer Explikation von Wissensgegenständen, von Wissenszusammenhängen bezüglich der Äußeren Hebriden, wie ich sie – in ihrer Konkretheit, Deutlichkeit, Benennbarkeit etc. – in diesem Kapitel zu thematisieren versucht habe und in Wagstaffs Projekt bislang nur in Ansätzen aufspüren konnte. Anstatt ‚sprechender' Sounds sind es nun allerdings Menschen, die Bedeutungen, die Wissen artikulieren, die benennen, erläutern. Die Soundscape der Äußeren Hebriden bietet dieser Entäußerung von Wissen lediglich einen Anlass.

– Klänge bilden Bestandteile von symbolischen Ordnungen und artikulieren Bedeutungen. Ständig. Oder, zumindest: oft. Aber die Auseinandersetzung mit Wagstaffs Studie verdeutlicht das in der Einleitung zu diesem Kapitel bereits angesprochene Problem. Wenn Klänge Bedeutungen tragen, so gehen sie in diesen auch auf, sie verschwinden tendenziell hinter dem, was sie zum Ausdruck bringen. Die Bedeutung der Klänge, das ihnen innewohnende/ihnen zugeschriebene Wissen lässt sich nicht einfach hören, wenn man es nicht bereits kennt. Und wenn man es kennt, lässt es sich schwer sagen. Und auch zu erfragen, ist es nicht leicht. So weist Wagstaffs Studie schließlich nachdrücklich darauf hin, dass die semantische Funktion der Klänge in der Alltagskultur zugleich omnipräsent wie auch schwer zu explizieren ist. Die hierbei aufgezeigten Bedeutungsdimensionen möchte ich abschließend noch einmal festhalten.

Auf CD1 entstehen kryptische Vorstellungen von der Bedeutung einzelner Klänge. Während diese Vorstellungen unklar bleiben, tritt umso klarer die politische Handlungsfähigkeit des Menschen als eine andere Form von Bedeutung hervor, die Wagstaff stark interessiert. Sie positioniert sich gegenüber den scheinbar unveränderlichen Tatsachen der sozialen Umwelt, welche die Klänge prinzipiell ja repräsentieren und die sich, nach Wagstaff, zugleich meistens in Lärm manifestieren. Da die Klänge im Fall der Äußeren Hebriden aber gerade nicht mit Lärm verbunden sind, sondern für Wagstaff interessant erscheinen und oft ja auch in der Stille aufgehen, verbindet sich die Bedeutung des Klanglichen, politisch motivierend zu sein, mit dem klassisch ethnologischen, dem romantischen Begehren nach einer fremden (heilen?) Welt. Dieses Begehren nach dem Begehren der Anderen findet in den Klängen ein vielversprechendes Beschäftigungs- und Untersuchungsfeld, da die Klänge die andere Welt repräsentieren. Die Klänge versprechen einen Zugang zur Welt, zur Kultur der Äußeren Hebdriden, weil sie diese bedeuten.

Auf CD2 wird diese Welt einerseits mithilfe ihrer Subjekte in emotionalen und weiteren Aspekten entfaltet. Zum anderen wird, auf der Seite dieser Subjekte, die Reflexion über das scheinbar Selbstverständliche, hier die Klänge des Alltags, als eine Bereicherung beschrieben: Das Nachdenken über die Wirklichkeit zeigt diese in ihrer Erscheinung (Klanglichkeit) und Komplexität umso wunderbarer.

Auf CD3 geht es schließlich um ein Welt-Wissen, das sich im Ausgang von Wagstaffs Interesse am Klanglichen artikuliert aber weit über die Dimension des Klanglichen hinausführt, zu naturkundlichen Eigenschaften, mythischen Erzählungen und in die Geschichte der Inseln.

Im Ganzen macht TESE meines Erachtens deutlich, dass es sich lohnt, in der Beschäftigung mit dem Klanglichen nicht, wie nach Strohhalmen greifend oder verzweifelt auf festen Grund hoffend, auf das Ausfindigmachen von Bedeutungsmäßigem fixiert zu sein. Die von Wagstaff geleistete Auffächerung des Bedeutungsmäßigen weist vielmehr auf die Notwendigkeit hin, für diese Vielfalt offen zu bleiben; oder auch für das, was jenseits des Bedeutungsmäßigen liegen mag.[51]

2.2 Akustische Ökologie versus Pop: Von ‚Hifi'- zu ‚Lofi'-Soundscapes

Symbolische Ordnungen prägen, wie die Wirklichkeit von ihren Subjekten wahrgenommen und erlebt wird. Das zeigt sich zum Beispiel deutlich an den klassischen Soundscape-Studien der 1970er Jahre: Die Entwicklung der grandiosen Idee von einer Klangumwelt als akustischer Dimension und Grenze der Welt, in der menschliches Leben stattfindet, ist in den Studien des World Soundscape Projects und insbesondere in Raymond Murray Schafers *The Soundscape – Our Sonic Environment and the Tuning of the World* unauflöslich mit Sinnzuschreibungen und Bewertungen verknüpft. In ihrer weltanschaulichen Tendenz rechtfertigen diese die selbst gewählte Bezeichnung des Forschungsansatzes als Akustische Ökologie respektive Klangökologie und machen die Verwurzelung des World Soundscape

[51] In der zeitgenössischen volkskundlichen Klangkulturforschung ist zum Beispiel Johannes Müske dabei, klangliche Bedeutungsphänomene als Bedeutungszuschreibungen, als ‚gesellschaftlich konstruierte und bedeutsame Klangvorstellungen' zu hinterfragen und in ihrer Instrumentalisierung als kulturelle Zeichen zu thematisieren. So schreibt er etwa im Zusammenhang mit maritimen Festivals: „Die performierten Klanglandschaften sind bedeutungsgeladene Elemente eines als maritim imaginierten Stadtraums"; Müske, Johannes 2012: Maritimes Erbe und die akustische Aneignung des städtischen Raums, 193.

Projects im Alternativkulturmilieu deutlich.[52] Welche Kategorien diesen Ansatz bestimmt und zu welchen Einschätzungen von Klangereignissen sie geführt haben, führe ich im Weiteren anhand von Schafers Buch und der Studie *Five Village Soundscapes* aus. Beide wurden im Jahr 1977 erstveröffentlicht, einer Zeit, die als Blütephase der Popmusik gilt. Aus dem kulturellen Kontext der Popmusik stelle ich Schafers Beurteilung eine alternative Wahrnehmungsweise vergleichbarer Klangereignisse gegenüber und versuche, die unterschiedlichen Beurteilungen mit unterschiedlichen Situierungen der Subjekte, die hier Aussagen treffen, zu erläutern. Diese verschiedenen Situierungen sind nicht einfach mit verschiedenen symbolischen Ordnungen gleichzusetzen, sondern betreffen das jeweilige Verhältnis des Subjekts *zur* symbolischen Ordnung.

Die große Leistung von *The Soundscape – Our Sonic Environment and the Tuning of the World* besteht darin, ein Denken alltagskultureller Wirkmächtigkeit des Klanglichen zu eröffnen. Wesentlich tragen hierzu Begriffsangebote bei, die Schafer unterbreitet. Hierzu zählen zum Beispiel ‚keynote sound', ‚sound signal', ‚soundmark'.[53] Zum anderen garantiert die von Schafer gewählte narrative Darstellungsform die Plausibilität der behaupteten Relevanz des Klanglichen: Schafer präsentiert eine Geschichte der Welt, die von der ozeanischen Vorgeschichte menschlichen Lebens bis in die Gegenwart reicht. Neben der Überzeugungskraft, die aus diesem Holismus resultiert, entwickelt Schafers Darstellung einen Sog aus dem Umstand, dass er die Geschichte der Welt als Geschichte eines Niedergangs erzählt. Beide Aspekte sind bereits in einer Szenerie enthalten, die Schafer auf den ersten Seiten entwirft. Im Anschluss an die Postulierung, „[t]he roads of man all lead to water. It is the fundamental of the original soundscape and the sound which above all others gives us the most delight in its myriad transformations“[54], wird ein Spaziergang am Sandstrand Oostendes beschrieben: „[O]ne walks along for miles, south with the waves in the right ear, and north with the waves in the left ear, filling an atavistic consciousness with the full-frequencied throb of water. (…) Day after day one walks along the strand, listening to the indolent splashing of wavelets, gauging the gradual crescendo to the heavier treading and on to the organized warfare of the breakers. The mind must be slowed to catch the million transformations of the water, on sand, on shale, against driftwood, against the seawall. Each drop tinkles at a different pitch; each wave sets a different filtering on an inexhaustible supply of white noise. Some sounds are discrete, others continuous. In the sea the

52 Vgl. Winkler, Justin 1999: Landschaft hören.

53 Vgl. Schafer, Raymond Murray 1994: The Soundscape, 9f.

54 Ebd., 15f.

two fuse in primordial unity."[55] Ein Reichtum der Klänge und des Hörens wird hier von Schafer zum Ausdruck gebracht, der mehrere Quellen und Ursachen besitzt. 1) Die zu hörenden Klänge sind so vielfältiger Art („different pitch", „different filtering" etc.), dass sie das gesamte Spektrum der Dimension des Klanglichen abdecken („full-frequencied"). 2) Die Klänge besitzen eine Dynamik, da sie sich in einem Vorgang andauernden Wandels befinden („myriad transformations"). Ihnen wohnt deshalb zugleich eine grundlegende Kontinuität inne wie sie sich 3) aber auch erkennbar unterscheiden; sie sind „discrete", wie zu hören ist, wenn man nur genau genug hinzuhören vermag, hinein hört in die Wellen.

Angelehnt an diesen ursprünglichen Entwurf einer komplexen Soundscape, argumentiert Schafer im Weiteren zugunsten einer Vorstellung von *differenzierten* im Gegensatz zu *undifferenzierten* sowie für *dynamische* im Gegensatz zu *undynamischen* Klangumwelten. Differenzierte Soundscapes bezeichnet Schafer als „hi-fi", undifferenzierte als „lo-fi"[56]: „The hi-fi soundscape is one in which discrete sounds can be heard clearly because of the low ambient noise level. The country is generally more hi-fi than the city; night more than day; ancient times more than modern."[57] Die deutliche Wahrnehmbarkeit einzelner Klänge in ihrer Verschiedenheit, ihrer Unterscheidbarkeit, die für die von Schafer als *hi-fi* qualifizierte Soundscape charakteristisch ist, geht mit der Abwesenheit von Störungen dieser Unterscheidbarkeit einher. Diese könnten in Lautheit oder in klanglichen Überlagerungen bestehen. Im Resultat ist der Gesamteindruck einer hi-fi Klangumwelt durch eine spezifische Räumlichkeit gekennzeichnet: Eine Tiefe, die von Schafer und seinen Kollegen im World Soundscape Project als Vorhandensein von Perspektive gefasst wird: „In the hi-fi soundscape [...] there is perspective – foreground and background. [...] In a lo-fi soundscape individual acoustic signals are obscured in an overdense population of sounds. The pellucid sound – a footstep in the snow, a church bell across the valley or an animal scurrying in the brush – is masked by broad-band noise. Perspective is lost."

In der Studie, die Schafer und seine Kollegen Mitte der 70er Jahre über die Soundscapes fünf europäischer Dörfer durchführten,[58] wird die klangliche Kommunikation räumlicher Tiefe unter anderem am Beispiel der Entfernungen vom Dorfzentrum thematisiert, in denen die Kirchturmglocken der schwäbischen Ortschaft Bissingen zu hören sind. Wie sie aus Gesprächen mit Bissinger_innen erfahren, schrumpfte die von Schafer als ‚akustisches Profil' bezeichnete Hörentfernung

[55] Ebd., 16.

[56] Vgl. ebd., 43.

[57] Hier und im Folgenden ebd.

[58] Es handelt sich um das schwedische Skruv, Bissingen an der Teck bei Stuttgart, das norditalienische Cembra, Lesconil in der Bretagne und Dollar in Schottland.

im Verlauf des 20. Jahrhunderts deutlich.[59] Zur Begründung verweisen Schafer und seine Koautoren auf die Zunahme von Umweltklängen, deren Charakter sich als *lo-fi* qualifizieren lässt – „the rise of ambient noise".[60] Lärm, der in diesem Fall insbesondere von einer Autobahn und von den Flugzeugen, die den nahen Stuttgarter Flughafen ansteuern, ausgeht.

In einer differenzierten Soundscape sei der Signal-Rausch-Abstand „favorable"[61], wie Schafer auch formuliert und damit den hohen Stellenwert, welcher der Kommunikation in seinem Klangumwelt-Begriff zukommt, unterstreicht. „In the quiet ambiance of the hi-fi soundscape even the slightest disturbance can communicate vital or interesting information..."[62] In *Five Village Soundscapes* wird das Vermögen einer Soundscape, Informationen zu kommunizieren, auch als deren ‚definition' bezeichnet und in folgender Weise erläutert: „In a well-defined soundscape, the relationship between listener and environment is a highly interactive one, because most of what is heard contains useful information, often about aspects of larger patterns or cycles."[63] Die Relevanz, die der Information bei Schafer zukommt, wird außerdem in dem von ihm geprägten Neologismus ‚schizophonia' deutlich. Der Begriff bezeichnet die mit elektroakustischen Aufnahme-, Speicher- und Übertragungsmedien einhergehende Abtrennung eines Klangereignisses von seiner Quelle. „Originally all sounds were originals. They occurred at one time in one place only. Sounds were then indissolubly tied to the mechanisms that produced them. [...] Since the invention of electroacoustical equipment for the transmission and storage of sound, any sound, no matter how tiny, can be blown up and shot around the world, or packaged on tape or record for the generations of the future. We have split the sound from the maker of the sound. Sounds have been torn from their natural sockets and given an amplified and independent existence."[64] In diesem Fall ist es nicht das Kommunikationsvermögen der Soundscape, welches im Verlauf der westlichen Kulturgeschichte Einbußen erleidet, sondern ein bei Schafer hiermit auf das Engste verbundenes Verständnis von der Originalität der Klänge. Die beiden Aspekte verbinden sich in einer grundsätzlichen Auffassung von Klängen, die semiologisch als *indexikalisch* bezeichnet werden kann: Die Klänge verweisen auf ihren Urheber. Allerdings erscheint mir die Bezeichnung *verweisen*

[59] Die Beschreibung dieses Sachverhalts sowie eine ihn illustrierende Skizze findet sich in Schafer, R. M. 2009 (Hg.): Five Village Soundscapes, 309.

[60] Ebd., 310.

[61] Schafer, R. M. 1994: The Soundscape, 43.

[62] Ebd.

[63] Ebd., 368.

[64] Ebd., 90.

hier nicht passend zu sein, evoziert sie doch den basal konstruktivistischen Charakter, der dem Projekt der Semiotik seit Ferdinand de Saussures' Hinweis auf die Arbitrarität – und damit: die Konventionalität – sprachlicher Zeichen innewohnt: Den in Kap. 2.1. beschriebenen Umstand, dass Klänge eine Bedeutung im Medium spezifischer symbolischer Ordnungen besitzen und also in ihrer Bedeutung nicht einfach universell sind. Für den Untersuchungsgegenstand de Saussures gilt dies freilich in besonderem Maße, handelt es sich bei ihm doch um die Sprache.[65] Ein Verständnis für die Kontingenz, die Relativität und Kontextgebundenheit der Klangbedeutungen ist bei Schafer jedoch so wenig erkennbar, dass sein indexikalisches Verständnis von Klangwahrnehmung streng genommen *un*semiotisch ist.

Ausführungen, die Schafer hinsichtlich der Unterscheidung zwischen dynamischen und undynamischen Klangumwelten macht, bestärken die Vermutung, er und das *World Soundscape Project* hätten das Klangerleben nicht konstruktivistisch verstanden und es stattdessen essentialisiert. Der Präferenz für die „Klarheit"[66] von Klangereignissen entsprechend, sind es erkennbare Patterns, Zyklen und mitvollziehbarer Wandel, demnach: *klare* Rhythmen, die Schafer und seine Kollegen in der „natural soundscape"[67] finden und in den urbanen Klangräumen ihrer Zeit vermissen. Um ein wiederholt erwähntes Beispiel, das für die zyklische Qualität der Soundscapes der „Natur"[68], wie es hier einfach heißt, gebracht wird, handelt es sich bei der vierundzwanzigstündigen Aufnahme von Umgebungsklängen eines Teiches auf dem Gelände eines Klosters bei Vancouver. Diese Aufnahme dokumentiert vor allem Tierlaute, die sich im Tagesverlauf ablösen sowie *zusammenspielen*, um die von Schafer gebrauchte Metaphorik aus der Praxis des Musikmachens aufzugreifen. „Not surprisingly, this natural soundscape appeared dynamic and balanced as the daily cycle brought different species to the fore."[69] Vergleichbar formuliert Schafer im Kommentar eines Schaubildes, das die Klänge so verschiedener natürlicher Phänomene wie Regen und Schnee, Wasser und Eis, Grashüpfer, Bienen, Fliegen, Vogel- und Frosch-Stimmen, Wölfen und Elchen in ihrem jahreszeitlichen Vorkommen an der Westküste British-Columbias aufzeigt: „[I]t creates a vivid vernacular composition following a general cyclic rule, a composition in which each instrumentalist knows when to perform and when to listen quietly to the themes of others."[70] Mit der im Verlauf der westlichen Kultur-

[65] Saussure, Ferdinand de 2001: Grundfragen der allgemeinen Sprachwissenschaft.

[66] Vgl. Schafer, R. M. 1994: The Soundscape, 43 u. 230.

[67] Ebd., 229.

[68] Vgl. ebd., 230; Truax, Barry 2009: Introduction to Five Village Soundscapes, 286f.

[69] Ebd., 286.

[70] Schafer, R. M. 1994: The Soundscape, 229.

geschichte immer mehr zunehmenden Distanz zu einer jahreszeitlich geprägten Wahrnehmung der Wirklichkeit, wie sie mit dem traditionellen Landwirtschaften einhergegangen sei, verschwände jedoch „[t]his healthy give and take between sounds in the natural soundscape [...] from the modern urban world. When the factories of the Industrial Revolution swivel-moored workers to the same bench for a lifetime, seasonal variations vanished. The factory also eliminated the difference between night and day, a precedent which was extended to the city itself when modern lighting electrocuted the candle and night watchman. If we were to make a continuous recording on a downtown street of a modern city, it would show little variation from day to day, season to season. The continuous sludge of traffic noise would obscure whatever more subtle variations might exist."[71] Vor diesem Hintergrund kann es nicht erstaunen, dass sich das World Soundscape Project nach Vorstudien in und um Vancouver, wo Schafers Soundscape-Forschung an der Simon Fraser Universität institutionell angesiedelt war, den Klangumwelten von Dörfern zuwandte.

In *Five Village Soundscapes* werden gesellschaftliche Rhythmen, die in der Dimension des Klangs zum Ausdruck kommen, einmal an dem norditalienischen Dorf Cembra festgemacht, in dem die Forscher eine von der Bevölkerung intensiv begangene Osterzeit miterleben und hieraus Rückschlüsse auf den hohen Stellenwert eines christlich ausgestalteten jahreszeitlichen Zyklus ziehen.[72] – In der von einer Gruppe finnischer Soundscape-Forscherinnen um das Jahr 2000 unternommenen Wiederholungsstudie zu *Five Village Soundscapes, Acoustic Environments in Change*[73], wurde dieser Aspekt am Beispiel von in Cembra gemachten Feldforschungserfahrungen facettenreich von Noora Vikman[74] aufgegriffen. *Five Village Soundscapes* thematisiert eine aufschlussreiche hörbare soziale Zyklizität außerdem am Beispiel des bretonischen Fischerdorfes Lesconil. In einem mit dem Tagesverlauf verknüpften Kreislauf ab- und auflandiger Seewinde erweisen sich hier Klänge als Hinweise auf tageszeitspezifische Aktivitäten. „The daily cycle begins in the morning, when air is blowing from the north, off the land to the relatively warmer sea. As the sun rises, the wind begins to move in a clockwise direction toward the east, continuing on to the south toward afternoon, the west in the evening and back to the north again at night. Sounds are carried by these winds to the village from surrounding communities, coast-line and open sea. Over the day a pattern is created which gives both spatial (directional) and rhythmic articulation

71 Ebd., 229f.

72 Vgl. ebd., 232f.; Schafer, R. M. 2009 (Hg.): Five Village Soundscapes, 370ff.

73 Järviluoma, Helmi et al. 2009: Acoustic Environments in Change.

74 Vgl. Vikman, Noora 2009: Soundscape Shutters.

to the soundscape. […] The interesting thing about this cycle, aside from its internal structure, is its parallel relationship to the daily fishing routine, and thus to the routine of the whole village. In the early morning when the men set out, winds blowing from the north carry land-associated sounds to the port, and so they hear the noises of activity in the fields, church bells and so on. Then in the afternoon when they return, the wind has rotated 180 degrees so that again it blows more or less from behind them, from the environment they are leaving. However in this case, the sounds of their engines are not blown out to the sea, but back to the village."[75]

Aktivitäten und Klänge sind in dieser Weise mit dem Tagesverlauf verwoben und bilden ein Pattern, das hier von Schafer aus der Perspektive der Fischer geschildert wird, das aber darüber hinaus und in etwas anderer Form auch von den im Dorf Verbleibenden erfahren wird. Etwa, wenn diese die Schiffe am Nachmittag über eine Entfernung von bis zu fünfzehn Kilometern zurückkommen hören. Vergegenwärtigt man sich darüber hinaus, dass der tageszeitliche Ablauf der Fischereitätigkeit zu einer Zeit als mit Segelbooten auf Fischfang gegangen wurde aus der Abhängigkeit von den Winden entstand, erscheint die rhythmische Soundscape Lesconils in mindestens doppelter Hinsicht (Tag/Nacht, Winde mit im Tagesverlauf wechselnder Himmelsrichtung) in großer Nähe zu ‚Natur'.

Der in *The Soundscape* vorgenommenen Beschreibung eines kulturgeschichtlichen Wandels, in dem sich die Qualität der Klangumwelt von hi-fi zu lo-fi verschiebt, ist das Bedauern über die als parallel verlaufendes Schwinden vorgestellte Nähe des Menschen zu ‚Natur' implizit. Schafer führt den Wandel in *The Soundscape* plakativ vor, indem er auf die *Natural Soundscape* die *Sounds of Life*, auf diese die *Rural Soundscape*, auf diese wiederum die Thematisierung der Klänge von Stadt und Großstadt folgen lässt und diese Niedergangsgeschichte mit den Soundscapes der Industriellen und der *Elektrischen Revolution* beschließt.[76] Was den Aspekt der Dynamik anbelangt, die als Variation auf der Ebene der Klangdauer das Grundmoment der Zyklizität bildet, ist der Tiefpunkt für Schafer mit der Industriellen Revolution erreicht. Sie bringt die später mit den Mitteln der Elektrizität noch vervielfachten „low-information, high-redundancy sounds"[77] hervor, die „flat line in sound", in sich monotone sowie anfangs- und endlose Geräusche von Maschinen. Für Schafer bringen diese Sounds die folgende Konsequenz mit sich: „Just as there is no perspective in the lo-fi soundscape (everything is present at once), similarly there is no sense of duration with the flat line in sound. It is suprabiological. We may speak of natural sounds as having biological existences. They

[75] Schafer, R. M. 2009 (Hg.): Five Village Soundscapes, 364.

[76] Vgl. Schafer, R. M. 1994: The Soundscape, IX.

[77] Hier und im Folgenden ebd., 78.

are born, they flourish and they die. But the generator or the air-conditioner do not die; they receive transplants and live forever." Die von Schafer und Truax verwendete Bezeichnung, unter der sie die von ihnen konstatierte mangelhafte Klarheit und fehlende Dynamik fassen, ist freilich einfach ‚Lärm'. Eine lärmende Umwelt, so ihre Argumentation, entspreche nicht der Natur und bringe für die Menschen die Unmöglichkeit mit sich, sich orientieren zu können.

2.2.1 Popmusik

Schafer, der ein Komponist zeitgenössischer klassischer Musik ist, macht die beschriebene Veränderung in der Soundscape auch an der Popmusik fest, die er ganz offensichtlich als originäre Musikform der Gegenwart begreift. An ihr bestätigt sich Schafers Beobachtung, denn auch die Popmusik ist nicht ‚hi-fi', sondern besteht überwiegend aus „low-frequency or bass effects"[78]. Die ausgeprägte physikalische Länge der Wellen der Lo-fi-Sounds führe dazu, dass sich die Musik nicht distanziert wahrnehmen lasse, sondern ‚den Raum ausfülle' und das Subjekt des Hörens ‚umspüle'[79]. „[T]he listener finds himself at the center of the sound; he is massaged by it"[80], „the listener seems immersed in it"[81], „is wrapped up by it"[82], sind andere Formulierungen, die Schafer zur Bezeichnung dieses Sachverhalts gebraucht. Die Popmusikhörer_innen stehen nicht länger in einem Verhältnis der Übersicht und Distanz zu den Klängen, sondern würden „part of a world of sound". „In stressing low-frequency sound popular music seeks blend and diffusion rather than clarity and focus, which had been the aim of previous music".[83] Schafer spitzt diese pointierte Aussage noch weiter zu, wenn er in diesem Zusammenhang (und bereits Mitte der 70er Jahre, also noch vor der Erfindung des Walkmans!) über das Hören mit Kopfhörern ausführt: „[W]hen sound is conducted directly through the skull of the headphone listener, he is no longer regarding events on the acoustic horizon; no longer is he surrounded by a sphere of moving elements. He *is* the sphere. He is the universe."[84]

---

78 Ebd., 115f.

79 Vgl. ebd., 117. Zu den ‚low-frequency sounds' vgl. auch Schafer, R. M. 2009 (Hg.): Five Village Soundscapes, 368.

80 Schafer, R. M. 1994: The Soundscape, 117.

81 Ebd., 116.

82 Hier und im Folgenden ebd., 118.

83 Ebd., 117.

84 Ebd., 119, Hervorhebung im Original.

Das Musikkapitel ist der von Schafer erzählten Niedergangsgeschichte angehängt. Es greift bereits genannte Aspekte der Entwicklung der westlichen Klangumwelt wieder auf. Aber mit der angeführten Beobachtung, die Popmusik schaffe einen Klangraum, der den Charakteristika der Lo-fi-Soundscape prinzipiell entspreche und im Subjekt der Klangwahrnehmung den Effekt zeitige, es zu verwickeln, es ‚einzunehmen' und, in der Konsequenz, zu verwandeln, schließt es Schafers Analyse strenggenommen überhaupt erst ab. Zwar erläutert Schafer bereits die begriffliche Unterscheidung zwischen hi- und lo-fi unter anderem mit dem Hinweis, „[o]n a downtown street corner of the modern city there is no distance; there is only presence."[85] Aber erst der Hinweis auf *das Subjekt des Hörens*, wie er am Ende des Musikkapitels steht, eröffnet die Bedeutung der Differenz zwischen *Distanz* und *Präsenz*: Im ersten Fall geht das Subjekt bereichert, aber souverän und also fundamental unverändert aus der Situation des Klangerlebens hervor. Im zweiten Fall wurde es affiziert – *ein anderes Subjekt ist entstanden.*

Gerade weil Schafers Präferenzen eindeutig verteilt sind, ist es umso beeindruckender, dass er die von ihm abgelehnte Form der Lo-fi-Klangumwelt in ihrem fundamentalen Zug derart scharfsinnig erkennt. Wie beschrieben, stellt er sich auf den ersten Buchseiten als Spaziergänger vor, der an einem endlosen Strand die Meeresbrandung in ihrer Klangvielfalt und -dynamik genießt – wie ein Kunstverständiger die Komposition eines Bildes; wie der romantische Reisende die Perspektive auf eine Landschaft; wie die klassischen Ethnologen die fremde Welt einer anderen Kultur etc. Die Distanz zum Gegenstand stellt hier gerade die Voraussetzung des Genießens dar. Der Genuss entsteht aus dem Erkennen, aus der Übersicht, auch aus der Perspektive, die aus der Anwendung von Wissen resultiert, das die Voraussetzung dafür darstellt, dass Bestimmtes überhaupt erst wahrnehmbar wird. Dagegen ist diese Distanz in der Lo-fi-Soundscape und in der Popmusik in fundamentaler Weise (also möglicherweise nicht völlig und in jedem Fall, sondern in der Tendenz und prinzipiell) aufgelöst. Dies hat zur Folge, dass die *Gegenstände* an diejenigen, die von den Klängen umgeben werden, heran rücken. Die Klänge kommen dem Selbst sehr/zu nahe, denn sie durchkreuzen die Grenze zwischen Objekt und Subjekt, zwischen äußerer Realität und Selbst, zwischen Wahrnehmung und Sein.

Darauf, dass es der Kultur der Rockmusik der späten 1960er/frühen 1970er Jahre gerade um solche Immersionserfahrungen ging, deutet die Thematisierung dieses Phänomens durch Kulturwissenschaftler mit so verschieden ausgerichteten Forschungsansätzen und Interessen wie Paul Willis und Friedrich Kittler hin.[86]

---

[85] Ebd., 43.

[86] Vgl. Willis, Paul 1981: Profane Culture; Kittler, Friedrich A. 1993: Der Gott der Ohren.

Während Willis als Vertreter der britischen Cultural Studies in seiner Ethnografie einer Gruppe englischer Hippies beschreibt, dass diese ihren *Wunsch* nach einer Verwandlung des Selbst mit dem Hören entsprechend einnehmender Musik verbinden, macht sich der Zusammenhang von klanglicher Räumlichkeit und Subjektivierung bei Kittler im Rahmen seines Forschungsansatzes, Geistesgeschichte als Mediengeschichte zu begreifen, an der Rockband Pink Floyd fest. Deren Song *Brain Damage* und ihre Verwendung eines quadrophonischen Klangsteuerungsapparates bei Konzerten, dem *Azimuth Coordinator*, der es Pink Floyd erlaubte, einzelne Klangspuren im Raum zu verschieben und ‚herumfliegen' zu lassen, führt Kittler zu folgender synonymer Formulierung von Schafers Aussage: „Wenn Klänge, durch den ganzen Hörraum steuerbare Klänge von vorn und hinten, rechts und links, oben und unten auftauchen können, geht der Raum alltäglichen Zurechtfindens in die Luft. Die Explosion der akustischen Medien schlägt um in eine Implosion, die unmittelbar und abstandslos ins Wahrnehmungszentrum selber stürzt. Der Kopf, nicht bloß als metaphorischer Sitz des sogenannten Denkens, sondern als faktische Nervenschaltstelle, wird eins mit dem, was an Informationen ankommt und nicht bloß eine sogenannte Objektivität, sondern Sound ist."[87]

Mit einem Präsent-Werden der Klangereignisse im Lo-fi-Klangraum, das so weitreichend ist, dass es die Distanz zwischen Klangphänomen und Hörsubjekt zum Verschwinden bringt, wird Schafers Figur des Spaziergängers zu einem Anachronismus. Dies wird besonders in der Kontrastierung von Schafers Haltung mit einem popkulturellen Umgang mit Klängen deutlich, den man heute mit einem Phänomen der Disco-Ära verbindet, für den insbesondere der Name David Mancuso und sein New Yorker Club *The Loft* stehen. Als DJ verfolgte Mancuso beim Schallplattenauflegen das Ziel, einen endlosen Flow zu kreieren, bei dem es sich genauer um einen „continuous flow of some kind of sound information"[88] handeln sollte. Wie in Schafers Beschreibung der Geräusche der Meeresbrandung verbindet sich auch hier das Kontinuierliche mit dem Diskreten: Das Ganze des Flows setzt sich aus unterscheidbar verschiedenen, ‚klaren' Klängen zusammen. Des Weiteren hob auch Mancuso auf Dynamik ab, wie etwa in der folgenden Aussage eines von Peter Shapiro in seiner Kulturgeschichte der Disco Music zitierten Besuchers des Loft zum Ausdruck kommt: „Dancing at *The Loft* was like riding waves of music, being carried along as one song after the other built relentlessly to a brilliant crest and broke, bringing almost involuntary shouts of approval from the crowd, then smoothed out, softened, and slowly began welling up to another peak."[89] Im Unter-

[87] Kittler, Friedrich A. 1993: Der Gott der Ohren, 138f.

[88] Shapiro, Peter 2009: Turn the Beat Around, 20.

[89] Ebd., 21.

schied zu Schafers Ideal von Klängen und vom Hören wird das Subjekt des Hörens bei Mancuso jedoch davon getragen. Mancusos Mix wird ohne die Distanz des Schafer'schen Strandspaziergängers erlebt, als sei man von der Dünung der Wellen erfasst. Von diesem entscheidenden Unterschied abgesehen, ist die Überschneidung mit Schafers Kriterien frappierend und lässt sich mit einem Hinweis auf die Urszene von Mancusos Klangidealen noch unterstreichen. Greift Mancuso für seine Vorstellungen von einer gelungenen Party doch auf zwei Kindheitserfahrungen zurück, die er in dem ländlich gelegenen Waisenhaus machte, in dem er aufwuchs. Zum einen handelt es sich um Tanzparties in bunt dekorierten Räumen, wie sie regelmäßig im Waisenhaus veranstaltet wurden. In legendären Aspekten seiner Parties, wie der farbigen, freundlichen Luftballon-Dekoration des Loft und dem Verzicht auf den Ausschank alkoholischer Getränke (stattdessen gab es Fruchtsäfte, denen angeblich gelegentlich LSD beigemischt gewesen sein soll) sollte Mancuso sich auf diese Kindheitserfahrung beziehen. Zum anderen findet sich eine Parallele zu Schafers vierundzwanzigstündiger Aufnahme von Naturklängen: Mancuso verbrachte Stunden in der ländlichen Umgebung des Waisenhauses, „listening to birds, lying next to a spring and listening to water go across the rocks. [...] Like with the sunrise and sunset, how things would build up into midday. There were times when it would be intense and times it would be soft and at sunset, it would be quiet and then the crickets would come in. I took this sense of rhythm, this sense of feeling."[90]

Die Nähe zwischen Schafers Spaziergänger und Mancusos Tanzenden gemahnt an die Differenz, welche die beiden Haltungen zur immersiven Qualität des Lo-Fi voneinander unterscheidet. Diese betrifft offenbar die *Grundlagen* des jeweiligen Wahrnehmens der Klänge. In einer Formulierung gefasst, welche die mit Namen wie Jacques Lacan oder Gilles Deleuze und Felix Guattari verbundenen poststrukturalistischen Bemühungen aufgreift, Freuds Erkenntnisse am Unbewussten für ein Verständnis zeitgenössischer Erscheinungsformen der Subjektivität nutzbar zu machen, handeln diese Differenzen von verschiedenen ‚Topografien des Begehrens'[91]. Wie Lawrence Grossberg im Hinblick auf das Verhältnis konstatiert, in dem der Rock'n'Roll zur dominanten Kultur in den USA der 50er Jahre steht, so trennen offenbar auch Schafer und Mancuso „different organisations of desire and pleasure".[92] Ich möchte eine Skizze dieses Unterschieds vorschlagen, die freilich zwangsläufig stilisiert und schematisch ausfallen muss.

[90] Ebd., 19.

[91] Vgl. Grossberg, Lawrence 1997: Another Boring Day in Paradise; vgl. Waltz, Matthias 2001: Pop/Techno mit Lacan.

[92] Grossberg, Lawrence 1997: Another Boring Day in Paradise, 482.

Verschieden ist dabei zunächst einmal die Stelle, an der sich das Moment des Lo-fi befindet. Während es bei Schafer das Genießen stört, indem es eine mögliche Klarheit und Dynamik der Soundscape mindert, und zugleich das Begehren nach diesen Klangeigenschaften zu bestärken scheint, indem es ermöglicht, dass sich die begehrten Klangeigenschaften vor seinem Hintergrund umso deutlicher abzuzeichnen vermögen, bildet Lo-fi in der Discomusik Mancusos gerade die Basis des Genießens. Dieses besteht im Davongetragen-Werden durch die Klangereignisse. Verstehen lässt sich der Unterschied hinsichtlich der Lage des Lo-fi-Momentes innerhalb der verschiedenen ‚Organisationen von Begehren und Lust' über die grundsätzlichen Unterschiede in deren Konfiguration. Entscheidend erscheint mir hierbei, in was für einem Verhältnis das Subjekt zur symbolischen Ordnung steht, und zwar auf der Ebene des Unbewussten. Hierbei ist folgende Überlegung grundlegend: Die Wirksamkeit einer symbolischen Ordnung im Subjekt als eine Bindung zu konstatieren, die das Selbst als Subjekt einer spezifischen symbolischen Ordnung hervorbringt, sei keinesfalls gleichbedeutend mit einer ‚Negation des Subjekts', heißt es bei Lacan. „Es geht um die Abhängigkeit des Subjekts, was etwas ganz anderes ist".[93] „[Symbolische] Ordnungen sind gleichzeitig Ordnungen der Wirklichkeit und unbewusste Ordnungen des Wissens"[94], fasst Matthias Waltz dieses Verständnis von Subjektivität, das Subjektivität als Effekt einer Identifikation mit einer solchen Ordnung begreift. Die im westlichen Denken lange unhinterfragte Vorstellung eines Bruches zwischen Person und Umwelt sei hiermit „prinzipiell aufgehoben", komme das Subjekt doch gerade mittels Identifikation zur Welt, indem es im Identifiziert-Sein mit einer symbolischen Ordnung deren Kategorien und Kriterien in sich aufnimmt, die ihm eine Wahrnehmung der Wirklichkeit im Sinne einer Ontologie, einer Welt, die sich der Einzelne mit Anderen teilen kann, erst ermöglicht. Gerade indem das Subjekt Subjekt einer symbolischen Ordnung ist, besteht der Effekt seines Identifiziert-Seins allerdings auch darin, dass in ihm die Vorstellung entsteht, autonom und von der äußeren Wirklichkeit unterschieden zu sein. Denn auf der Grundlage der dem Subjekt in der symbolischen Ordnung gegebenen, kollektiv gültigen Kategorien der Wirklichkeitswahrnehmung – gewissermaßen *durch diese hindurch* – entstehen ‚Klarheit' und ‚Perspektive' (Schafer). Die Ursache dafür, dass es sich gerade auf der Grundlage seines Identifiziert-Seins in einer symbolischen Ordnung im Rahmen einer verlässlich erscheinenden Ontologie bewegen kann, ist demnach in der triangulierenden Funktion zu sehen, welche die Dimension der symbolischen Ordnung für das Subjekt leistet. Zwischen

93 Lacan, Jacques in Foucault, Michel 2001: Was ist ein Autor?, 1041.

94 Hier und im Folgenden Waltz, Matthias 2006: Subjektivierende Ordnungen, 82.

Subjekt und Welt hat sie sich als eine Matrix geschoben, die beides, die Welt und das Subjekt in seinem Dasein in der Welt, erst artikuliert.

Das Vorliegen dezidierter Kriterien zur Beurteilung von Klangphänomenen und die unterstellte Natürlichkeit der eigenen Wahrnehmungskategorien lassen keinen Zweifel daran, dass der Soundforschungsansatz Schafers und des World Soundscape Projects auf einem Identifiziert-Sein der Akteure in der Dimension symbolischer Ordnung beruht. Ohne die von ihr artikulierte Ontologie an dieser Stelle näher qualifizieren zu können, treten doch zwei ihrer Eigenschaften in meinen Ausführungen deutlich hervor. 1) Mit ihrer fundamental gesellschaftskritischen Haltung, mit ihrer Nähe zur Kunst etc. stehen Schafer und das World Soundscape Project der 1970er Jahre in der Tradition künstlerischer Avantgarden, das heißt in einer Tradition ideologischer und subkultureller Gegenwelten, die Alternativen zur symbolischen Ordnung der bürgerlichen Welt und des Kapitalismus ausbilden. Gerade mit dieser Funktion bildet die Kunst einen wesentlichen Aspekt der Kultur der Moderne.[95] 2) In ihren Kategorien und in ihrem Begehren ist die bei Schafer zum Ausdruck kommende Gegenwelt durch die Alternativkultur der Ökologiebewegung der 1970er Jahre geprägt.[96]

Im Denken des Strukturalismus und des Poststrukturalismus ist die symbolische Ordnung nicht nur in ihrer ungeheuren und fundamentalen kulturellen Produktivität erkannt worden. Ihr wird dort auch eine Zwangsläufigkeit unterstellt, die sie geradezu als Essenz menschlicher Sozialität und Subjektivität erscheinen lässt.[97] Diese Annahme einer zwangsläufigen Wirkmächtigkeit symbolischer Ordnung ist heute nicht länger haltbar, da es eine Vielzahl eindrücklicher kultureller Phänomene gibt, die sich mit dem Modell der symbolischen Ordnung NICHT erklären lassen.[98] So lässt sich zum Beispiel ein in den westlichen Gesellschaften unserer Zeit so stark auftretendes Phänomen wie die Depression gerade als Abwesenheit einer Identifikation des Subjekts in der Dimension des Symbolischen begreifen: Wenn das Symbolische seinem Subjekt die Wirklichkeit als eine Welt von Dingen, Motiven, artikuliert, in der ein Begehren spielt und Handlungen sinnvoll erscheinen, so ist mit der Abwesenheit des Symbolischen auch all dies im Subjekt abwesend. ‚Subjekt' meint dann nicht mehr das Subjekt, wie es in der Identifikation in einer symbolischen Ordnung als Subjekt dieser Ordnung entsteht, sondern etwas ande-

95 Vgl. hierzu Waltz, Matthias 1993: Ordnung der Namen; und ders. 2001: Pop/Techno mit Lacan, 218.

96 Vgl. Reichard, Sven 2014: Authentizität und Gemeinschaft.

97 In der poststrukturalistischen psychoanalytischen Theorie Lacans erscheint die Möglichkeit einer Unwirksamkeit des Symbolischen nur im pathologischen Fall des Psychotikers. Vgl. Lacan, Jacques 1997: Die Psychosen.

98 Ein Großteil der in der vorliegenden Studie behandelten Phänomene sind von dieser Art.

res.[99] Dieses, im Sprachgebrauch von Matthias Waltz „hochmoderne“[100] Subjekt lässt sich als ein Subjekt im Zwischenraum symbolischer Ordnungen (im Plural) begreifen. Die zeitgenössischen symbolischen Ordnungen sind nach Waltz und im Gegensatz zu klassischen Formen des Symbolischen nicht länger „dicht“ gegenüber dem Außen, sondern „durchlässig“. „[I]n ihnen entsteht ein Zwischenraum ohne symbolische Organisation. Wenn man fragt, wo das hochmoderne Subjekt zu Hause ist, so bleibt als Antwort nur: in diesem Zwischenraum“.

Eine Wahrnehmung der Wirklichkeit, die im Zwischenraum symbolischer Ordnungen ihren Ausgangspunkt hat, muss ohne eine Matrix auskommen, die der Wirklichkeit dauerhaft und verlässlich als Welt eine Erscheinungsform gibt. Stattdessen ist sie von einer fundamentalen ontologischen Unsicherheit durchzogen. Gerade weil es grundlegend nicht-identifiziert ist, ist das Selbst nun einnehmbar: Die Kategorien einer beliebigen symbolischen Ordnung können – gewissermaßen von irgendwo her, von überall her – auf das Selbst kommen. Was sollte es gegenüber diesen abschirmen? Was sollte es diesen gegenüber ignorant machen? Dies könnte nur eine Identifikation in einer symbolischen Ordnung sein, die ja aber gerade nicht vorliegt.

Das Subjekt des Dazwischen ist außerdem auch auflösbar, weil sich das, was es eingenommen hat, ebenso wieder von ihm zurückziehen kann. Solche Dynamiken respektive die Abwesenheit eines Mediums, das eine Welt zugleich artikuliert und auch festhält, verbreitet Unsicherheit und Angst. Sie bringen die Bedrohung, die von der Leere ausgeht, ebenso mit sich wie das Zu-Nahe-Kommen. Das Begehren der Immersion, das uns in der Gestalt David Mancusos begegnet ist, ist im Zusammenhang einer solchen kulturellen Situation zu begreifen. Die Disco Music in Mancusos Spielart setzt der ontologischen Unsicherheit des Dazwischen keine symbolische Ordnung entgegen. Vielmehr nutzt sie die Abwesenheit des Identifiziertseins in einer symbolischen Ordnung zur Eröffnung einer Erfahrung des Selbst in seiner organischen, leiblichen Vitalität. Hierzu schafft sie der Einnehmbarkeit des Selbst einen geschützten Raum, in dem es sich in den Klängen und den Dynamiken von Spannungsauf- und -abbau, welche die Discomusik ausmachen, verlieren kann. Aus einem potentiellen Raum der Leere, der Angst, des Identitätswandels im Übergang des Selbst zwischen verschiedenen symbolischen Ordnungen wird hier ein offen ausgestalteter Raum. In ihm branden Wellen von Sound an, um das Subjekt zu umspülen, es einzupacken und davonzutragen.[101]

[99] Vgl. Bonz, Jochen 2011: Das Kulturelle.

[100] Hier und im Folgenden Waltz, Matthias 2007: Das Reale, 52.

[101] Zum Eingepackt-Sein in Sound vgl. auch Schwarz, David 1997: Listening Subjects, 7-22.

3 Dynamiken klanglicher Subjektivierung. Zur Veranderung des Selbst in Soundscapes der Gegenwart

Studien aus jüngerer Zeit, die sich als aktuelle Erscheinungsform der Soundscape-Forschung begreifen lassen, haben zu einem bejahenden Umgang mit dem von Schafer kritisierten ‚in-diskreten' Charakter zeitgenössischer Klanglichkeit gefunden. Sie interessieren sich für die einnehmende affektive Kraft der Klänge. Dies hat zur Folge, dass die hiermit einhergehenden Dynamiken klanglicher Subjektivierung den roten Faden der jüngeren Soundscape-Forschung bilden. Da er in der Regel implizit bleibt, besteht der Ansatz dieses Kapitels darin, den Faden aufzugreifen und herauszuarbeiten. Zu diesem Zweck beschreibe ich im Folgenden zwei Formen, in welchen die Verwandlung des Selbst mittels Klängen in diesen Studien erscheint. Zum einen handelt es sich um die Über-Setzung des Selbst zwischen verschiedenen symbolischen Ordnungen, die von Klängen mit sich geführt werden; Ordnungen, die das Selbst ergreifen und neu subjektivieren, also ein anderes Subjekt erzeugen, indem sie es in ihren jeweiligen Geltungsbereich ziehen. Zum anderen handelt es sich um eine mit den Klängen für das Subjekt einhergehende Erfahrung des schieren Existierens, des Nicht-Identifiziertseins, von dem her sich in der Folge eine Welt aufzubauen beginnt. Diesen zweiten Modus der Subjektivierung im Klanglichen versuche ich mit der Bezeichnung ‚Ver-Bindung des Selbst' zu fassen.

© Springer Fachmedien Wiesbaden 2015

J. Bonz, *Alltagsklänge – Einsätze einer Kulturanthropologie des Hörens,* Kulturelle Figurationen: Artefakte, Praktiken, Fiktionen, DOI 10.1007/978-3-658-00889-5_3

3.1 Über-Setzungen

In ihren Beiträgen zur Wiederholungsstudie zu *Five Village Soundscapes, Acoustic Environments in Change*, setzt sich Helmi Järviluoma mit Klängen in ihrer Funktion als Träger von Erinnerungen auseinander.[1] Im Zuge der Interpretation eines Gespräches, das sie mit dem Bissinger Bauern Ederle über Klänge führte, die heute verschwunden sind, greift sie zeitgenössische Konzeptualisierungen von Nostalgie durch Svetlana Boym und Karin Johannisson auf, die sich darin treffen, die Nostalgie nicht als Rückwärtsgewandtheit und Regression, sondern als „creative and reflective emotion, which organizes the subject's time and space for the future“[2] aufzufassen. Sie unterstreicht dies, indem sie darüber hinaus in der Nostalgie in Anlehnung an Anni Vilkko sogar ein utopisches Moment erkennt, „the expression of a kind of utopic relation to place, based on an experience of either lived, lost or imagined home“. Der betreffende Gesprächsausschnitt handelt konkret von Sounds, wie sie beim frühmorgendlichen Mähen des noch taunassen Grases entstanden sind. Ederle fällt diese Situation als Antwort auf Järviluomas Frage nach verschwundenen Klängen ein, und indem er die Situation des Mähens benennt fällt er beim Sprechen selbst aus der Vergangenheitsform in den Präsens. Dieser Tempuswechsel wird im Weiteren von Järviluomas Interpretation stark strapaziert, macht sie an ihm doch eine zwar flüchtige, aber eben tatsächlich vorhandene *Anwesenheit der Vergangenheit in der Gegenwart* fest – für das Selbst desjenigen, der da spricht. An der Plausibilität ihrer Interpretation ändert diese Forcierung nichts: In einer Mischung aus eigenen Beobachtungen und Interviewaussagen beschreibt Järviluoma Herrn Ederle als einen Bauern, der den „discourse of technological rationalism“[3] beim Reden verwende. In seinen Handlungen scheint er sich außerdem im Rahmen der symbolischen Ordnung zu bewegen, als die ‚Diskurs' hier mit Foucault verstanden werden muss. Hierzu zählt unter anderem, dass Ederle einen modernen Traktor benutzt, dessen Kabine ihn sowohl vom Lärm des Motors als auch von weiteren Geräuschen in seiner Umwelt abschirmt und ihm stattdessen gestattet, beim Arbeiten Radio zu hören. Hierzu zählen außerdem auch Aussagen wie, in der zeitgenössischen Landwirtschaft bleibe einem keine Zeit, um zum bloßen Vergnügen mit der Sense zu mähen. Und sei es auch nur gelegentlich. „He is a rational, modern farmer, and as such does not have time to indulge in such pleasure.“[4]

[1] Järviluoma, Helmi 2009: Scythe-Driven Nostalgia.

[2] Hier und im Folgenden ebd., 155.

[3] Ebd., 159.

[4] Ebd., 164.

Trotz der hieraus resultierenden Abwesenheit der entsprechenden Sounds im Diskurs der modernen Landwirtschaft sei Ederle jedoch die Tatsache, dass das Mähen taunassen Grases einen speziellen Klang besitze, in der Erinnerung präsent. „He fully appreciates the fact that today's workload makes it impossible for the sound of the scythe to exist as anything but a cherished memory. But this does not mean that the sonic memory has *no* meaning for him. As one side of his identity, it fortifies his sense of who he is in the world"[5], schlussfolgert Järviluoma. Einer Auszeit vom Alltag vergleichbar, wie sie viele Finnen im Sommer in im Wald an Seen liegenden Ferienhäusern nähmen, um einen zum Alltag alternativen Zeit-Raum (‚Chronotopos') zu erleben, könnte das Mähen mit der Sense dem vom Diskurs der industrialisierten Landwirtschaft artikulierten Zeit-Raum entgegenwirken. Wobei Järviluoma Letzteren als einschränkend und lärmend qualifiziert und hinzufügt, dass ein solcher Eintritt in einen alternativen Zeit-Raum des nostalgischen Mähens mit der Sense sich auch ohne das konkrete Tun des Mähens, nämlich „in the lost time of memory", vollziehen könne.

Järviluomas Überlegungen gipfeln in der Vorstellung, mit der utopischen Produktivität, die ein solcher nostalgischer Wechsel des Zeit-Raumes im Subjekt zu entfesseln vermöge, ließe sich möglicherweise sogar die Grenze überwinden, die der Diskurs der modernen Landwirtschaft zwischen dem Menschen und der ‚Natur' gezogen habe. Mit diesem Resümee ist Järviluoma der Akustischen Ökologie der Soundscape-Forschung der 1970er Jahre ganz nahe. Sie mag allerdings zwar von einer „communication between nature, animals and people"[6] schreiben, den Konstruktivismus, der ihren Text durchzieht, streift sie damit nicht ab. Ist es in ihrer Darstellung doch an erster Stelle ein *Diskurs*, von dem her sich menschliche Wirklichkeitswahrnehmung und menschliches Tun entfalten. Er bildet hier die Größe, von der die Subjektivität abhängt. Allerdings nicht ausschließlich. An zweiter Stelle steht mit der nostalgischen Erinnerung eine in anderen Kategorien artikulierte Wirklichkeit, die vom Subjekt freilich nicht in einer mit dem Diskurs vergleichbaren Weise mit Leben gefüllt sein kann, die aber dennoch im Subjekt lebendig ist und die das Begehren und die Verpflichtungen ergänzt, die mit dem den Alltag bestimmenden Diskurs einhergehen. Ihrem Anliegen entsprechend, die nostalgische Erinnerung als etwas Gegenwärtiges und nicht als vom Gegenwärtigen geschieden zu begreifen, nimmt Järviluoma diese Grenze zwischen der Welt der modernen Landwirtschaft, einerseits, und der nostalgischen Erinnerung, andererseits, wenig ernst. Zu Unrecht, meine ich. Ist es doch diese Grenze und die mit ihr einhergehende Situation, die dazu führt, es in den Gesprächsaussagen Ederles

[5] Hier und im Folgenden ebd., Hervorhebung im Original.

[6] Ebd., 165.

nicht mit *einer*, sondern mit *zwei* Ontologien gleichzeitig zu tun zu haben. In dieser Verdopplung der Welt besteht schließlich das von Järviluoma vertretene Produktiv-Werden der nostalgischen Erinnerung.

Mit der Erinnerung geht die Entstehung und Überschreitung der Grenze einher. Die Situation der Wirkmächtigkeit der Ontologie, wie sie der Diskurs der modernen Landwirtschaft erzeugt, verwandelt sich im Subjekt in eine Situation, in der diese Ontologie durch eine zweite, eine andere, neu hinzu gekommene Ontologie ergänzt ist. Mit deren Auftauchen befindet sich das Subjekt nicht mehr nur in der Welt, die von Järviluoma als Diskurs der modernen Landwirtschaft bezeichnet wird. Hinter/neben dieser Welt ist in der neu entstandenen Situation eine zweite Welt anwesend, die irgendwie in die erste hinein wirkt. Mit der derart verwandelten Wirklichkeit ist auch das Subjekt nicht mehr dasselbe. Durch das nostalgische Erinnern ist es von einer Situation, die vom Diskurs der modernen Landwirtschaft bestimmt war, in eine Situation übersetzt worden, in der dieser Diskurs gegenüber der mit der nostalgischen Erinnerung verbundenen Welt des Mähens mit der Sense durchlässig und um diese reicher geworden ist. Es stellt sich die Frage, wie durchgreifend diese Verwandlung sein mag, wie dauerhaft oder flüchtig. Auch stellt sich die Frage, wie sich die Verwandlung für das Subjekt anfühlen mag. Järviluomas Text beantwortet all diese Fragen nicht, aber er vermittelt nachdrücklich, dass die Präsenz der Nostalgie im Erleben des Subjekts ein anderes, reicheres Wirklichkeitserleben im Subjekt erzeugt.

In zwei Studien Michael Bulls[7] werden auf der Grundlage qualitativer Interviews vergleichbare Übersetzungen des Selbst beschrieben. Die Gespräche haben im einen Fall den Walkman-Gebrauch der Interviewten, im anderen Fall den Umgang, den die Interviewten beim Autofahren mit Musik pflegen, zum Thema. In beiden Fällen verwandelt sich die ontologische Situation, in der sich das Subjekt befindet, wobei jeweils zwischen Veränderungen in der subjektiven Wahrnehmung der äußeren Realität und Veränderungen in der Selbstwahrnehmung unterschieden werden kann. Hinsichtlich der äußeren Realität bringt das Musikhören mittels Walkman eine Intensivierung mit sich. So berichten beispielsweise Radfahrer, sie könnten sich mit Walkman im Londoner Straßenverkehr besser orientieren als ohne Musik, denn das Musikhören steigere ihre Konzentrationsfähigkeit.[8] In anderen Interviewaussagen wird konstatiert, dass in Situationen wie beispielsweise einer Bergwanderung die Landschaft durch die über Walkman gehörte Musik eine Verstärkung ihrer Besonderheiten erfahre. „[F]lowers become more flowery“[9], for-

[7] Vgl. Bull, Michael 2006a: Sounding Out the City; ders. 2006b: Soundscapes of the Car.

[8] Vgl. Bull, Michael 2006a: Sounding Out the City, 82.

[9] Ebd, 90.

muliert eine der Interviewpartnerinnen Bulls dieses Phänomen. Ein ganzes Kapitel der Walkman-Studie greift außerdem die von den Interviewpartner_innen häufig (und in vielfältiger Form) vorgebrachte Metapher des Films auf. Damit kann eine Intensivierung im Sinne einer höheren Präsenz von Selbst und Umwelt ebenso gemeint sein (man fühlt sich als eine Heldin, „everything seems more vivid“[10]), wie das Sich-Hineinversetzt-Fühlen in eine mit einem bestimmten Filmgenre einhergehende Atmosphäre oder sogar in ganz konkrete Filme.[11]

Hinsichtlich der Selbstwahrnehmung besteht die am Musikhören im Auto wie auch am Walkmanhören festgemachte Über-Setzung in einer ‚Zentrierung‘, wie Bull mit Bezug auf Richard Sennett schreibt.[12] Die die Ausgangssituation bestimmende Dezentriertheit resultiert Bull zufolge aus dem Erleben der Wirklichkeit als einer „world of contingency“[13] und stellt sich außerdem als „a lifeworld filled with potential anxiety“ dar. Die damit für das Subjekt einhergehende „confusion of the world“[14] wird im öffentlichen Raum erlebt, etwa bei täglichen U-Bahn-Fahrten durch London zur Arbeitsstelle. Sie äußert sich als „fear of the anonymity of the urban, of losing oneself“.[15] Ausgelöst wird diese Angst, sich aufzulösen, durch ein spezifisches Wahrnehmen der in der Situation anwesenden Anderen. Ähnlich wie bei Sartre werden diese als Blicke erlebt, die das Subjekt betrachten, ihm dabei zu nahe kommen und es damit in seinem Selbst infrage stellen. Indem mit dem Walkmanhören die „sounds of the outside world with the sounds chosen by the user“[16] ersetzt würden, entstehe eine ‚Wand‘ oder ‚Blase‘, die die Blicke der Anderen weniger spürbar mache. Zum Teil geht der dabei entstehende Eindruck, *für sich* zu sein, soweit, dass man sich gar nicht mehr als Teil der öffentlichen Situation begreift, sondern das Gefühl hat, unsichtbar zu sein.[17] Dieser Eindruck entsteht insbesondere durch das Hören vertrauter Musik, die im Subjekt „one’s own little world“[18] hervorrufe. Damit wird das mit der Musik assoziierte Bekannte der beängstigenden Erfahrung des Ungekannten entgegen gesetzt. Eine Situation ontologischer Unsicherheit, die das Subjekt befällt, verwandelt sich in eine ver-

[10] Ebd., 89.

[11] Letzteres kann auch, aber nicht ausschließlich von den originalen Film-Soundtracks ausgelöst werden.

[12] Vgl. Bull, Michael 2006b: Soundscapes of the Car, 371.

[13] Hier und im Folgenden Bull, Michael 2006a: Sounding Out the City, 43.

[14] Ebd., 50.

[15] Ebd., 75.

[16] Ebd., 73.

[17] Vgl. ebd., 71ff.

[18] Ebd., 74.

traute Situation, indem das Subjekt die bekannten Klänge der aktuell in der äußeren Realität gegebenen Situation entgegenhält und sich, anstatt von dieser, von den Klängen einnehmen lässt. Das Subjekt verwandelt sich hierbei insofern, als Gefühle der Unsicherheit, des Infragegestellt-Seins und der Angst, von einem Gefühl der Selbstsicherheit abgelöst werden. Das Subjekt wird mittels Klängen von einer Situation in eine andere Situation über-setzt. Bull unterstreicht die mit der Über-Setzung einhergehende Stärkung des Selbstbewusstseins wenn er die Aussage einer Gesprächspartnerin in den Worten zusammenfasst, das Walkmanhören diene in diesem Fall als „security fix“[19].

Auch in Bulls Studie wird von den Klängen demnach eine Verwandlung des Subjekts des Hörens ausgelöst, die sich als Über-Setzung begreifen lässt. Die Ausgangssituation ist dadurch bestimmt, dass das Subjekt in seiner Identifikation angegriffen und gewissermaßen aus ihr herausgelöst ist. Die ontologische Artikulation seines Selbst und seiner Welt wankt und wird in der Folge re-stabilisiert, indem die Walkman-Klänge vergleichbar einem Herrensignifikanten wirken, der das Feld der Signifikanten neu ordnet und in diesem Zuge zugleich auch das Subjekt erneut mit diesem Feld ‚vernäht‘.[20] Freilich folgen die Klänge nicht streng der Funktionsweise der Signifikanten im strukturalen Sprachverständnis Saussures und Lacans. Aber wie ein neu eingeführter Signifikant kommen sie – als Bekannte, aber nicht zur gegebenen Situation Gehörende – hinzu und übersetzen das Subjekt in die neu entstandene, von ihnen hervorgebrachte und geprägte Situation. Die Wirklichkeit wird vom Subjekt nun anders erlebt, weil es selbst verandert wurde.

In der dargestellten Form des Walkman-Hörens und in der von Järviluoma beschriebenen nostalgischen Erinnerung werden Über-Setzungen des Selbst mittels der Semantik der Klänge bewirkt: Die Klänge bringen dem Subjekt des Hörens das mit sich, was sie (ihm) bedeuten. Sie sind aufgeladen mit Bedeutungen, die sich als an den Klängen gewissermaßen anhaftende im Subjekt auswirken. Deutlich wird hier, wie die Semantik der Klänge ins Subjekt einzugreifen vermag, die Durchschlagskraft des Affekts besitzen. Das Zustandekommen der Über-Setzung hängt außerdem aber auch davon ab, ob sich die hinzukommenden Klänge gegenüber der Ausgangssituation behaupten können. Dies erreichen sie, indem sie in der Situation mehr Präsenz erlangen als das, was bereits in ihr vorliegt. Mit Schafers Begriff: Sie besitzen ihre Durchschlagskraft aufgrund ihres Lo-fi-Charakters.

[19] Ebd., 75.

[20] Zur Funktionsweise des Herrensignifikanten vgl. auch Bonz 2008: Subjekte des Tracks, 83.

3.2 Die Materialität des Klangs, elektronische Dance Music und die Veranderung des Selbst als Ver-Bindung

Eine starke Tendenz aktueller Klangforschungen besteht darin, gegenüber konventionalisierten Klangaspekten, also dem Bedeutungshaften der Klänge, eine vehemente Abgrenzungsgeste zu vollziehen. Sie plädieren stattdessen für die Anerkennung der schieren materialen Präsenz des Klanglichen. So formuliert beispielsweise Steve Goodman einen solchen Forschungsansatz im Zusammenhang seines Entwurf einer „ontology of vibration“[21] in folgender Weise: „[T]he linguistic imperialism that subordinates the sonic to semiotic registers is rejected for forcing sonic media to merely communicate meaning, losing sight of the more fundamental expressions of their material potential as vibrational surfaces, or oscillators.“ Die Absage an eine Semiologie der Klänge geht bei Goodman mit einer vollständigen Ersetzung des Bedeutungsmäßigen durch das Affektive einher. So stellt sich die Wirklichkeit bei Goodman nicht als ein Bedeutungszusammenhang dar, sondern vielmehr als ein fundamental unbestimmter Raum. Diesen charakterisiert Goodman näher als „vectorial field of sonic affectiles“[22]. Mit der triangulierenden Funktion, die die Dimension der symbolischen Ordnung für das Verhältnis des Menschen zu den Dingen, zu anderen Menschen und auch zu sich selbst besitzt, verschwindet in Goodmans Ansatz auch der Konstruktivismus des poststrukturalistischen Denkens, der Wirklichkeit als kulturell mediatisiert begreift. Als Konsequenz ist die *Ontologie der Vibration* von der Unmittelbarkeit und Unbedingtheit des Affektiven bestimmt und die im poststrukturalistischen Denken durch ihre Beziehung zur Dimension symbolischer Ordnung definierten Subjekte gerinnen Goodman zu ‚Entitäten‘[23].

Ein ähnlicher Ansatz wird von Holger Schulze formuliert, dem exponiertesten Vertreter der Sound Studies im deutschsprachigen Raum. Er spricht von einer „unmittelbare[n] Wucht“[24], mit der Klänge auf Körper einwirkten. Einen Sachverhalt, den er auch als „Durchdringungswirkung von Klängen“ bezeichnet. Subjektivität wird hier als momentaner Körperzustand gedacht, wie ich mit einem ausführlichen Zitat zeigen möchte, das ich besonders eindrücklich finde. Schulze schreibt: „Wir sind unsere Körper. Die nicht standardisiert sind, deren Organe vielfältig unterschiedlich dimensioniert und gelagert sein können, die keine Verschaltung aus Containern darstellen, sondern eher eine feuchte, blutige Masse, schwingend

[21] Hier und im Folgenden Goodman, Steve 2010: Sonic Warfare, 82.

[22] Ebd., 83.

[23] Vgl. ebd., 81.

[24] Hier und im Folgenden Schulze 2008: Bewegung Berührung Übertragung, 147.

in Schleim und Membranen, zitternd auf Röhren und Platten aus Knochen, pulsierend und konvulsiv sich zusammenziehend und entfaltend um all die Substanzen, die uns durchfließen, durchziehen, durchmatschen. Mein und Ihr Körper wird täglich von einer Masse medialer und nicht-medialer Aussendungen be- und durchschossen. Ein Körper kann darum gegenwärtig vernünftigerweise kaum mehr als abgeschlossenes Modell der Signalverarbeitung mit deutlich getrennten Ein- und Ausgängen – nach dem überkommenen Sprachbild getrennter ‚Sinneskanäle' – gedacht werden. Ich sitze als ‚Subjekt' nicht in einer unzugänglichen Körperburg und schaue Sie durch Schießscharten hindurch an. Wir sind Körper, bewohnt von mehr Bakterien als Zellen, mit porösen Übergangszonen und durchflossen von sich unaufhörlich wandelnden, fermentierenden und uns marinierenden Substanzen, Hormonen und Enzymen, vibrierend in den Druckwellen und Partikelströmen dieser nächsten Atmosphäre, hier und jetzt, wir finden uns körperlich eingehüllt in Ströme und Gase, Stoffe und Aerosole: Wir selbst sind Teil dieser Umgebungsprozesse, die uns durchlaufen als materielle, physische Spannungen. Sie und ich, wir erschließen uns die Welt durch unsere Körper allein – nicht nur durch sitzende, kontemplative, protoprotestantische Sammlung nach europäischer Konzerttradition. Sinnliche Empfindung in ihrer bestimmten Bewegtheit und Berührtheit enthält jeweils unseren individuellen Zugang zur Welt. […] Der Tonus, die Spannung, die lebende Körper ausmacht, ist […] eine fleischliche Ausprägung des Sonus, der unsere Welten durchläuft."[25]

Um die hier stark gemachte Leiblichkeit der Klangwahrnehmung zu begründen, die sie als „corporeality of musical experience"[26] fassen, prägen Jeremy Gilbert und Ewan Pearson in *Discographies – Dance Music, Culture and the Politics of Sound* den Ausdruck ‚materiality of sound': „[S]ound waves vibrate slowly enough to resonate throughout the body."[27] Zwar hätten sich bereits Musikwissenschaftler wie Richard Middleton und John Shepherd anhand verschiedener musikalischer Stile mit der Leiblichkeit der Klangwahrnehmung beschäftigt, aber es sei doch besonders die bassbetonte Materialität der Electronic Dance Music der Gegenwart, für die diese wesentlich sei: „[I]t is precisely the bass end of the frequency spectrum – comprising of the slowest vibrating sound waves – that provides listeners and dancers with the most *material*, most directly *corporeal*, types of experience. It is the bass and sub-bass which are felt at least as much as they are heard."[28]

[25] Ebd.: 147f.

[26] Vgl. Gilbert, Jeremy; Pearson, Ewan 1999: Discographies, 44f., Zitat 45.

[27] Ebd., 46.

[28] Ebd., Hervorhebung im Original.

In einer von mir in den 1990er Jahren unternommenen Studie über die Kultur rund um House Music und Techno hat sich die Materialität des Sounds ebenfalls als ein wesentlicher Aspekt dieser Kultur erwiesen. Sie macht sich daran fest, wie eine zentrale Figur meiner Untersuchung, der Spex-Redakteur, DJ und Musiker Hans Nieswandt Ende der 1980er Jahre die damals aufgekommene Acid House Music erlebte. Im Interview sagt er: „Acid House hat mich ziemlich hart getroffen. Also, das war für mich so – da hat sich mein Leben halt geändert. Das war einfach so ganz klar, dass die neue Zeitrechnung da irgendwie anfing mit Acid House."[29] Acid House ist eine frühe Form der Techno Music, deren Sound insbesondere durch die Verwendung eines bestimmten Synthesizers geprägt ist, den Bass-Synthesizer 303 der Firma Roland, dessen Sound Simon Reynolds am Beispiel des Stückes Acid Tracks von Marshall Jefferson wie folgt beschreibt: „Mit 11 min und 17 s Dauer ist Acid Tracks nichts als ein Drum-Track mit endlosen Variationen dieses Bass-Sounds: irgendwo zwischen Furzen und neurotischem Wiehern, zwischen dem Blubbern vulkanischen Schlammes und dem tiefen Ur-Brummen des Didgeridoos. Die 303-Bassline ist paradox, denn sie ist ein amnesisches Erinnerungsmoment: vollkommen faszinierend, wenn man sie hört, aber nur schwer zu erinnern oder sich vorzustellen, wenn es vorbei ist, und zwar sowohl als Pattern wie als Stimmung. Ihr Effekt ist die mentale Störung; als sich die Begeisterung für Acid-Tunes zu überschlagen begann, bedauerte Marshall Jefferson, dass die Künstler die 303 nicht zur Erzeugung von Stimmungen einsetzten, sondern um ‚Gedankengänge zu unterbrechen'."[30]

Im Interview mit Nieswandt wird deutlich, dass sich das von Reynolds beschriebene amnesische Moment des Acid House nicht ausschließlich auf momentane Hörerfahrungen bezieht. Acid House scheint darüber hinaus eine grundlegende Kontinuität im Bereich der Popmusik zu unterbrechen. Dieser Umbruch wird nachvollziehbar, wenn man sich die Charakteristik der avancierten Popmusik der 1980er vergegenwärtigt. Sie bestand in der nachdrücklichen, ausgestellten Bezugnahme auf Vorhandenes: insbesondere auf vorausgegangene Phasen der Popkulturgeschichte (den Soul der 1960er, Camp des Hollywoodkinos der 1940er etc.) und auf aktuelle gesellschaftliche Phänomene (Thatchers Neoliberalismus). Acid House verweigert sich diesem Prinzip der Verweisung – und damit auch einem Grundprinzip der symbolischen Ordnung, die Dingen als Zeichen einen Sinn gibt, indem diese in einem Bedeutungszusammenhang stehen, also auf andere Zeichen verweisen, von denen sie sich unterscheiden.

[29] Vgl. Bonz, Jochen 2008: Subjekte des Tracks, 44. Bei den folgenden Erläuterungen zu dieser Aussage Hans Nieswandts handelt es sich um eine leicht gekürzte Fassung der Seiten 44 – 47 aus *Subjekte des Tracks*.

[30] Reynolds, Simon 1998: Energy Flash, 25, Übersetzung J.B.

Bei Slavoj Žižek, der nicht im Verdacht steht, sich für House Music zu interessieren, finden sich Textstellen, die wie ein Echo auf Reynolds' Acid-House-Beschreibung klingen. Etwa wenn Žižek in Anlehnung an Michel Chion referiert, welche Möglichkeiten dem Kinofilm zur Kommunikation zur Verfügung stehen, und dabei neben dem symbolischen Code und dem imaginären Simulacrum auch die unmittelbaren Generierung einer Situation über eine bestimmte Art von Klängen nennt: „Diese Art Ton durchdringt uns, packt uns auf einer unmittelbar-realen Ebene, wie das obszöne, schleimig-dünne ekelerregende Geräusch, das die Transformation der Menschen in fremde Klone in Philip Kaufmans Version des Films *Die Körperfresser kommen* begleitet; Geräusche, die Assoziationen an eine undefinierte Entität zwischen Sexualakt und Geburtsakt haben."[31][32]

Lacans Unterscheidung zwischen den Wirklichkeitsdimensionen des Symbolischen, Imaginären, Realen

In der strukturalen Psychoanalyse Jacques Lacans wird zwischen verschiedenen Weisen des Wirklichkeitserlebens durch das Subjekt unterschieden. Man kann auch sagen: zwischen verschiedenen Formen der Subjektivierung. Lacan bezeichnet diese als Symbolisches, Imaginäres und Reales. Diese Unterscheidung ist für meine Studie konstitutiv, wie insbesondere an der zentralen Stellung, die hier dem Konzept der symbolischen Ordnung zukommt, deutlich wird. Da im Folgenden auch die Dimension des Realen für meine Argumentation wichtig wird, hier eine Skizze der drei Dimensionen in den für meine Studie wesentlichen Aspekten.

Symbolisches. Die symbolische Ordnung ist bei Lacan ein Medium, in dem das Subjekt eine Wirklichkeit vorfindet, die nach dem strukturalistischen Modell der Sprache vorgestellt ist: Die Ordnung besteht als ein Verweisungszusammenhang von Zeichen, die arbiträr Bedeutungen zu artikulieren vermögen, weil sich die Zeichen auf der Ebene der Signifikanten unterscheiden. Die symbolische Ordnung artikuliert die Wirklichkeit entsprechend zugleich kontingent wie auch total. „Die symbolische Ordnung ist zunächst in ihrem universalen Charakter gegeben. Sie konstituiert sich nicht nach und nach. Sowie das Symbol erscheint, gibt es ein Universum von Symbolen. [...] Alles ordnet sich in bezug auf aufgetauchte Symbole, auf Symbole, sobald sie einmal erschienen sind."[1] Dementsprechend bildet das

[31] Žižek, Slavoy 1997: Mehr-Genießen, 69.

[32] Lacan, Jacques 1991: Das Ich, 42.

Symbolische eine Ordnung des Wissens, wie Lacan sie in den strukturalen Analysen des ‚wilden Denkens' bei Lévi-Strauss findet und wie sie Foucault später in Anlehnung an Lacan als ‚Diskurs' beschrieben haben wird.[33]

Das Symbolische bringt so die Bedeutungen der Dinge in ihrem Zusammenhang hervor und es ermöglicht darüber hinaus ein Begehren, das erst im Rahmen des Symbolischen artikuliert ist und Objekte findet.

Noch bevor er seinen Begriff von symbolischer Ordnung entwickelt, hat Lacan eine Idee vom Symbolischen als einem Beziehungsmodus – einer Beziehung der Bindung des Subjekts an seine Aussage (‚volles Sprechen'); des Subjekts an sein Unbewusstes; des Subjekts an seine Position etc.

Imaginäres. Das Imaginäre im Sinne Lacans ist ebenfalls ein Medium; ein Medium, das das, was es artikuliert, in der Form eines idealisierten Bildes zeigt. Bei diesem Bild handelt es sich wesentlich um eine Täuschung sowie um eine flüchtige Erscheinung, weshalb das im Medium des Imaginären Gestalt-Annehmende auch ständiger Bestätigung bedarf. Was heute als Narzissmus bezeichnet wird, liegt in der Dimension des Imaginären.

Während das Symbolische als Beziehungsform triangulär ist (*du, ich und die Positionen, auf denen wir stehen*; *du, ich und das Gesetz, auf das wir uns beziehen*), ist das Imaginäre ein dualer Beziehungsmodus: *Ich und du* im Sinne von ‚Du bist mein Ein-und-Alles', ‚Du bist der Tollste!'. Insofern geht die Zweiheit hier mit wechselseitiger Bestätigung einher. Ebenso kann sie aber auch als eine absolute Rivalität erscheinen (*er oder ich* bzw. *was er ist, will ich sein*). Insofern konstituiert das Medium des Imaginären das Feld der Aggressivität. Überhaupt handelt es sich beim Imaginären um das Reich der Affekte.

Reales. Im Unterschied zu den Dimensionen des Symbolischen und Imaginären ist das Reale im Lacan'schen Verständnis zwar in sich artikuliert, aber eben gerade kein Medium. Denn in der Dimension des Realen ist angesiedelt, was sich der Symbolisierung und der Bildlichkeit entzieht, das Nicht-Intelligible, das Ungestaltige, Unvorstellbares: „Das Unsagbare, das Unnennbare, der Wahnsinn"[34]. Entsprechend ist die Dimension des Realen bei Lacan auch nicht in einer dem Imaginären und dem Symbolischen ver-

---

[33] Vgl. Lévi-Strauss 1997; vgl. Foucault, Michel 1995.

[34] So die Lacan-Biographin Élisabeth Roudinesco; Alain Badiou u. Élisabeth Roudinesco 2013: Jacques Lacan, 85.

gleichbaren Weise begrifflich ausgearbeitet. Festhalten lässt sich jedoch: In der Dimension des Realen liegt das Genießen, das dem Subjekt über das im Symbolischen artikulierte Begehrensobjekt zugänglich wird; das Reale ist das Leibliche insofern es nicht symbolisch oder imaginär ist, der Körper in seiner organischen Vitalität; das Reale ist der Tod; die Unendlichkeit; die Leere... und eben auch eine unbedeutete Materialität, wie sie von Gilbert und Pearson, Eshun, Reynolds und Goodman an der Electronic Dance Music thematisiert wird.

Außerdem lässt sich auch das Reale als ein Beziehungsmodus begreifen: Des gefühlten Selbst zu Allem und Nichts, gekennzeichnet durch Unmittelbarkeit respektive die spürbare Anwesenheit des Ungekannten.

Reynolds und Žižek formulieren das Abgründige des Organischen; sie stellen die Fürze als obszönes Ende des Klangspektrums heraus und machen die von ihnen in unserer Wahrnehmung hervorgerufenen Effekte begreiflich: Die Klänge sind bei ihnen so etwas wie Naturkatastrophen. Metaphern aus einem anderen Bereich gebraucht Kodwo Eshun. Er bezeichnet Acid House als „synthetischen, unnatürlichen Krach“[35]. Die Acid-Bass-Sounds übertrieben die „trockene Glätte des Roland T303, seine Glissements“, indem sie die Klänge transformierten. „Das Filtern biegt sortiert unterdrückt die Timbres und produziert so das aurale Äquivalent eines Tracereffekts, ein lauerndes Gefühl der Panik, während es dem Ohr nicht gelingt, dieses Ineinandergleiten von Obertönen aufzulösen.“ Eshun schreibt weiter über die mit diesen Klangphänomenen für das Subjekt des Hörens einhergehende Konsequenzen: „Jede Wahrnehmung oszilliert in die andere in einem audiochemischen Feedback-Loop. Pitchverschiebung zieht dich hinunter in einen verwaschenen Geisteszustand, eine Zeitlupen- Computer-Psychose. 303 Filter verschmieren Töne in einem Klangfarbenspektrum des Verfalls. Acid bohrt neue sensorische Kanäle und mutiert diejenigen, die bereits im Gebrauch sind. Acid verlangt und erschafft für sich ein synthetisches Ohr aus dem alten. Angst lässt dich in den Tanz taumeln, überflutet dich mit Wellen tröstlicher Panik, bis du dich zugleich sicher und gefährdet fühlst.“[36]

Die Effekte auf das Subjekt sind bei Reynolds, Žižek und Eshun in ihrem Ausmaß gleich drastisch. Sie bestehen in dem, was auch in Eshuns Prosa, seinem Stil, dessen neologistischer, sozusagen über die Grenzen des Bekannten hinausdrän-

[35] Hier und im Folgenden Eshun, Kodwo 1999: Heller als die Sonne, 112f.

[36] Ebd., 114.

gender, aber das Bekannte zugleich bis an seine äußerste Grenze antriggernden Semantik zum Gegenstand wird: Eshun geht es bei Acid um die gleitende Veränderung vom Bekannten zum Unbekannten; um die Erfahrung von Verschiebungen und Modulationen, denen sich das Subjekt hier aussetzt. Unter der Hand vollzieht sich ein Wandel. Mit einer einzigen Bewegung wird hier alles anders, und noch mal anders. Anstatt auf Zeichen zu verweisen, werden diese von Acid House verschmiert; sinngebende Differenzen verschwinden. Beim Zuhören geht das Unterschiedene, Geordnete verloren und an dessen Stelle entsteht etwas Undefiniertes. Dieses spielt in der Gegenwart und besitzt ein Gefühlsspektrum, das von Angst bis zu Geborgenheit reicht. Für Eshun erfordert die Nicht-Intelligibilität der Sounds eine maßgeblich leibliche Rezeptionsweise. Denn wenn Sounds nicht ‚festumrissen‘[37] seien, könne das Ohr sie nicht wahrnehmen: „[D]er Sound [wandert dann] sehr schnell auf die HAUT – und die Haut beginnt, für dich zu hören. Und wenn die Haut anfängt zu hören, wird dir sehr unheimlich, und dann fängt die Haut an zu leiten, und die Leute sagen: ‚Mir ist wirklich sehr kalt.‘ Oder sie behaupten, die Musik wäre wirklich kalt, und das liegt daran, dass ihre Hauttemperatur vielleicht wirklich um ein Grad Celsius gefallen ist, weil die Musik sich darauf niedergelassen hat und der Beat seinen Eindruck hinterlassen hat.“[38]

In Anlehnung an Überlegungen zur Popmusik bei John Gill und Simon Reynolds, vor allem aber mit Bezug zur poststrukturalistischen Ästhetik bei Julia Kristeva und Roland Barthes, beschreiben Gilbert und Pearson den Effekt der massiven Materialität der Electronic Dance Music in der Störung des Funktionierens der Sphäre der symbolischen Ordnung und einer hieraus resultierenden Freisetzung des Subjekts, heraus aus dem Wirkungsfeld der Sphäre des Symbolischen und hinein in einen Zustand undifferenzierter Fülle, die sie hier mit dem von Lacan und in der Folge auch von Kristeva und Barthes verwendeten Begriff *jouissance* bezeichnen: „[D]ance music should be seen as tending to induce an ecstatic experience of *jouissance* which is – if only partially and temporarily – an escape from gender itself, a return to a moment when there was no ‚I‘ and especially no ‚I'm male‘ or ‚I'm female‘. We might say, in fact that this is precisely how the central experience of ‚rave‘ works; it offers us ecstasy by liberating us from the demands of the symbolic order, the demand to be male or female, the demand to speak and understand, the demand to be anything at all.“[39]

Gilbert und Pearson begreifen diese Hörerfahrung in der kritisch-poststrukturalistischen Logik ihrer Vorbilder Kristeva und Barthes als eine Subversion an der

[37] Vgl. ebd., 217.

[38] Ebd., 217f.

[39] Gilbert, Jeremy; Pearson, Ewan 1999: Discographies, 67, Hervorhebung im Original; vgl. auch ebd., 64ff.

Symbolischen Ordnung. „Jouissance", so Gilbert und Pearson, verstünden sie nicht einfach als Regressionseffekt, „but as the interruption and displacement of particular discursive terms. We might say that *jouissance* is what is experienced at the moment when the discourses shaping our identity are interrupted and displaced such that that identity is challenged, opened up to the possibility of change, to the noise at the borders of its articulation."[40]

3.2.1 Ver-Bindungen

Die dargestellte Materialität des Klanglichen in ihrer Auswirkung auf die Hörer_innen als eine Herauslösung des Subjekts aus alltäglichen Identifikationen zu verstehen, ist für mich von großer Plausibilität. Allerdings halte ich die Interpretation dieser Herauslösung als subversiv für eine Fehleinschätzung. Denn um als Subversion effektiv zu werden, müsste vor der Herauslösung des Subjekts *aus* der Dimension des Symbolischen diese *für* das Subjekt bindend sein. Dies ist, wie oben mit Waltz ausgeführt, in der Kultur spätmoderner westlicher Prägung aber gerade nicht der Fall. Ich meine deshalb, in der Erfahrung der Materialität der Klänge, die eine Erfahrung des eigenen, schieren Existierens mit sich bringen, lösen sich Identifikationen auf, die das Subjekt nicht wirklich binden. Insofern führt diese Klangerfahrung das Subjekt nicht in die Subversion, nicht in eine Gegnerschaft zu bestehenden Konventionen, sondern vielmehr zur Wahrheit seiner Subjektivität: an den Nullpunkt der Identifikation, das Nicht-Identifiziertsein, einen Ort zwischen den Gültigkeitsbereichen symbolischer Ordnungen, an dem seine eigentliche Subjektposition liegt.

An diesem Ort sind dann die Hörerfahrungen möglich, die durch Dynamiken der Veranderung gekennzeichnet sind, welche ich mit der Bezeichnung Ver-Bindung fasse. Ich beziehe mich dabei auf Julian Henriques, der ausgehend von der jamaikanischen Dancehall-Musikkultur Überlegungen zur Eigengesetzlichkeit des Klanglichen formuliert, einem ‚sonic logos', in dessen Mittelpunkt der Beginn, das Anfangen, steht: „[S]ounding is always about becoming, rather than being"[41], heißt es bei Henriquez. Der semiologischen und poststrukturalistischen Vorstellung von symbolischer Ordnung als einem Bedeutungszusammenhang hält Henriques eine

---

[40] Ebd., 105. Gilbert stellt dieselbe Überlegung auch in einem lesenswerten Text über sein jugendliches Fan-Sein von The Velvet Underground in den 1980er Jahren an; vgl. Gilbert, Jeremy 1999: White Light. Die hier entfaltete poststrukturalistische Subversionslogik findet sich außerdem auch bereits – und ebenfalls lesenswert! – in Wolfgang Scherers Patti Smith-Buch, vgl. Scherer, Wolfgang 1983: Babbelogik.

[41] Henriques, Julian 2011: Sonic Bodies, 247.

mit der Materialität des Klanglichen einhergehende Dynamik entgegen: „[R]esonances, sympathies and attunements between sound and listener are suggestive of the rather different ways of knowing that are immediately and intimately particular, situated and embodied.“[42] Neben der Präsenz einzelner Entitäten sind es für Henriques insbesondere die zwischen diesen vorliegenden und im Entstehen begriffenen Beziehungen, die die eigentümliche Ontologie des sonic logos begründen und von Henriques als *Interkonnektivität* gefasst werden.[43] „Relations do not cause objects to evaporate; rather the opposite: relations are their lifeblood. […] It is connection rather than separation with which it begins and ends.“

Henriques bewegt sich hier auf einer Linie mit der Akteur-Netzwerk-Theorie, deren Programm es ist, im Gegensatz zur traditionellen Sozialwissenschaft nicht vom Vorhandensein des Sozialen auszugehen, sondern als eine „Soziologie der Assoziationen“[44] die spezifischen Zusammensetzungen und Erscheinungsformen von ‚Kollektiven', deren Zustandekommen und die Wandlungen, die sie durchlaufen, zu beschreiben. Die Konzeption der ‚Assoziation' als Bezeichnung der Verbindung von den in einer gegebenen Situation miteinander in Beziehung stehenden ‚Aktanten' wird von Latour wiederum in Anlehnung an strukturalistische Konzepte aus Sprachwissenschaft und Erzähltheorie entwickelt, aus denen auch die poststrukturalistische Konzeption ‚symbolische Ordnung' hervorging.[45] Im Unterschied zum Begriff der symbolischen Ordnung unterstreicht die Konzeption ‚Assoziation' allerdings die Dynamik der von Latour erforschten Wirklichkeiten, die *Situativität* der von ihm beschriebenen Ontologien. Diese Dynamik geht bei Latour mit einer ausgesprochenen Offenheit gegenüber dem Unartikulierten einher. Um eine alternative Formulierung dieser Offenheit handelt es sich bei Henriques Verständnis vom sonic logos als etwas Beziehungshaftem, das die in einer Situation anwesenden Entitäten artikuliert, gerade indem und insofern sie miteinander in Beziehung treten.

Neben den Studien Latours finden sich Beschreibungen eines solchen Eingehens von Verbindungen, des In-Beziehung-Tretens von Aktanten, zum Beispiel auch in Schallplattenkritiken im Feld der Electronic Dance Music. So schreibt beispielsweise Alexis Waltz im Musikmagazin Groove über die EP *Short Story* von Gabriel Ananda: „Niemand setzt seine Sounds so dialogisch miteinander in Beziehung wie der Kölner Produzent und DJ Gabriel Ananda. Beim sehr reichen Short Story kann sich eine Synthesizer-Spur etwa nur für einen kurzen Moment in einen Loop verbeißen – dann wird ihre Bewegung von einem anderen Element auf-

[42] Ebd.

[43] Vgl. hier und im Folgenden ebd., 248.

[44] Latour, Bruno 2007: Eine neue Soziologie, 296

[45] vgl. Latour, Bruno 1998: Wir sind nie modern gewesen, 116.

genommen und woanders hingeführt. Der Ernst des geradlinigen Techno-Grooves von Struck by Light wird von einer aufgekratzten, vergnügten Synthesizer-Figur gebrochen. Die Stimme der Sängerin Alice Rose taucht erst ganz unvermittelt im Break auf, so dass es fast wirkt, als würde ein neues Stück beginnen. Gegen deren harmonischen Wohlklang setzt der Groove dann brüskes Techno-Geschredder."[46] Eine überschaubare Menge an Entitäten, Aktanten, tritt hier in Erscheinung und damit zugleich auch zueinander in Beziehung; an den Entitäten finden Variationen statt, die die Assoziation im Gesamten neu austarieren; neue Elemente treten hinzu, wodurch neue Beziehungsmöglichkeiten entstehen und realisiert werden. So wandelt sich die Assoziation im Gesamten.

Die mit der Erfahrung dieser Klanglichkeit für das Subjekt des Hörens einhergehende Verwandlung des Selbst besteht demnach in der Ver-Bindung: In einer Situation, die durch eine grundsätzliche Abwesenheit kultureller Medialität gekennzeichnet und das Subjekt in der Konsequenz in seiner Wahrnehmung der äußeren Wirklichkeit und seiner selbst auf leiblich erfahrbare Resonanzen zurückgeworfen und angewiesen ist, wird die mit der Abwesenheit des Symbolischen einhergehende relative Leere der Welt durch das In-Erscheinung-Treten von Klangereignissen angefüllt, die als Aktanten ein Netz auszubilden beginnen. Das Subjekt macht in der Dimension des Ästhetischen damit die Erfahrung, im Erleben dieses Vorgangs ver-bunden und zum Teil einer in diesem Moment im Entstehen begriffenen, sich herausbildenden Assoziation zu werden.

Die Erscheinungsformen des Verbundenwerdens sind relativ unerforscht und bilden ein interessantes Desiderat empirisch-kulturwissenschaftlicher Forschung an der Gegenwartskultur. Ein paar Überlegungen hierzu möchte ich an dieser Stelle formulieren, die möglicherweise dazu dienen können, dieses unerforschte Gelände etwas abzustecken.

Den Ausgangspunkt der Erfahrung des Ver-bunden-Werdens bildet eine Erfahrung des schieren Existierens. In ihr existiert das Subjekt als umgeben von materialen Erscheinungen, die nicht in einer Bedeutung aufgehen, dafür aber massiv in ihrer Präsenz erlebt werden. Es handelt sich hierbei um die reale Präsenz des Ungekannten im Subjekt. Wie andere Formen der Subjektivität wesentlich als Formen der Identifikation verstanden werden können, so lässt sich auch dieser Zustand der Subjektivität als eine Beziehung begreifen. Lacan arbeitet sie an Freuds Gebrauch der Bezeichnungen ‚Nebenmensch' und ‚Ding' heraus. In der Beschäftigung mit diesen Konzeptionen gerät Lacan in eine Überlegung, die um die Frage kreist, wie im Zuge der psychischen Genese des Subjekts dieses zu einem Eindruck von der Wirklichkeit kommt. Die fundamentale Form der Wirklichkeitswahrnehmung, für

[46] Waltz, Alexis 2012: Gabriel Ananda, 101.

die sich Lacan hier interessiert, beruht auf der Erfahrung des Ungekannten, wie sie das frühkindlichste Subjekt macht, wenn es die Existenz anderer Menschen als deren Vorhandensein-an-Sich erlebt. „[Die] Realität, die auf intimste Weise mit dem Subjekt in Verbindung steht[, ist] der Nebenmensch.“[47] ‚Nebenmensch‘, so Lacan, sei eine „überraschende Formulierung“ Freuds, bringe sie doch „nachdrücklich ein Neben mit der Ähnlichkeit zusammen, Trennung und Identität.“ Mit dem ‚Ding‘ findet Lacan bei Freud eine Konsequenz dieser Gemengelage beschrieben. „Das ‚Ding‘ ist das Element, das im Ursprung durch das Subjekt isoliert wird in seiner Erfahrung des Nebenmenschen als eines von Natur aus Fremden.“[48] Die fundamentale Erfahrung des anderen Lebewesens als solchem, des Ungekannten, hinterlässt im Subjekt eine psychische Repräsentanz: das Ding. Das Ding ist etwas anderes als eine Sache, die im Rahmen einer symbolischen Ordnung artikuliert wäre. Es ist gerade *nicht* ein Bedeutung besitzendes Objekt. In Lacans Formulierung: „Dieses ‚das Ding‘ ist nicht in der irgendwie reflektierten, weil explizit zu machenden Beziehung, die den Menschen seine Wörter in Frage stellen lässt als sich beziehend auf Sachen, die sie gleichwohl geschaffen haben. Es ist anderes in ‚das Ding‘.“[49] Es ist sogar etwas derart fundamental Anderes, dass Lacan das Ding auch als „absolutes Anderes des Subjekts“[50] bezeichnet. Als solche Repräsentanz des Ungekannten prägt es, so Lacans an dieser Stelle formulierte Annahme, das Subjekt zutiefst und andauernd: „Das Ding als Fremdes, gelegentlich sogar Feindliches, jedenfalls als das erste Außen, ist das, woran sich der ganze Weg des Subjekts orientiert.“ Insofern handelt es sich beim Ding im Sinne Lacans um die im Subjekt verankerte Erfahrung, dass es etwas außerhalb von ihm selbst gibt, mit dem es in Beziehung zu treten vermag.

Ein fundamentales und ganz in der Dimension des Realen angesiedeltes In-Beziehung-Treten lässt sich in Anlehnung an Eshuns, Goodmans oder Schulzes Verständnis von Klangwahrnehmung zum Beispiel als ein Eingenommen-Werden des Subjekts durch materiale Klangereignisse im Sinne von *reverberations*, von *Resonanz* und *Widerhall* vorstellen. Ergriffen – und in diesem Zuge verandert, subjektiviert – wird das Subjekt hier vom Schall, der Schwingungen verbreitet, Spannungen ‚kommuniziert‘.

Weniger physikalisch-esoterisch, sondern in dekonstruktivistischer Poesie formuliert Jean-Luc Nancy diese Form des Verbunden-Werdens in seinen Überlegun-

[47] Lacan, Jacques 1996: Ethik, 66.

[48] Ebd., 66.

[49] Ebd., 59.

[50] Ebd., hier und im Folgenden, 67.

gen zur ethischen Qualität des Hörens. Die „Ordnung des Klanglichen“[51] ist für Nancy über den präsentischen Charakter, den Klang als Medium besitzt, bestimmt. Mit Klängen ist zunächst einmal und prinzipiell etwas da, anwesend. Nancy fasst diese Präsenz des Klanglichen genauer als ‚in Gegenwart von‘. Für Nancy geht hiermit einher, dass das Klangliche grundlegend nicht objektivierbar ist. „Deshalb ist es zunächst Präsenz im Sinne eines Präsens, das kein Sein ist […], sondern eher ein Kommen und ein Vorübergehen, ein sich Ausdehnen und ein Durchdringen. Der Klang kommt wesentlich her und weitet sich aus oder differiert und transferiert sich.“[52] Diese Anwesenheit des Klanglichen ist vollständig, absolut, nämlich raumzeitlicher Art. In Nancys Formulierung: „Das klangliche Präsens besteht von Beginn an in einem Zeit–Raum: Es breitet sich im Raum aus oder öffnet vielmehr einen Raum, welcher der seine ist, die Verräumlichung selbst seiner Resonanz, seine Ausweitung und sein Nachhall. […] Hören heißt in diese Räumlichkeit eintreten, von der ich zur selben Zeit durchdrungen werde: Denn sie öffnet sich in mir ebenso wie um mich herum“. Das diesen Überlegungen inhärente Subjektverständnis formuliert Nancy wie folgt: „Es gilt, zur Resonanz des Seins oder zum Sein als Resonanz zurückzugehen oder sich ihr zu öffnen. […] Es gilt also, vom phänomenlogischen Subjekt, als dem Punkt der intentionalen Ausrichtung, zu einem widerklingenden Subjekt zurückzugehen, intensive Verräumlichung eines Rückhalls, der sich in keinerlei Rückkehr in sich vollendet, ohne sogleich als Echo einen Ruf zurück an eben dieses Selbst ergehen zu lassen. Während das Subjekt der Intentionalität immer-schon gegeben ist, an/in sich gesetzt an seinem *Blickpunkt*, ist das Subjekt des Hörens immer noch ein künftiges, verräumlicht, von sich selbst durchzogen und gerufen, von sich selbst geläutet und gespielt“.[53] Das Subjekt des Hörens sei „kein phänomenologisches Subjekt, das heißt, es ist kein philosophisches Subjekt, und letztlich ist es vielleicht gar kein Subjekt, es sei denn, es ist der Ort der Resonanz, ihrer unendlichen Spannung und ihres unendlichen Rückhalls, die Weite der Klangentfaltung und die Schmalheit seiner gleichzeitigen Wiedereinfaltung“. Nancy formuliert hier ein mit dem Hören verbundenes Subjektverständnis, das die dem Subjektbegriff innewohnende Stabilität/Festgelegtheit/Dauerhaftigkeit abzustreifen versucht, weil sie der prozessualen Wandelbarkeit der von Nancy projektierten Ethik des Hörens zuwiderlaufen.

Eine alternative Begrifflichkeit zur Artikulation dieser subjektiven Wandelbarkeit bietet Gilles Deleuzes und Felix Guattaris Verständnis des ‚Werdens‘.[54] In

[51] Nancy, Jean Luc 2010: Zum Gehör, 21.

[52] Vgl. hier und im Folgenden ebd., 22f.

[53] Ebd., 30f., Hervorhebung im Original.

[54] Vgl. Deleuze, Gilles; Guattari, Félix 1992: Tausend Plateaus, 317-423.

meiner von der Unterscheidung zwischen den Dimensionen des Realen, des Symbolischen und des Imaginären bestimmten Herangehensweise lässt sich die Ver-Bindung außerdem als eine Dynamik des Identifiziert-Werdens begreifen, die das Subjekt vom Realen über das Imaginäre hin zur Grenze des Symbolischen führt. Ich skizziere dies abschließend und noch einmal mit Bezug auf meine Studie über die Kultur der House und Techno Music in den 1990er Jahren.

Die Ausgangssituation bildet das schiere Existieren, das vor dem Hintergrund von Lacans Begriffen nicht nur als ein Dasein in der Dimension des Realen (Erfahrung der Materialität, des Ungekannten, des Dings), sondern vor allem auch als eine Subjektivität in der Abwesenheit von Identifikationen, sowohl im Imaginären wie im Symbolischen, erscheint. In dieser Perspektive ist das Subjekt der jouissance ein Subjekt am Nullpunkt der Identifikation, Subjekt eines fundamentalen Nicht-Identifiziertseins. Nicht-Identifiziertsein heißt in einer das Subjekt über Beziehungen – also: Identifikationen – begreifenden Logik wie dem Lacanismus zwangsläufig, dass das nicht-identifizierte, quasi leere Subjekt zwangsläufig von Identifkationsangeboten angezogen und von diesen eingenommen wird. Entsprechend denke ich die Ver-Bindung, ausgehend von der Erfahrung der Materialität des Klangs und der damit einhergehenden Situierung des Subjekts auf einer Position des Nullpunkts der Identifikation, als ein Zustandekommen flüchtiger Identifikationen. Diese beziehen sich zunächst auf die Gestalten, die dem Subjekt in der Musik in der Form der Entitäten des Tracks begegnen: Basslinien, Synthesizer-Flächen, kleine Melodien, einzelne Sounds etc., ‚Klangelemente', die „kommen und gehen"[55]. Als ‚leeres' Subjekt fällt es mit diesen Gestalten in ein Etwas. Es wird angezogen von der Gestalt, die ihm das einzelne musikalische Element des Tracks für Momente anbietet. Die Identifikationsbewegung führt also in die Sphäre des Realen den Modus des Imaginären ein: Das Subjekt nimmt eine Gestalt an. Diese Gestaltannahme ist hier in ihrem Charakter jedoch nicht nur höchst flüchtig, sie ist auch wechselhaft: Ist ein Element des Tracks da, ist es auch schon wieder fort – und an seiner Stelle sind andere Entitäten aufgetaucht (die anderen Sounds, Melodiefragmente, Vocal-Samples etc.). Insofern bewegt sich die Identifikations-

[55] Das Zitat stammt aus Carla Baums Rezension des Albums *Films and Windows* von Lawrence: „Geradlinige Beats mit deutlichen Deep-House und Ambient-Anleihen gehen Hand in Hand mit verspielten Melodien und abwechslungsreichen Klangmustern. Mal schleicht sich der sanfte, metallische Klang einer Triangel ein, während perkussive Elemente gerade dabei sind, den Track nach vorne zu treiben. Mal gesellt sich ein sattes, arhythmisches Ploppen zu einer hüpfenden Bassline. Die verschiedenen Klangelemente schichten sich dabei nicht einfach aufeinander, sondern kommen und gehen, wirken leiser und lauter, unterstützend und gegenläufig. So verschnörkelt sich das Hörerlebnis zugunsten unerwarteter Entdeckungen, die zum Zuhören einladen." Baum, Carla 2013: Lawrence.

bewegung nicht nur wie im Kreise: Von einer Gestaltannahme zu ihrer Auflösung und weiter zur nächsten Gestaltannahme und ihrer Auflösung – und damit hin und her zwischen den Modi des Realen und des Imaginären. Mittels der imaginären Gestaltannahme von Elementen, die wiederholt an- und abwesend sind, verwandelt sich das Subjekt vielmehr in eine Sphäre hinein, die dadurch gekennzeichnet ist, dass in ihr Elemente zueinander in Beziehung stehen, die sich a) unterscheiden und deren Abwesenheit b) gar nicht absolut ist, weil das einzelne Element in fundamentaler Weise jeweils in allen anderen Elementen auch in seiner momentanen Abwesenheit anwesend ist. Kurz: Die Ästhetik der Track-Musik besitzt grundlegende Gemeinsamkeiten mit der Sprache im strukturalistischen Verständnis als einer differenziellen Verkettung von Signifikanten.

In *Subjekte des Tracks* führe ich diese Argumentation ausführlicher aus und mache nachvollziehbar, woher ich das Modell dieser Überlegung habe. Es besteht in Lacans Interpretation des von Freud beschriebenen Fort/Da-Spiels, in dem ein Kleinkind wiederholt einen Gegenstand verschwinden und auftauchen lässt. Lacan interessiert, wie das Subjekt aus einem Zustand des bedrohlichen Chaos zu einem Sein in einer artikulierten Welt findet, was für ihn gleichbedeutend ist mit der Identifikation in einer symbolischen Ordnung. Das Fort/Da ist für ihn ein Beispiel, wie das Subjekt den Eintritt in die Sphäre der symbolischen Ordnung im Kindesalter bewältigt. (Ein anderes Beispiel wäre das Durchlaufen des Ödipuskomplexes.) Die Identifikationsbewegung führt hier zu einem dauerhaft anderen Subjekt, sie stellt einen nachhaltigen Subjektivierungsvorgang dar. Das ist im Feld der Popmusik offenbar anders. Hier geht es meines Erachtens zwar auch um die Herausbildung einer Welt, aber aus dem Herausbilden wird nicht zwangsläufig eine dauerhafte *Herausbildung*. Statt einer dauerhaften Identifikation geht es um das Sich-Identifizieren, die Identifikation als Prozess, das Spielen selbst, ein Werden, das Anfangen einer Welt.[56]

3.3 Schlussbemerkung

In den vorgestellten kulturwissenschaftlichen Thematisierungen der Materialität des Sounds wird ein Jenseits der symbolischen Ordnung konstatiert. Dieses Gegebensein des Realen wird allerdings unterschiedlich interpretiert: als Subversion oder als ästhetischer Erfahrungsraum des Weltanfangs. Der Grund hierfür sind die unterschiedlichen Situierungen der Interpretationen: Im Ansatz von Gilbert und Pearson ist Kultur mit symbolischer Ordnung gleichgesetzt. Da mit dem

[56] Vgl. Bonz, Jochen 2008: Subjekte des Tracks, 124ff.

Menschsein das Kulturelle einhergeht, ist in diesem Denken auch das Symbolische zwangsläufig immer gegeben, und zwar als das Subjekt nicht nur artikulierend, sondern auch begrenzend, einengend. Ich meine dagegen, dass gerade der materiale Charakter der zeitgenössischen Popmusik darauf hindeutet, dass ein weiteres Verständnis vom Kulturellen notwendig ist. Eines, das auch ein Kulturelles denken lässt, das dynamisch ist und in dem sich die Welt beständig vom Realen her aufbaut.

4 Die mimetische Erfahrung des Selbst als Ungekanntem. Überlegungen zum Autotune-Effekt als Phänomen der expressiven Kultur der Popmusik in den Nullerjahren

Mit dem Dance-Popsong *Believe* ereignete sich 1998 nicht nur ein erstaunliches Comeback der Popsängerin Cher. Auch das Neue, dessen Erscheinen die Geschichte der ‚expressiven Kultur'[1] der Popmusik bestimmt, hatte einen neuen Platz gefunden: Nach dem herausfordernden Schmelz in den Stimmen des frühen Rock'n'Roll (Elvis) und der Ekstase der Stimmen im Soul (Aretha Franklin, James Brown), nach dem Sound der E-Gitarre, Rückkopplungen und Verzerrungen, dem Sound brüllender junger Menschen (Rock, Punk, Metal) und des Sprechgesangs des Rap, der gleitenden (Disco) oder forcierten (Techno) Emergenz magischer Klangräume auf dem Dancefloor, nach der Isolierung des Breaks und dessen Ausdehnung zu einer Situation im Loop des HipHop etc. war es wieder einmal am Platz der Stimme aufgetreten. Deren ohnehin faszinierende ‚Körnung'[2] im Grenzbereich von Leib und Sprache war nun digital potenziert in ein zugleich abruptes und subtiles Sich-Überschlagen in digitale Glätte. Die hörbare Digitalität des Klangs verriet, was sich als Wissen schnell verbreitete: Erzeugt wurde der eindringliche Stimmklang durch Software, und zwar durch extreme Einstellungen an einer eigentlich

[1] Von ‚expressiver Kultur' spreche ich in Anlehnung an Regina Bendix zur Bezeichnung von in der Alltagskultur vorkommenden künstlerischen, ästhetischen Phänomenen – gerade im Unterschied zur Kultur im ethnografischen Sinne von *Medium* oder *Rahmen* der Welt. Bendix übernimmt diesen Begriff aus der US-amerikanischen Folkloristik und spricht in diesem Zusammenhang auch von „unsere[r] kreative[n] Menschlichkeit" (Bendix, Regina 1995: Amerikanische Folkloristik, 27) und mit Edmund Leach von den „Rüschen einer Kultur" (ebd., 29). Vgl. auch Bendix, Regina 2000: Pleasures of the Ear.

[2] Vgl. Barthes, Roland 2005: Rauheit der Stimme, und Dolar, Mladen 2007: His Masters Voice.

© Springer Fachmedien Wiesbaden 2015
J. Bonz, *Alltagsklänge – Einsätze einer Kulturanthropologie des Hörens,* Kulturelle Figurationen: Artefakte, Praktiken, Fiktionen, DOI 10.1007/978-3-658-00889-5_4

zur Tonhöhenkorrektur an der aufgenommenen Singstimme entwickelten Musikproduktionssoftware, die dem Phänomen ihren Namen gab: ‚Autotune' respektive ‚Autotune-Effekt'.

Seither ist das „roboterhafte Sägen, Gurgeln, Flattern"[3], wie Jens-Christian Rabe einige Jahre später in einer enthusiastischen Kritik des stark durch Autotune-Verzerrungen geprägten Sounds des Kanye West Albums *808s & Heartbreak* dessen Klingen umschreiben sollte, nicht mehr aus der Popmusik verschwunden. Nicht, dass seine Präsenz konstant gewesen wäre. Das digitale Flattern der Stimme folgte in seinem Dasein vielmehr einer Logik des Erscheinens. Ein einschlägiges Beispiel ist hier zunächst Daft Punks 1999 veröffentlichte Hit-Single *One More Time*. *One More Time* ist ein Musikstück, das stark an einen einige Jahre zuvor von dem französischen Produzentenduo selbst maßgeblich geprägten und als ‚French House' bekannt gewordenen House Music-Stil angelehnt ist. Dessen Kennzeichen sind Bassläufe, die an die Disco- und Funk-Musik der 1970er Jahre erinnern, hier aber einmal brüchig dünn und glatt bis hin zur Schärfe, dann wieder vor Volumen strotzend fett klingen, da massiv digitale Klangfilter eingesetzt werden. Wie sich die Bassläufe auf diese Weise permanent im Raum des Hörens quasi ausdehnen, sich aufblasen und schmal werden, wird mit dem Autotune-Effekt auch der Gesang des Gastsängers Romanthony – Insidern zum damaligen Zeitpunkt bekannt als Produzent klassischer New Yorker Deep House Music sowie als Sänger mit einer dem an Gospel orientierten Deep House angemessen voluminösen Stimme – in *One More Time* digital variiert: sich im digitalen Schillern überschlagend und ausufernd, permanent einbrechend und ausbrechend in/aus einem nicht länger als in einem herkömmlichen Sinne ‚natürlich' vorstellbaren Stimm-Körper…

Ein weiterer Moment, in dem der Autotune-Effekt in Erscheinung tritt, ist das Jahr 2008, in dem er die Single-Hits *Sensual Seduction* von Snoop Dogg und Lil Waynes *Lollipop* sowie das erwähnte Album *808s & Heartbreak* von Kanye West prägt. Snoop Dogg, Lil Wayne und Kanye West sind sämtlich als Rapper bekannt geworden und zumindest Dogg und West können zu diesem Zeitpunkt bereits auf eine langjährige erfolgreiche Karriere zurückblicken. In diesem Jahr verwandeln sie sich wahrnehmbar: Aus Rappern werden Sänger. Ihre Äußerungsform verändert sich von einem musikalischen Sprechen zu einem Ausformulieren von Melodielinien. Diese stimmlich-soundmäßig ausformulierte Gestalt schillert: Sie glänzt und zerbricht, brummelt und flattert. Den Umstand, dass dieses andere Singen/Sprechen zu diesem Zeitpunkt erneut neu und ungekannt zu klingen vermag, belegen etwa Formulierungen aus Rabes begeisterter Kritik, in der er seine Wahrnehmung des Sounds der modulierten Stimme wie folgt fasst: „Metallisch sägend

[3] Rabe, Jens-Christian 2008: Das große Flattern, 13.

muss man ihn sich vorstellen und irritierend wabernd, ab und zu sich selbst überschlagend. Nicht human, aber humanoid. Er fährt dem Hörer reichlich kalt rein und klingt doch auch wohlig entrückt, delirierend."[4]

Spätestens seit diesem erneuten Erscheinen ist der Autotune-Effekt zu einem beliebig aufrufbaren Stilmittel der Popmusik geworden. Heute hat er seinen Platz in so verschiedenen Musikästhetiken wie beispielsweise den weiten und verhallten, von massiven Basslines durchzogenen Klangräumen des Londoner Dubstep-Projekts Burial[5] und in der von elektronischer Dance Music und R&B informierten Independentrockmusik der US-amerikanischen Band Poliça.

Fragt man sich, wo die digital flirrende Stimme war – neben Chers und Daft Punks Hits um die Jahrhundertwende und auch in dem hieran anschließenden Zeitraum bis 2008 – lautet die Antwort: in der zeitgenössischen Soul Music, die manchmal als ‚Hyper Soul' und in der Regel einfach als ‚R&B' bezeichnet wird. Ein Beispiel hierfür ist das 1999 veröffentlichte Stücke *You Don't Know* der für den R&B dieser Zeit paradigmatischen Vokalistinnengruppe 702. Die Musik der Gruppe wurde unter anderem von Missy Elliott produziert, deren Sound-Ästhetik den state of the art in der Black Music dieser Zeit repräsentiert. Das digitale Flirren der Stimme ist bei 702 ein lediglich punktuell verwendetes Stilmittel.[6] Bei dem Rapper T-Pain ist das anders. Er hat die Autotune-Verzerrung seit 2005 zu seinem Markenzeichen gemacht, war an einer Vielzahl von R&B-Hits als Gastsänger beteiligt, hat hiermit aller Wahrscheinlichkeit nach dem erneuten Auftreten des Effekts im Jahr 2008 den Weg bereitet und bietet mittlerweile eine I Phone-App namens *I Am T-Pain* an, deren Anwendung entsprechende Verzerrungen an der eigenen Stimme verursacht. Das digitale Flirren wird allerdings sowohl bei ihm als auch bei 702, wie Alexander Weheliye in seiner Studie *Posthuman Voices in Contemporary Black Popular Music* am Beispiel von 702 konstatiert, „without any decisive connection to the signification of the lyrics"[7] verwendet. Während die ähnliche Stimmklänge erzeugenden Technologien des Vocoder Synthesizers und der Talk Box in den Funk- und Soul-Produktionen der 1970er und 1980er Jahre zur Hervorhebung der in den Lyrics getroffenen Aussagen eingesetzt worden seien, gäbe es

[4] Ebd.

[5] Die Rede ist hier vom Burial-Track *Fostercare*, vgl. Walter, Klaus 2010: Geschminkte Stimmen.

[6] Ein vergleichbares Beispiel ist die Sängerin Kandi, die im Anschluss an Gastgesangsauftritte bei Destiny's Child und TLC ein selbstbetiteltes Soloalbum veröffentlichte, das das Stück *Hey Kandi* enthält, dessen Gesang digital schillert.

[7] Weheliye, Alexander G. 2002: Posthuman Voices, 37.

einen solchen semantischen Bezug zwischen Sound und Aussage nicht mehr. Der Einsatz des Autotune-Effekts wirkt ungezielt, gestreut, kontingent.[8]

Wie Weheliyes Ausführungen zeigen und die Beispiele 702 und T-Pain andeuten, steht der Autotune-Effekt in einer Tradition der Verfremdung der Gesangsstimme, die einen eigenen Strang in der Geschichte afroamerikanischer Pop-Ästhetik bildet. Dieser Strang lässt sich wiederum als Bestandteil eines umfassenderen Traditionsstrangs verstehen, für den Mark Dery den Begriff ‚Afrofuturismus' prägte und unter dem er so verschiedene Phänomene wie Raph Ellisons Roman *Invisible Man*, Bilder von Jean-Michel Basquiat, Filme wie John Sayles *The Brother From Another Planet* und Jimi Hendrix' Album *Electric Ladyland* subsumiert.[9] Das diesen Phänomenen innewohnende afrofuturistische Moment ist sehr konkret als Ausdruck der Hoffnung auf politische Verhältnisse gefasst worden, die weniger als die jeweils gegebene Situation durch Rassismus geprägt sein mögen.[10] Allgemeiner bestimmt Alondra Nelson Afrofuturismus mit einer Formulierung Derys als ‚African American voices with other stories to tell about culture, technology and things to come'.[11] Was soll man aber unter ‚anderen Geschichten' verstehen? Geschichten *vom* Anderen? Geschichten *des* Veranderns? In der Lektüre eines Kapitels aus David Toops Kulturgeschichte des HipHop, *The Rap Attack*, einem der Referenztexte der Afrofuturismus-Studien[12], gehe ich diesen Fragen im Folgenden mit dem Ziel nach, mit Toops Hilfe eine Annäherung an die digital schillernde Stimme als ein wesentliches Phänomen der expressiven Kultur der Popmusik in den Nullerjahren

[8] Vocoder, Talk Box und Autotune-Verzerrung scheinen für Weheliye dermaßen ähnlich zu klingen, dass er gar keine begriffliche Unterscheidung zwischen den verschiedenen Technologien und ihren jeweiligen Klangeigenschaften vornimmt. Tatsächlich unterscheidet sich der Autotune-Effekt durch seine digitale Glätte und Abruptheit jedoch deutlich von seinen Vorläufern – den weniger akzentuierten Stimmklängen des Vocoders und der eigenwillig organisch-künstlich klingenden Verschlungenheit des Talk Box-Sounds.

[9] Vgl. Dery, Mark 1998: Afro-Futurismus, 20.

[10] So etwa von Beat Weber, der über den Autotune-Effekt sagt: „Ich denke, dass die Ausbreitung der Autotune/Vocoder-Stimmverzerrung in dieser Zeit eine Art ‚Obama Effekt' ist. So wie die Roboter-Motive in der US-amerikanischen Black Music der 1970er und 1980er Jahre Hoffnungen auf eine postrassistische Zukunft ausdrückten, könnte das Wiederaufkommen dieser Roboterisierungseffekte als Zeichen für die wieder aufkeimenden Hoffnungen gelesen werden, die der Aufstieg von Barack Obama unter anderem unter AfroamerikanerInnen in den USA ausgelöst hat." Bonz, Jochen im Interview mit Holger van Dordrecht und Beat Weber 2012: Rap-Roboter, 18.

[11] Nelson, Alondra 2002: Future Texts, 9. Vgl. Dery, Mark 1998: Afro-Futurismus, 20.

[12] Zu *Rap Attack* als kanonischer Afrofuturismus-Studie vgl. Dery, Mark 1998: Afro-Futurismus, 20.

zu erreichen bzw. eine mögliche Erklärung herauszuarbeiten, worin die Faszinationskraft des Phänomens begründet sein könnte.

4.1 Die Bezugnahme auf das Ungekannte in David Toops ‚Rap Attack'

Toops bereits 1984 erstveröffentlichte Studie stellt bis heute *die* Einführung in die Kultur des HipHop dar. Dabei handelt es sich bei der Studie um alles andere als eine konzise, geradlinig argumentierende Darstellung. Eher besitzt *Rap Attack* den Charakter eines Flickwerks, zusammengesetzt aus Geschichten über einzelne Musiker, über Labelmacher und frühe Erscheinungsformen des Sprechgesangs bei Radiomoderatoren und in Musikstücken wie beispielsweise dem Battle-Soul von Shirley Brown (*Woman To Woman*) und Barbara Mason (*She's Got The Papers – But I Got The Man*). Hier lässt sich allerdings auch nachlesen, wie die Ästhetik des HipHop-Tracks in den 1970er Jahren auf Blockparties in der Bronx entstand, als DJs wie Kool DJ Herc, Afrika Bambaataa und Grandmaster Flash die ‚Breaks' genannten Abschnitte von Musikstücken, die in einem perkussiven Sinn besonders dramatisch oder spannend sind, endlos verlängerten, indem sie sie mittels zweier Schallplattenspieler, zweier Exemplare derselben Schallplatte bzw. desselben Songs und einem Mischpult potenziell dadurch unendlich verlängerten, dass sie ein- und denselben Break zunächst von einer der Schallplatten spielten, dann unmittelbar im Anschluss von der zweiten, wieder von der ersten, dann wieder von der zweiten… Aus der Bezugnahme auf ein Detail und seine Wiederholung entsteht hierbei etwas Neues, eine Musik des Breakbeats, des Loops. Ein anderer Aspekt des Mixens, den Toop betont, besteht im Genre-Grenzen überspielenden Eklektizismus des Mixens: Indem sie den Break isolierten, konnten die DJs ihr Publikum mit Details aus Musikstücken begeistern, die dieses Publikum als komplette Musikstücke aufgrund ihrer Genrezugehörigkeit für inakzeptabel befunden hätten – so etwa bestimmte Spielarten der Rockmusik. Vor diesem Hintergrund erscheint mir die Vermutung nicht abwegig, dass *Rap Attack* seinen Charakter als Patchwork von der Begeisterung her erhalten hat, die Toop für HipHop empfand – für das Mixen der Details, des Diversen, aus dem etwas Neues hervorgeht.

Da das Patchwork seine Form ist, darf es demnach nicht verwundern, in *Rap Attack* auf scheinbar unzusammenhängende Bruchstücke von Geschichten zu stoßen. Doch selbst nach jahrelanger Verwendung seiner Studie in Lehrveranstaltungen stolpere ich noch über eine Sequenz im Kapitel *Wiplash Snuffs the Candle Flame*, eine *wirklich* unzusammenhängend wirkende Reihung von Phänomenen. Den ihrer Reihung innewohnenden roten Faden versuche ich im Weiteren zu ergreifen und so auszulegen, dass er nachvollziehbar wird.

Das Kapitel beginnt mit der Verwunderung darüber, dass auf den ersten Hip-Hop-Schallplatten der Beat gar nicht aus den Breaks bestehender Songs gemixt ist, sondern stattdessen auf einem herkömmlichen Schlagzeug eingespielt wurde. Im Anschluss an diese Beobachtung geht es darum, dass der DJ Grandmaster Flash „a pioneer in combining turntable trickery with beat-box improvisations, using an ancient keyboard percussion box made by Vox“[13], gewesen sei. Überhaupt habe es die ersten ernsthaften Verwendungen von Beat Boxes, also elektrischen Schlagzeug-Maschinen, in der Black Music der frühen 70er Jahre gegeben, bei Stevie Wonder und insbesondere bei Sly Stone. Hieran schließt sich eine kurze Ausführung zu einem Stück mit dem Titel *The Jam* von Graham Central Station an, einer Nachfolgeband von Sly Stones Band The Family Stone.

In der Folge zitiert Toop Grandmaster Flash mit einer Aussage, die erläutert, wie dieser zu seinem Namen kam, der mit ‚Flash' eine Anspielung auf den Comic-Superhelden dieses Namens mit dem Titel ‚Grandmaster' verbindet, der den Jugendlichen aus der Bronx wiederum aus Martial Arts-Filmen bekannt war. Mit einem Zitat des Filmwissenschaftlers Thomas Cripps führt Toop aus, die Kung Fu-Filme hätten damals die Beliebtheit der Filme mit schwarzen Helden, die sogenannten Blaxploitation-Filme, abgelöst: „Black youth, then, recoiled from fantasies of lust and power, choosing instead symbols from another culture that provided metaphors for Afro-American experience despite their Oriental settings. Martial arts films offered blacks comic strips of pure vengeance dramatized in a choreography of violence unobtainable within the literal context of American social realism.“[14]

Toop springt von diesem Zitat unmittelbar zu einem anderen Gegenstand der Begeisterung der schwarzen Jugendlichen – den Videospielhallen. „Video games have had a big influence on latter day hip hop – the arcades are bleeping, pulsing, 24-h refuges for the obsessive vidkids with nowhere else to go.“[15] Von den Videospielen wiederum springt Toop weiter zu einem Mix DJ Afrika Bambaataas, der eine Version des Yellow Magic Orchestras von einem Stück enthält, das im Original von Martin Denny stamme, einem weißen, auf Hawai beheimateten Amerikaner, der auf „exotic easy-listening music“ spezialisiert gewesen sei. Auf dem Album des Yellow Magic Orchestras, das die Coverversion enthalte, befinde sich auch ein Stück mit dem Titel Computer Games, „a maddening simulation of video-machine beeps, rumbles and banal tunes“.[16] Und von hier kommt Toop auf den Einfluss, den die Elektromusikpioniere der Krautrockband Kraftwerk auf Bambaataa ausüb-

[13] Toop, David 1985: Rap Attack, 126.

[14] Zitiert ebd., 129.

[15] Hier und im Folgenden ebd., 129.

[16] Ebd., 129f.

ten. Toop zitiert Bambaataa mit den Worten: „Kraftwerk – I don't think they even knew how big they were among the black masses in 1977 when they came out with *Trans Europe Express*. When that came out I thought that was one of the best and weirdest records I ever heard in my life."[17] Baambaata erzählt von einem Konzert Kraftwerks im New Yorker Club Ritz, bei dem die Band aufgrund der ihr entgegengebrachten Begeisterung schließlich wohl doch realisiert habe, welche Bedeutung sie für die schwarzen Jugendlichen in New York zum damaligen Zeitpunkt besaß. Bevor Toop im Weiteren auf Bambaataas Rap-Gruppe Soul Sonic Force und deren auf einem Sample aus Kraftwerks Stück *Trans Europa Express* beruhenden Hit *Planet Rock* zu sprechen kommt, versucht er den hohen Stellenwert Kraftwerks in der HipHop-Kultur um 1980 zu erklären. Das ausgestellt roboterhafte, extrem kontrollierte und ein weites semantisches Feld vom ‚Deutschsein' evozierende Auftreten der Band setzt er dabei in Gegensatz zu dem Funkmusiker George Clinton und dessen extrovertierter Verbindung von Sex, Science Fiction und Comics. „Kraftwerk were the most unlikely group to create such an effect among young blacks. Four be-suited showroom dummies who barely moved a muscle when they played, they were nonetheless the first group using pure electronics to achieve anything like the rhythmic sophistication of quality black dance music. They were fascinating to kids who had grown up with the incursion of microchip technology into everyday life. The George Clinton funk empire and its theatre of excesses had taken sex, sci-fi and comic-book abandonment about as far it could go on stage; four Aryan robots pressing buttons was a joke at the other extreme."

– Die sich über lediglich fünf Buchseiten erstreckende Sequenz präsentiert ganz unterschiedliche Phänomene der expressiven Kultur des Pop, deren gemeinsamer Zug – entgegen der von der Bezeichnung ‚Afrofuturismus' hervorgerufenen Erwartungen – nicht das utopische Zukünftige ist. Das Bindeglied, welches die Bezugnahme auf Kraftwerk, die Martial Arts-Filme, Comics über Superhelden, Martin Dennys hawaiianische Exotika usw. durchzieht, besteht vielmehr im Ungekannten, im Anderssein, in der Fremdheit. Ein Begehren nach dem Ungekannten bildet hier den roten Faden, der sich durch die unterschiedlichen Phänomene zieht und diese miteinander verbindet. Als ein wesentliches Moment des Afrofuturismus erscheint in der hier gelesenen Sequenz somit die Bezugnahme auf etwas Anderes; eine Bezugnahme auf etwas, das sich zum Bekannten different verhält. Hieraus ziehe ich den Schluss, dass die bei Toop respektive in den Werken des Afrofuturismus zum Ausdruck kommende Welt demnach durch das Erscheinen und die Anwesenheit des Ungekannten im Bekannten gekennzeichnet ist: Im Alltäglichen ist das ganz und gar Unalltägliche anwesend. In anderen Worten: Mitten in einer

[17] Ebd., 130.

gegebenen Ontologie tut sich ein Bruch auf, in dem etwas erscheint, das im Rahmen dieser Ontologie eigentlich nicht existent ist. Und dieses Ungekannte scheint ersehnt und nicht etwa gefürchtet zu werden.

Im Autotune-Effekt nimmt das afrofuturistische Ungekannte nun den Ort der Stimme ein. Fremd und anders ist damit das Subjekt geworden, das hier im Medium der Popmusik Aussagen trifft. Es verschwindet irritierender Weise „hinter dem, was vielleicht einmal seine Stimme war, jetzt aber auf jeden Fall etwas weit außerhalb von ihm selbst ist".[18]

Das Begehren des Ungekannten bildet bei Toop zwar das deutlichste Kennzeichen des Afrofuturismus, aber nicht das einzige. Es tritt in einer Verbindung auf, die sich in Toops Charakterisierung des Klangs der Drum Machine auf Sly Stones als Meisterwerk des Unheimlichen[19] geltendem Album *There's A Riot Goin' On* wie folgt liest: „On songs like *Time*, *Spaced Cowboy*, *Family Affair* and *Africa Talks To You ,The Asphalt Jungle'* it ticks, hisses and tocks away at an almost insulting volume, sometimes almost drowning out the mumbled vocals. It imbues the song with a mechanical feeling which only adds to the sense of alienation throughout the whole album."[20] Ein „mechanical feeling" und ein Gefühl der „alienation" werden hier von Toop unterschieden und sind doch untrennbar miteinander verbunden. Die Drum Machine, die Kraftwerk-Roboter, die Kung Fu-Filme im Kino oder Fernsehen, die Geräte in den Videospielhallen, ganz zu schweigen von den Plattenspielern, dem Mischpult, der Verstärkeranlage, den Lautsprecherboxen der Blockparties – offenbar ist das Erscheinen des Ungekannten von der Anwesenheit von Maschinen, von Technik, abhängig, an diese gekoppelt.[21]

---

[18] Rabe, Jens-Christian 2008: Das große Flattern, 13.

[19] Vgl. Marcus, Greil 1992: Mystery Train, 93ff.

[20] Toop, David 1985: Rap Attack, 127.

[21] Auch Kodwo Eshuns *More Brilliant Than The Sun*, ein weiterer Referenztext der Afrofuturismus-Studien, thematisiert die fundamentale Fremdheit, die afrofuturistischer Musik innewohne – „this feeling of impossibility which this music often gives you" (185). Besonders interessiert Eshun, wie in der Dimension des Sounds das Ungekannte ausgelotet wird, „to use the sonic as a probe into new environments" (ebd.). Mit dem Erscheinen ungekannter Klänge geht für ihn eine Veränderung in der Wirklichkeitswahrnehmung der Zuhörenden einher. Eshun schreibt diesbezüglich von „new perceptions" (191), oder auch von „a new nervous system" (179). Diese neue Wirklichkeitswahrnehmung erzeugt im Subjekt nicht einfach eine neue, andere Welt. Vielmehr ruft sie in ihm eine Welt hervor, in der das Ungekannte existent ist; eine Welt, die fundamental fremd bleibt. Als entscheidend für das Zustandekommen der Ungekanntheit gilt bei Eshun die Technologie. So schreibt er z.B. über die Verwendung des Moog-Synthesizers im freien Big Band-Jazz Sun Ras: „[H]e's using the Moog to produce a new sonic people. Out of this circuit, he's using it to produce the new astro-black American of the 70s." (185) In Bezug auf Detroit Techno wird die Produktivität des Technologischen

Musikalisch ist die gemeinsame Formulierung beider Aspekte (Erscheinen des Ungekannten, Technik) ein Phänomen unserer Zeit, das sich zwar insbesondere rund um die Stimme und das Singen abspielt, aber weit über den Autotune-Effekt hinaus reicht. Die digital flatternd klingende Stimme des Autotune-Effekts steht vielmehr in einer Reihe mit stufenlos hoch oder tief gepitchten Stimmen, wie sie beispielsweise bereits das 1996 veröffentlichte Debütalbum Daft Punks bestimmen.[22] Beide Phänomene sind auch im zeitgenössischen HipHop anzutreffen. So durchziehen zum Beispiel tief gepitchte – und damit ‚technologisch' klingende – Grunzlaute, in denen die Stimme kurz vor dem Verlust ihrer Artikulationsfähigkeit zu stehen scheint, das Debütalbum A$AP Rockys, *Long.Live.A$AP*. Auf der anderen Seite gibt es mit dem sogenannten ‚Chipmunk Soul' ein HipHop-Subgenre, das durch hohe, quietschige Stimmen definiert ist. Rabe schreibt diesbezüglich in der erwähnten Besprechung des Kanye West-Albums *808s & Heartbreak*: „Kanye West gilt als einer der Hauptvertreter des sogenannten Chipmunk Soul, einer HipHop Variante, die sich um die Jahrtausendwende durchsetzte, und die nicht, wie der klassische HipHop, vor allem mit Instrumental-Samples arbeitet, sondern mit manipulierten Gesangs-Samples. Die Parts stammen häufig aus bekannten alten Soul-Hits, werden jedoch meist schneller abgespielt, ‚gepitcht', wodurch der Gesang höher wird und sich eine Art Mickey-Maus-Effekt einstellt." Dieser Effekt ist nach David Sevilles Chipmunks benannt, einer aus Streifenhörnchen bestehenden Musikgruppe in Zeichentrickfilmen aus den 1950er Jahren, die mit derartigen, überdreht klingenden, hohen Stimmen ausgestattet war. (Wie Mickey Mouse eben.) Daft Punk kombinieren die künstliche, tiefe Ungekanntheit mit der künstlich hohen Ungekanntheit, wenn sie auf *Homework* im Stück *Teachers* ihre musikalischen Vorbilder im Wechsel einmal unkonventionell hoch, einmal unkonventionell tief aufzählen. Aber ganz gleich, ob tief oder hoch gepitcht, die genannten Fällen sind sämtlich dadurch gekennzeichnet, dass die modulierten Stimmen sowohl *ungekannt* klingen als auch ihre *technische Modulation* deutlich ausgestellt wird.

Beide Aspekte treten noch in einer Reihe weiterer zeitgenössischer Phänomene rund um die Stimme in der Popmusik auf. Genannt seien die verhallten, hohen Stimmen, die Projekte wie Panda Bear und Poliça kennzeichnen. Ein weiteres Bei-

von Eshun metaphorischer gefasst, wenn er Detroit Techno wie folgt charakterisiert: „[T]he key in Techno is to synthesize yourself into a new American alien" (178).

22 Das Album hat den Titel *Homework*. Im Track *Daftandirekt* arbeitet sich eine „da Funk back to the Punk, come on!" sprechende Stimme aus den verzerrtesten Tiefen langsam in den üblichen Tonhöhenbereich, während zum Beispiel im Track *Teachers* auf dem linken Stereokanal eine tief gepitchte Stimme und auf dem rechten Kanal eine ins Quietschige hoch gepitchte Stimme im Chor die Vorbilder der beiden Produzenten aufzählen.

spiel, das Weheliye anführt, ist der sogenannte „cell phone effect“[23], wie er die erfolgreichen Mainstream-R&B-Produktionen beispielsweise der Gesangsgruppen TLC und Destiny's Child oder Produktionen Timbalands von Ende der 1990er Jahre kennzeichnet. Ein Beispiel aus jüngerer Zeit ist die Rapperin Nicki Minaj. Die Stimmen klingen distanziert, in ihrem Volumen technologisch verflacht und leicht elektronisch angezerrt – als würden sie durch ein Telefon gesungen.

4.2 Maschinelle Wirklichkeitsartikulationen

In einem *Geschminkte Stimmen* betitelten Essay zum Autotune-Effekt schreibt der Musikjournalist Klaus Walter: „Wie schon häufiger in der Geschichte wird eine neue Technologie zum Erfolg, wenn sie gegen die Gebrauchsanweisung eingesetzt wird. […] Eigentlich dient Autotune der Perfektionierung von Stimmen. Unebenheiten werden elektronisch ausgeglichen, Misstöne geglättet, Fehler korrigiert. So weit, so normal. Dann entdeckt jemand den Reiz der Übertreibung: das metallisch roboterhafte Flirren, Sirren, Summen auf der Stimme bekommt eine eigene Faszination, das Unsichtbare, Ungreifbare nimmt haptische Gestalt an.“[24] Walter beschreibt hier das Zustandekommen der Artikulation des Ungekannten als das Ergebnis eines spezifischen Umgangs mit Technologie. Das Spezifische besteht in diesem Fall darin, sich nicht an vorgegebene, konventionelle, von ihren Entwicklern mit der Technologie verknüpfte Regeln zu halten, sondern auf diese mit einer Variation der Regeln zu ‚antworten'. Man mag hierin eine extreme Form von ‚Call-Response' erkennen und den Autotune-Effekt somit als Bestandteil einer Kulturtechnik zur Artikulation des Unterdrückten bzw. des Nicht-Artikulierbaren begreifen – und damit auf eine zugleich so spezifische wie auch tiefe Weise als mit der Geschichte der afrikanisch-amerikanischen Versklavung und ihrer Folgen verbunden.[25]

Auch Alexander Weheliye stellt den Autotune-Effekt – in seinen Worten: „vocoderized voice“[26] – in den Zusammenhang dieser Problematik. Für ihn geht es im R&B der 90er Jahre und der folgenden Jahre darum, „[to] reconstruct the black voice in relation to information technologies“.[27] Genauer bildet der Autotune-Effekt für ihn die zeitgenössische Form und Speerspitze („forefront of coarticulating

[23] Vgl. Weheliye, Alexander G. 2002: Posthuman Voices, 33f. Die Bezeichnung Cell Phone-Effect stammt laut Weheliye von Woods, Scott 2000: Cell-Phone Girls.

[24] Walter, Klaus 2010: Geschminkte Stimmen, 23.

[25] Zum Call-Response vgl. Rappe, Michael 2010: Under Construction, 134ff.

[26] Weheliye, Alexander G. 2002: Posthuman Voices, z.B. 38.

[27] Ebd., 30.

the ‚human' with informational technologies"[28]) eines Stranges der afroamerikanischen expressiven Kultur, als deren frühere Form er die Relevanz der Komponisten/Produzenten im Motown-Soul und in den Produktionen des Labels Philadelphia International Records (Philly-Sound) beschreibt.[29] Sie stehen für ihn dafür, „that the technological mediation and creation of soul became part and parcel of the musical performance."[30]

Auch die wie eine Sound-Signatur eingesetzten Gast-Raps von Produzenten wie Timbaland auf den von ihnen für andere Künstler_innen abgemischten Tracks sowie das Remixen, Scratchen und Samplen versteht Weheliye als Ausstellung und Betonung des nicht ‚Natürlich'-, sondern Gemacht-Seins des Objekts der expressiven Kultur. Ihr Gemacht-Sein – Weheliye spricht von „virtuality" – würde in der black popular music permanent betont („black popular musical genres make their own virtuality central to the musical texts"). Im R&B setzt sich diese Virtualität für Weheliye aus mehreren Aspekten zu einem „mechanized desire"[31] beziehungsweise einer „R&B desiring machine"[32] zusammen. Einen wesentlichen Aspekt bildet dabei ein vom HipHop inspirierter Wandel in der Weise des Singens: Im Laufe der 90er Jahre löse sich der Gesang im R&B von der Orientierung an der Melodie ab und sei stattdessen am Rhythmus orientiert, dem wiederum das Maschinelle assoziiert sei.[33] Als weitere Aspekte nennt Weheliye die Thematisierung von Informationstechnologie in den Lyrics, insbesondere Mobiltelefonie, die erwähnte Präsenz der Produzenten im musikalischen Objekt und den cell phone effect. Die vocoderized voice bringt die diversen Aspekte schließlich auf den Punkt: „The vocoderized voice highlights the machinic dimension of the R&B desiring machine by synthesizing all the other parts into a ‚sound machine, which molecularizes and atomizes, ionizes sound matter'"[34], wie Weheliye mit einem Zitat von Deleuze und Guattari schreibt. Die metaphorische Logik dieser Aussage erklärt sich mit der Auffassung vom Synthesizer, die Deleuze und Guattari haben und die von Weheliye zitiert

[28] Ebd., 40.

[29] Weheliye nennt ausdrücklich das Motown-Komponistenteam Holland, Dozier, Holland sowie Gamble und Huff von Philly International Records. Man sollte hier aber auch an die an der fordistischen Industrieproduktion orientierte Praxis des Musikmachens denken, wie sie bei Motown als Idee bestand und umgesetzt wurde. Mit dem Ergebnis: Hits am Fließband.

[30] Hier und im Folgenden Weheliye, Alexander G. 2002: Posthuman Voices, 31.

[31] Ebd., 32.

[32] Ebd., 38.

[33] „[T]his focus on rhythmic dimensions of vocalization moves the R&B singing voice closer to the stereotypically mechanical, since the machinic is often associated with rigid rhythmic structures and not the ‚human' expansiveness of melody and harmony." Ebd., 32.

[34] Ebd., 38.

wird: Der Synthesizer mache den Hervorbringungsvorgang des Klangs hörbar. Die Gemachtheit, das Herstellen, die Herstellung, das Maschinelle, Technologische rücken hier ganz ins Zentrum einer Interpretation des Autotune-Effektes, die Weheliye am Ende, wie angekündigt, als Beschreibung eines Artikulationsvorgangs zu erkennen gibt: Die Vorstellung von einem an und für sich bestehenden Subjekt werde im R&B abgelöst von einer Vorstellung vom Menschsein, in dem das Menschliche mit „various informational technologies"[35] verschränkt sei.

4.3 Das Selbst als Ungekanntes

Um vor dem Hintergrund der Lektüren Toops und Weheliyes zu einer interpretativen Annäherung an die Faszinationskraft des Autotune-Effekts zu kommen, möchte ich zunächst an die für Popmusik paradigmatische Rezeptionshaltung erinnern. Diedrich Diederichsen fasst sie in Bezug auf die Vielzahl an Bildern, die durch die Popkultur schwirren, mit drei Weisen, in denen diese Bilder rezipiert würden: „[S]o will ich sein. Den/die will ich haben. Da will ich hin."[36] So sein zu wollen, den/die haben zu wollen, da hin zu wollen – die Differenzen zwischen diesen Haltungen bestehen lediglich in Nuancen, wenn man sie mit dem ihnen gemeinsamen Zug vergleicht: Die Rezeptionssituation der Popmusik ist in diesem Verständnis durch das Vorhandensein einer Beziehung gekennzeichnet, in der das rezipierende Subjekt zum Subjekt des Rezeptionsgegenstandes wird, insofern als es diesen idealisiert und an dessen Stelle treten möchte. Das Begehren, das zum popmusikalischen Gegenstand hinführt, setzt das Selbst geradezu mit diesem Gegenstand gleich (oder gibt diesem zumindest einen zentralen Platz im Selbst).

Diese Rezeptionshaltung verschränkt sich mit der immersiven Kraft, die der Dimension des Klanglichen im Allgemeinen (und der Lo-Fi-Klanglichkeit im Besonderen) und dem Musikalischen innewohnt. So ist das Musikhören nach Hans Heinrich Eggebrecht als ein Immersionsvorgang zu begreifen, und zwar als eine Immersion in eine „Gegenwelt zur Wirklichkeit"[37]. Entsprechend versteht Eggebrecht das musikalische Kunstwerk als eigene Welt oder auch als ein ‚Spiel': „Die Musik als Spiel macht den Beteiligten zum Mitspieler. Im Akt der ästhetischen

[35] Ebd., 39.

[36] Diederichsen, Diedrich 2007: Allein mit der Gesellschaft, S. 331. Es ist klar, dass Diederichsen, wenn man die Lacan'schen Konzeptionen hier zur Anwendung bringt, die Rezeptionshaltung des Pop als eine imaginäre Identifikation fasst. Vgl. den Einschub zu den Lacan' schen Dimensionen der Beziehung des Subjekts zur Wirklichkeit, und damit zugleich: die Dimensionen des Wirklichkeitserlebens und der Subjektivität, in Kapitel 3.2.

[37] Eggebrecht, Hans Heinrich 1997: Musik und das Schöne, 183, vgl. ebd., 162ff.

Identifikation geschieht die Einswerdung mit dem Spiel. Das ist das Schöne der Musik. Denn die Entführung ins Spiel des Spiels erhebt das Dasein zum Spiel und löscht aus und lässt vergessen, was außerhalb dieser Spielwelt gelegen ist: die Wirklichkeit."[38]

Im Fall des Autotune-Effektes ist es die digital und ungekannt klingende Stimme, der das Subjekt des Hörens in der musikalischen Immersionserfahrung begegnet. Begreift man diese Begegnung als eine ‚Einswerdung', besteht die hiermit einhergehende Erfahrung für das Subjekt des Hörens in einer Selbstwahrnehmung als fremd und als technologisch durchwirkt. Das Subjekt des Hörens fühlt *sich selbst* ungekannt und spürt an *sich selbst* die Präsenz der Technologie. – Wieso sollte eine solche Erfahrung attraktiv sein?

Auf diese Frage kann es mit Sicherheit etliche plausible Antworten geben. Die kulturanthropologische Forschungstradition legt jedoch insbesondere *eine* Antwort nahe; die eine Antwort, die das Paradigma des ethnologischen Kulturbegriffs anbietet und die ich hier noch einmal skizziere: Wie alle Objekte sind auch ästhetische Phänomene nicht *an sich* bedeutsam, sondern besitzen ihre Bedeutung als kulturell situierte Erscheinungen. Insofern lassen sie sich auch erst im Kontext einer spezifischen kulturellen Praxis begreifen, die sie rahmt. Im Strukturalismus und Poststrukturalismus wurde dieser Ansatz abstrahiert und eng geführt, hin zu einem am Saussure'schen Sprachbegriff als Bedeutungszusammenhang ausgerichteten Verständnis von Kultur als symbolischer Ordnung – einer Signifikantenkette vergleichbar, deren Signifikanten auf der doppelten Grundlage ihrer Differenz und ihrer wechselseitigen Bezugnahme Signifikate zu artikulieren vermögen. Auf diese, sicher zugespitzte Weise lässt sich denken, dass und wie Kulturen Welten ausbilden im Sinne von Ontologien, in denen Bestimmtes existiert und Bedeutung besitzt und Anderes ungekannt oder unvorstellbar (nicht-)erscheint. Mit dem kulturalistischen Paradigma geht auch ein grundsätzliches Verständnis vom Menschsein einher, für das eine fundamentale Abhängigkeit des Menschen von der Kultur wesentlich ist. Die Grundform dieses Verständnisses besteht darin, den erwachsenen Menschen als Ergebnis eines Sozialisationsvorgangs an der ihn umgebenden Kultur zu begreifen, die er in diesem Vorgang in sich aufnahm, sie zu sich selbst machte, wodurch er zu einem Subjekt der Kultur wurde. Subjekt zu sein, heißt in diesem Fall, die Wirklichkeit mit den internalisierten kulturellen Kategorien wahrzunehmen; den Kategorien, die die Wirklichkeit zu einer Welt ordnen – der Welt der jeweiligen Kultur.

Zur Erklärung der Attraktivität des Autotune-Effekts verweist der kulturanthropologische Forschungsansatz damit zum einen auf das Feld afroamerikani-

[38] Ebd., 182.

scher Kultur und zum anderen auf globale und zugleich spezifische Rezeptionssituationen. Ersteres aufgrund der beschriebenen afrofuturistischen Tradition. Zweiteres aufgrund der Tatsache, dass sich der Autotune-Effekt zwar mit den Ideen zum Afrofuturismus beschreiben lässt, sein Auftreten aber global stattfindet und entsprechend unüberschaubar vielfältige lokale Rezeptionssituationen erzeugt hat. Auf eine solche Rezeptionssituation gehe ich im Weiteren näher ein: Die spätmoderne westliche Kultur in ihrem meines Erachtens allgemeinsten und grundsätzlichsten Zug.

Wie bereits in den Kap. 2.2. und 3.2. beschrieben, scheint das Kennzeichen der spätmodernen westlichen Kultur gerade darin zu bestehen, *nicht* als eine symbolische Ordnung den mit einer solchen Ordnung identifizierten Subjekten eine Welt zu artikulieren. Die kulturelle Dimension des Symbolischen ist hier – mit einer Formulierung Slavoy Žižek – „auf den Status flottierender Siginifikanteninseln reduziert […], weiße[n] ‚îles flottantes' in einem Meer des dottrigen Genießens."[39] Die jeweils für sich eigene Ontologien konstituierenden ‚Inseln' liegen in einer Umgebung, die einen prekären ontologischen Status besitzt, dessen Qualität mit Lacans Begriff des Realen verstanden werden kann. In diesem ‚Meer' liegt der Ort des Subjekts dieser Verhältnisse. Ein Ort, an dem man nicht wirklich sein kann, unter anderem, weil das Subjekt hier die Wirklichkeit und sich selbst permanent als fremd erfährt. Heißt zu leben in dieser Situation doch, sich zwischen verschiedenen symbolisch strukturierten Feldern hindurch bewegen müssen, ohne in einem dieser Felder wirklich zuhause zu sein. Mit dieser Situation geht für das Subjekt die Anforderung einher, verschiedene Welten mit ihren jeweiligen Objekten, Werten, Motiven etc. integrieren zu müssen. Die ständigen Wechsel von einer Welt zur anderen müssen außerdem gestaltet und die Kontingenz, die diese Welten nicht abstreifen können, sondern die immer spürbar bleibt, muss ertragen werden. Das heißt, das Subjekt dieser kulturellen Verhältnisse muss das wiederholte Eintreten und Herausfallen aus lokalen Ordnungen sowie die prinzipielle Abwesenheit einer kulturellen Ordnung, die absolute Gültigkeit beanspruchen könnte, aushalten. Was hierbei auszuhalten ist, beinhaltet die Erfahrung, dass einem die Wirklichkeit wiederholt als etwas Fremdes begegnet; ist doch die von einer symbolischen Ordnung artikulierte Welt bei jedem erneuten Eintritt wieder fremd. Und sei es auch nur im Moment des Hinein- und Heraustretens. Für das Subjekt ist mit den wiederholten Eintritten in lokale Welten außerdem die Erfahrung verbunden, dass nicht nur seine Umwelt radikalen Verwandlungen unterworfen ist. Auch sich selbst wird es in diesem Prozess der Bewegung zwischen symbolischen Ordnungen bzw. heraus aus der Leere respektive chaotischen Fülle des Realen und hinein in ein jeweils

[39] Žižek, Slavoy 1997: Mehr-Genießen, 70.

spezifisch artikuliertes Symbolisches wiederholt fremd. Ist das Subjekt doch selbst in Abhängigkeit von der jeweiligen Ordnung ein jeweils Anderer – ein anderes Subjekt.

Im Alltag und im Prinzip stellt diese Veranderungserfahrung für das Subjekt der spätmodernen westlichen Kultur zweifellos eine große Herausforderung dar. Und in der expressiven Kultur der Popmusik? Dort ist die Erfahrung des Fremd-Werdens ein identifizierendes ‚Spiel' (Eggebrecht): Entsprechend wird die Veranderung hier nicht erarbeitet, oder gestaltet, oder durchlitten; sie wird vielmehr spielerisch erlebt. Das Popmusikhören gehört, um mit Norbert Elias zu sprechen, zur „Klasse der mimetischen oder spielerischen Aktivitäten"[40]: „Freizeitereignisse[n, die] Emotionen wecken, die denen verwandt sind, die Menschen in anderen Bereichen erleben: Sie wecken Furcht und Mitleid oder Eifersucht und Hass, die von anderen [d. h. den Rezipienten, J.B.] mitempfunden werden, aber in einer Weise, von der anders als so oft im wirklichen Leben, keine ernsthafte Beunruhigung oder Gefahr ausgeht. Im mimetischen Bereich werden diese Emotionen sozusagen in eine andere Tonart transponiert. Sie verlieren ihren Stachel."[41] Im Alltag schwer zu ertragende Emotionen könnten im Spiel gerade genossen werden, weil sie hier mit einer „„Art Freude"" vermischt seien. In diesem Sinne kann die Attraktivität des digitalen Flatterns der Stimme als eine spielerische, mimetische Erfahrung der Veranderung des Selbst verstanden werden. Die Zumutungen, mit der die Erfahrung der Wirklichkeit und des Selbst als Ungekanntem die spätmoderne Alltagswirklichkeit anfüllen, verschwinden im Spiel der expressiven Kultur der Popmusik und an ihre Stelle tritt ein Genießen.

In dieser Interpretation des Autotune-Effekts hat der Aspekt der Fremdheit seinen Platz. Was ist aber mit dem Aspekt der Technologie, der Präsenz *digitaler* Glätte und Abruptheit? Die Verbindung, die das Ungekannte im Autotune-Effekt mit dem Technologischen eingeht, hat seine innere Logik vor dem Hintergrund dieser Überlegung darin, dass ja auch die symbolische Ordnung ein Medium ist, eine Technik, eine Maschine, deren Funktion darin besteht, Welt zu artikulieren. In einer Passage aus dem Seminar 2 lässt Lacan hieran keinen Zweifel: „Ich erkläre Ihnen, dass, insofern er verwickelt ist in ein Spiel von Symbolen, in eine symbolische Welt, der Mensch ein dezentriertes Subjekt ist. Nun, mit eben diesem Spiel, eben dieser Welt ist die Maschine konstruiert. Die kompliziertesten Maschinen sind nur mit Worten gemacht. Das Wort/das Sprechen ist zunächst jenes Tauschobjekt, an dem man sich erkennt, und weil Sie das Passwort gesagt haben, kriegen Sie keins auf die Schnauze, usw. Auf diese Weise beginnt die Zirkulation des Worts/

[40] Elias, Norbert u. Dunning, Eric 2003: Suche nach Erregung, 132.

[41] Hier und im Folgenden ebd., 151.

des Sprechens, und sie schwillt so lange an, bis sie die Symbolwelt konstituiert, die algebraische Kalküle ermöglicht. Die Maschine, das ist die Struktur als abgelöst von der Aktivität des Subjekts. Die symbolische Welt, das ist die Welt der Maschine."[42] Dass es sich bei dieser Maschine nicht um irgendeine handelt, sondern dass sie dem Computer entspricht, hat Friedrich Kittler im Anschluss an Lacan betont.[43] Aber bereits Lacans Seminar 2 ist von einer Auseinandersetzung mit der Kybernetik angetrieben und führt Lacan zu einer Definition von Sprache und symbolischer Ordnung als digitalen Medien; denn: „[E]ine Zeichenfolge lässt sich immer auf eine Folge von 0 oder 1 zurückführen."[44]

Ein möglicher Grund dafür, weshalb das mimetische Spiel mit der spätmodernen Veranderungserfahrung die Präsenz des Digitalen in seiner Glätte und Schroffheit mit einzuschließen hat, liegt demnach in der Digitalität der Funktionsweise des Mediums symbolische Ordnung. Wird es nicht beim Hineintreten und beim Heraustreten in seiner Glätte und in der Schroffheit, der Abruptheit, in der die jeweils von ihm hervorgebrachte Welt Gültigkeit erlangt, vom Subjekt erfahrbar? Eine Erfahrung, die im Autotune-Effekt ins mimetische Spiel der Popmusik transponiert ist.

Bleibt die Frage, warum sich die Ungekanntheit in der Stimme niedergelassen hat. Eine mögliche Antwort, die sich mit dem lacanistischen Philosophen Mladen Dolar geben lässt, lautet: Wo sonst? Dolar erachtet die Stimme als in einem ontologischen Zwischenbereich von Sprache und Körper verunortet, an einer „Schnittstelle von Sprache und Körper [, die] beiden extim ist"[45]. Der Begriff ‚Sprache' steht hier meines Erachtens nicht nur für die gesellschaftlichen Konventionen der Kommunikation im engeren Sinne, sondern darüber hinaus auch für die Konventionen der Wirklichkeitswahrnehmung im Allgemeinen, also für die kulturelle Dimension der symbolischen Ordnung. Was er unter ‚Körper' versteht, präzisiert Dolar als „Innenraum, einen Teilbereich des Körpers, der nicht offenbart werden

[42] Lacan, Jacques 1991: Das Ich, 64. Französische Wörter, die in der Übersetzung als originalsprachliche Hinweise fungieren, wurden zum Zweck der besseren Lesbarkeit ausgelassen, vgl. ebd. Weheliye fasst den Aspekt der Medialität in den Worten: „[D]esire can be represented only in the guise of the machinic",Weheliye, Alexander G. 2002: Posthuman Voices, z.B. 39.

[43] Kittler erkannte die medientheoretische Anlage der Lacan'schen Psychoanalyse und machte Einiges aus dieser Erkenntnis, vgl. z.B. Kittler, Friedrich 1993: Die Welt des Symbolischen.

[44] Lacan, Jacques 1991: Das Ich, 385.

[45] Dolar, Mladen 2007: His Masters Voice, 100. Dolar greift damit eine Konzeptualisierung der Stimme auf, die dreißig Jahre zuvor schon Roland Barthes in *Le grain de la voix* skizziert hatte, entwickelt hieraus jedoch eine andere Überlegung.

kann".[46] Als „Körpergeschoß, das sich von seinem Ursprung losgerissen, das sich emanzipiert hat und doch körperlich bleibt"[47], bewirke die Stimme einen „Riss", eine Zweiteilung der Subjektivität in ein Innen und ein Außen. Zugleich verkörpere die Stimme jedoch auch die Unmöglichkeit dieser Zweiteilung, bei der es sich – in meinem Verständnis – um die Differenz zwischen dem Subjekt in seiner gesellschaftlich mediatisierten Erscheinungsform (dem Subjekt, wie es im Rahmen einer symbolischen Ordnung, d. h. im Geltungsbereich spezifischer Konventionen anderen Subjekten dieser Konventionen erscheint) auf der einen Seite, und dem Selbst, das vor dieser Erscheinungsform liegt, auf der anderen Seite handelt.[48] Meiner Interpretation des Autotune-Effekts zufolge ist es eben dieser Riss, dem das Subjekt der spätmodernen westlichen Kultur in seinen Eintritten in den Geltungsbereich einer symbolischen Ordnung am eigenen Leib begegnet[49] – und der im Autotune-Effekt als ästhetische Erfahrung erlebt werden kann, indem dieser den Riss markiert, ihn ausstellt und damit dem mimetischen Spiel anbietet.[50]

---

[46] Ebd., 97.

[47] Hier und im Folgenden ebd., 99.

[48] Meine Auslegung von Dolars Unterscheidung zwischen ‚Innen' und ‚Außen' entspricht Emile Benvenistes Unterscheidung zwischen dem Subjekt, das in seiner Aussage erscheint, und dem Subjekt des Aussagens, vgl. Gondek, Hans-Dieter 2001: Subjekt, Sprache, Erkenntnis, 134.

[49] Während der Riss für die fundamental mit einer symbolischen Ordnung identifizierten Subjekte, die die Wirklichkeit entsprechend dauerhaft und stabil mit deren Kategorien wahrnehmen, quasi inexistent, nämlich verdrängt ist.

[50] Im Anschluss an die Präsentation dieser Überlegungen in einem Kolloquium der Forschergruppe *Gefühlte Gemeinschaften? Emotionen im Musikleben Europas* am Max Planck-Institut für Bildungsforschung, Berlin, im Frühjahr 2013, ergänzte eine Teilnehmerin meine Überlegungen mit dem Hinweis, die Lieblingsmusik ihres Kindes (im Kindergartenalter) habe gerade von den Schlümpfen zu Daft Punk gewechselt. Beides vocoderized voices, in denen es sich spielerisch als das Andere erleben kann, das es durch sein Eintreten in die Dimension der symbolischen Ordnung dabei ist zu werden.

‚Lift-up-over sounding'. Steven Felds Beschreibung des Hervortretens von Subjekt und Gemeinschaft in der Kultur der Kaluli

5

Die in der vorliegenden Studie bislang vollzogene Argumentation ist durch mehrfache Ersetzungen gekennzeichnet, die eine gemeinsame Tendenz aufweisen. Nimmt die Studie doch ihren Anfang bei der semiologisch entschlüssel- und interpretierbaren Bedeutungsdimension der Klänge; aber schnell gerät diese Lesbarkeit des Sonischen gegenüber der schieren materialen Existenz klanglicher Phänomene, die eher spür- als begreifbar ist, ins Hintertreffen. Waren es zunächst die diskreten ‚Hifi'-Klänge, die Murray Schafers Interesse an der Soundscape zu motivieren schienen, so endet seine sonische Kulturgeschichte mit der Konstatierung der immersiven und omnipräsentischen Qualität des ‚Lofi'. Bei dieser Qualität handelt es sich für Schafer um ein Unding. Und während am Beginn der Studie – sowohl in der Semiotik als auch bei Schafer – ein Subjekt steht, das handlungsfähig und soweit unabhängig in seinem Tun ist, wie dies überhaupt menschenmöglich ist – und zwar gerade auf der Grundlage einer (allerdings unbewussten, verdrängten) Abhängigkeit des Subjekts von seinem Identifiziertsein in einer symbolischen Ordnung –, ist an die Stelle dieses selbstbewussten, identifizierten, ‚starken' Subjekts ein Subjekt des Subjektiviert-Werdens, des Verwickelt-Werdens, des Sich-Identifizierens getreten.

Diese Ersetzung stellt sich hier erstens als Erkenntnis in tatsächliche Sachverhalte dar, also als eine Ausdehnung des Wissens über die Realität des Zusammenhangs von Klang und Kultur. Zweitens habe ich die Ersetzung als Ausdruck einer kulturgeschichtlichen Veränderung dargestellt, als Anzeichen eines Kulturwandels, in dessen Mittelpunkt die nachlassende Bindungskraft der basalen kulturellen Medialität der symbolischen Ordnung steht.

© Springer Fachmedien Wiesbaden 2015

J. Bonz, *Alltagsklänge – Einsätze einer Kulturanthropologie des Hörens,* Kulturelle Figurationen: Artefakte, Praktiken, Fiktionen, DOI 10.1007/978-3-658-00889-5_5

Vor dem Hintergrund dieser Ergebnisse erhalten die klangorientierten ethnografischen Untersuchungen, die Steven Feld zwischen Mitte der 1970er und Mitte der 1990er Jahre bei den Kaluli im Regenwald Papua-Neuguineas unternommen hat, ein besonderes Gewicht. Arbeitet Feld mit dem ‚lift-up-over sounding' doch nicht nur eine ästhetische, sondern eine im umfassendsten Sinne kulturelle Konzeption heraus, die vom wiederholten Entstehen von Subjektivität und Gemeinschaft handelt. Im Zusammenspiel mit den ethnografischen Arbeiten Edward und Bambi Schieffelins[1] leisten Felds Studien insofern nicht nur eine interessante Erläuterung einer stammesgesellschaftlich organisierten Kultur, die in besonderem Maße vom Klanglichen und den Spezifika klanglicher Medialität bestimmt ist. Sie arbeiten mit dem Zusammenhang von Klang und Hervortreten, Klang und Gestalt-Annehmen, darüber hinaus einen grundsätzlichen Zug des Klanglichen heraus, der sowohl die Produktivität einer Berücksichtigung der Dimension des Klangs in der Kulturforschung unterstreicht wie dieser auch eine vielversprechende Richtung weist.

5.1 Regenwaldgeräusche und Wehklagen

Mit *Sound and Sentiment* gilt Feld als ein Vorreiter des sensual turn und der modernen Sound Studies. Seine Kanonisierung ist mit einer Darstellung seiner Erkenntnisse verbunden, deren stereotype Form sich wie folgt liest: „As Feld has shown in his ethnographic writing on the Kaluli people of Papua New Guinea, within a rain forest the constant singing of birds and the falling and streaming of water constitute a seemingly impenetrable wall of indiscernible noises. Yet despite being often unable to see the birds themselves the Kaluli can identify their presence simply by focusing in on the birds' momentary ability to ‚lift up' their singing over the sonic background. The ‚lifting up' of birds' sounds – their elocution – and their cultural significance are thus the dramatic effect of performance and the basis for the Kaluli's experience of its material properties."[2] Betont wird von Phillip Vannini und seinen Mitautor_innen hier die Kongruenz von Regenwald und relativer Unsichtbarkeit, dafür aber Hörbarkeit der ‚Welt'. In ihrer Nichtberücksichtigung der Kulturalität des lift-up-over soundings wird diese Zusammenfassung Felds Verständnis von einer gerade kulturspezifisch begriffenen Klanglichkeit jedoch bei Weitem nicht gerecht. Die von Feld und dem Ethnologenpaar Schieffelin herausgearbeitete Kulturalität bildet den Gegenstand meiner folgenden Ausführungen. Einleitend mag sie im folgenden Auszug aus einem Gespräch anklingen, das

[1] Vgl. Schieffelin, Edward L. 2005: Sorrow of the Lonely; Schieffelin, Bambi B. 1990: Give and Take.

[2] Vanini et al. 2010: Elocution, 334.

Donald Brenneis mit Feld führte und hier von seinen ersten Eindrücken handelt. „[T]he first time I heard somebody cry in response to a *gisalo* song [...] I thought, wow, here is something that is as acoustically amazing as anything I've heard from Africa. And I think it was about then that I said, ‚If you [Bambi und Edward Schieffelin, JB] ever go back there...' [...] When they returned to New Guinea for her research, 1975–1977, I joined them. And the first day I was there, within two hours of arriving in the village, we heard sung weeping. Somebody had died. They said, ‚Get your tape recorder.' I didn't understand the language. I didn't know *anything!* So here I am, wham! With big Nagra [tape recorder] and headphones and microphone sitting among all these people who were weeping. I just sort of closed my eyes and listened and realized that I could easily spend a year trying to figure out the first sounds I was hearing. So much was going on with the sound and social patterning, in the relationship between emotion and sonic form and structure and organization."[3]

5.2 Schieffelins ‚The Sorrow of the Lonely and the Burning of the Dancers'

Auf der Grundlage einer zwischen 1966 und 1968 durchgeführten ethnografischen Feldforschung beschreibt Edward Schieffelin die Kaluli in *The Sorrow of the Lonely and the Burning of the Dancers* als der Sprachgruppe Bosavi zugehörig, die nördlich des Mount Bosavi im Hochland Papua Neu Guineas lebt und Ende der 1960er Jahre insgesamt um die 1200 Personen umfasst, die in um die zwanzig Dörfern leben. Die Dörfer liegen in einer Distanz von jeweils etwa einer Stunde Fußmarsch Entfernung im Regenwald. Sie bestehen Ende der 1960er Jahre in der Regel aus einem Langhaus, dem „aa", das circa 20 m lang und 10 m breit ist und von bis zu 60 Personen bewohnt wird. Das Langhaus steht auf Pfählen und ist nur über eine erhöht liegende Veranda durch eine schmale Türe zu betreten; es lässt sich gut verteidigen. Das Langhaus bildet nicht die einzige, aber neben der Kleinfamilie und weiteren familiären Beziehungen, neben der Clanzugehörigkeit und den Freundschaftsgruppen eine zentrale soziale Einheit, die nicht zuletzt als eine Schutzgemeinschaft fungiert. Bewirtschaftet werden Gärten, zu deren Anpflanzung Regenwald gerodet wird; wild wachsende Sago-Palmen werden verarbeitet; Wild wird gejagt. An Nahrung herrscht deshalb kein Mangel, wobei die Nahrungsaufnahme und besonders der Fleischverzehr mit vielfältigen Tabus belegt sind.

Bei Schieffelins *The Sorrow of the Lonely and the Burning of the Dancers* handelt es sich um eine klassische ethnografische Studie – im Sinne etwa der von

[3] Feld, Steven; Brenneis, Donald 2004: Anthropology in Sound, 464.

Johannes Fabian Mitte der 1970er Jahre in *Time and the Other – How Anthropology makes its Object* vertretenen These, ethnografische Studien seien durch eine Geste der Distanzierung gekennzeichnet, die im Wesentlichen aus einer gemeinsam erfahrenen, geteilten Zeit eine andere, fremde Zeit mache: Die archaische Zeit der Subjekte der beforschten Kultur, der Anderen. Schieffelin zeigt eine solche andere Welt, die zeitlos erscheint und von der wir doch wissen, dass sie sich bereits kurz darauf, nämlich Mitte der 1970er Jahre, und maßgeblich unter dem Einfluss des Kapitalismus und christlicher Missionare verwandelte. Die 1990 erschienene ethno-linguistische Studie Bambi Schieffelins, *The give and take of everyday life – Language socialization of Kaluli children*, thematisiert diesen Wandel ebenso wie jüngere Texte Steven Felds. Auch liegen keine Informationen darüber vor, wie die Kaluli vor Schieffelins Feldforschung wirklich lebten. Wenn im Folgenden zum Zweck der kulturellen Situierung von Felds Beobachtungen ausgeführt wird, wie Schieffelin die Kultur der Kaluli kennzeichnet, so sind diese Ansätze für mögliche Relativierungen seiner Aussagen mitzubedenken.

Der Titel von Schieffelins Ethnografie zeigt an, dass seine Studie eine Ausrichtung besitzt, hin auf ein Phänomen, in dem das Leid des Einsamen mit Brandwunden verbunden wird, die Tänzern zugefügt werden. Es handelt sich bei diesem Phänomen um eine rituelle Feier, den ‚Gisalo' oder ‚Gisaro'. Mit der Ausrichtung seiner Ethnografie auf dieses Ritual verfolgt Schieffelin das Ziel, wesentliche Aspekte der Kultur der Kaluli aufzuzeigen, da diese sich in diesem Ritual bündeln würden. („My intention is to use Gisaro as a lens through which to view some of the fundamental issues of Kaluli life and society."[4]) Die im Folgenden ausgeführten Aspekte hebt er dabei besonders hervor.

5.3 Die Welt der Kaluli

In sämtlichen Studien, die die Kultur der Kaluli behandeln, kommt zum Ausdruck, dass es sich in gewisser Weise um eine laute Welt handelt. Laut, etwa in der Bedeutung von ‚nachdrücklich' und ‚bestimmt'. Schieffelin spricht diesbezüglich von ‚assertiveness' und schreibt: „The pace of life is slow in Bosavi, and most people spend their time in casual hunting or visiting, working in gardens, sitting around the aa or sago camp engaged in idle conversation, weaving netbags, smoking, napping, or starring off into space. But forceful, decisive reactions are never far beneath the surface."[5] Die Nachdrücklichkeit wurde von ihm als „pushy, intru-

[4] Schieffelin, Edward 2005: Sorrow of the Lonely, 1.

[5] Ebd., 118.

sive, demanding"[6] empfunden: „People seemed often to deliberately intrude their presence on each other's space."

Die Darstellung eines Beispiels verbindet Schieffelin mit einer Interpretation der Nachdrücklichkeit, wenn er ausführt: „[A] visitor approaching a longhouse often takes gleeful pleasure in coming up quietly and then appearing suddenly with a bang of his feet in the doorway, making everyone inside jump. This kind of behaviour has the effect of making one's presence explicit or of drawing attention to events."[7] In diesem Verständnis erfüllt die Nachdrücklichkeit den Zweck, auf Geschehnisse oder das Vorhandensein von etwas hinzuweisen. Worauf hingewiesen wird, ist dabei nicht zuletzt das Vorhandensein des derart auftretenden Subjekts selbst; seine Anwesenheit in der gegebenen Situation.

Die assertiveness bringt aber nicht nur Artikulationen der Anwesenheit von Subjekten, von Geschehnissen, von Etwas hervor. Die Tendenz zu hastigen und heftigen Reaktionen trage auch zur Instabilität jeder Situation bei, die Gefühle hervorrufe, schreibt Schieffelin. Die in diesem Zusammenhang von Schieffelin angesprochene Instabilität durchzieht die Kultur der Kaluli darüber hinaus in grundlegender Weise und ist in ihrem Kern eine Instabilität zwischenmenschlicher Beziehungen; ein grundsätzliches Infragestehen der Verlässlichkeit der Dimension der Intersubjektivität, auf das im Folgenden noch näher eingegangen wird. Die Wirkmächtigkeit dieser Instabilität ist, wie Schieffelin betont, mit weiteren Kennzeichen der Kultur der Kaluli verknüpft. Bei einem dieser Kennzeichen handelt es sich um einen ausgeprägten Individualismus, der mit Angst einhergeht. In Schieffelins Worten: „Kaluli assertiveness is grounded in an implicit sense of personal autonomy, or independence. This sense of autonomy, together with an instinctive alertness to events and a tendency to make quick decisive responses, is geared to an existence in which the normal activities of life – sago working, garden labor, visiting, and trading – are always more or less overshadowed by anxiety about witchcraft and, especially in the past, the possibility of violence. Illness and death are always lurking in the background."[8] Da Krankheit und Tod in jedem Fall von Anderen zu einem gebracht würden, seien diese – Krankheit und Tod – sämtlichen Sozialbeziehungen inhärent und lassen sie als ambivalent erscheinen. Schieffelin spielt hier nicht auf mögliche tödliche Feindschaft mit anderen Gruppen an, sondern auf den Erklärungsansatz, den die Kultur der Kaluli ihren Subjekten für Krankheit und Tod anbietet: Diese werden von einer Hexe auf das Subjekt gebracht, wobei weder die Hexe noch die Anderen wissen, wer von ihnen eine Hexe

[6] Hier und im Folgenden ebd., 117.

[7] Ebd., 117f.

[8] Hier und im Folgenden ebd., 119.

ist. Eine Hexe zu sein stellt ein zweites Selbst dar, das Männer in einer zur herkömmlichen Welt koextensiven zweiten Welt, der ‚unseen world', potentiell sein können. Die Existenz der Hexen verunsichert soziale Beziehungen. Darüber hinaus bringt die mit der unseen world einhergehende Verdopplung der Wirklichkeit eine basale Unsicherheit in die Welt, die Angst verursacht.

Die assertiveness als „modality of adressing oneself to situations" stellt sich vor diesem Hintergrund als ein Mittel der Selbstvergewisserung dar, die ihre Kraft aus einem In-Erscheinung-Treten bezieht, dem die Qualität einer fundamentalen Behauptung des Selbst ebenso inhärent ist wie eine Haltung des „up against something".

5.4 Opposition Scenario

Schieffelin nennt seine Studie *The sorrow of the lonely.* Für den Kummer, den Schmerz des Einsamen gibt Schieffelin als Ursache die Verlassenheit an: „A man without human companionship is more than lonely; he is also isolated and vulnerable."[9] Dass der Einsame verletzbar ist, fasst Schieffelin drastischer in der Formulierung: „[T]he absence of human relationships […] becomes equated with the presence of death."[10] Ein Subjekt, das ohne Verbindung mit Anderen existiert, ist von der Unsicherheit befallen, die sich konkret daran festmacht, dem Angriff der Hexen schutzlos ausgeliefert zu sein. Vor diesem Hintergrund lese ich Schieffelins Studie als den Versuch, ein Begehren nachzuzeichnen, das die Welt der Kaluli durchzieht und im Wesentlichen darin besteht, Beziehungen herstellen zu wollen, sich mit Anderen verbinden zu wollen, Beziehungen zu festigen und zu bestätigen, Verbindungen tragfähig, verlässlich zu machen und sie zu halten. Die utilitaristische Logik, nach der sich die Kaluli deshalb nach Beziehungen sehnen, um dem Angriff durch Hexen zu entgehen, mag sich hier aufdrängen. Schieffelins Ansatz entspricht diese Erklärung allerdings nicht. Er legt eine andere Logik offen. Nicht WEIL die Angst vor Hexen besteht, versuchen die Kaluli in verlässliche Beziehungen zu treten. Vielmehr bilden sowohl die Hexen, vor denen man sich fürchtet, als auch ein Begehren nach Beziehungen wesentliche Bestandteile der Kosmologie der Kaluli. Beide Aspekte gehören zusammen und bilden, mit etlichen weiteren Aspekten, die Kultur der Kaluli, ihr Wissen über die Welt. Um das Verlassensein in der Einsamkeit abzuwenden, wird in der Kultur der Kaluli ein Modus der Vergesellschaftung zur Anwendung gebracht, der auf der Hervorbringung zweier Parteien basiert. Schieffelin bezeichnet diesen Modus als „opposition scenario"

[9] Ebd., 149.

[10] Ebd., 150.

und zeigt am Beispiel der zur Brautwerbung notwendigen Wildgaben und der im Todesfall notwendigen Rache dessen Funktionsweise auf. In beiden Fällen ordnen sich die Parteien rund um die jeweils im Zentrum stehenden beiden Personen und zählen so potentiell entweder zu den gebenden oder zu den empfangenden, zu den den Racheakt unterstützenden oder von ihm betroffenen Personen. Für den Fall des Entstehens einer Opposition über einen Konflikt erläutert Schieffelin dies in der folgenden Weise: „When conflict arises, each individual must decide for himself, on the basis of his own particular relationships to the principal protagonists in the issue, the side that he will stand with and how active a part he will play."[11]

Unter anderem aufgrund dieses Individualismus' konstatiert Schieffelin: „The relevant question [...] is not how groups come into opposition to each other, but how oppositions bring about the creation of groups."[12] Das opposition scenario erscheint damit in großer Nähe zum strukturalistischen Verständnis vom symbolischen Gabentausch als einem kulturellen Modus zur Hervorbringung von Positionen, die „sich nicht nur durch ihre gegenseitige Beziehung definieren, sondern sich in dieser Beziehung gegenseitig erzeugen".[13] Ich skizziere dieses Verständnis vom Gabentausch in aller Kürze, um einen Vergleich mit dem opposition scenario zu ermöglichen.

Im strukturalistischen Verständnis vom symbolischen Gabentausch sind die Positionen bzw. die mit ihnen verbundenen Gruppen insofern durch die Beziehungen bestimmt, die zwischen ihnen bestehen, als es Gaben sind, die zwischen ihnen zirkulieren und sie definieren. Erhält eine Gruppe eine Gabe, so heißt dies, dass in ihr eine Schuld entstanden ist, die sie in der Zukunft wird begleichen müssen. Die Struktur, oder anders formuliert: die symbolische Ordnung des Tauschs, macht die Gruppe somit zu einer Position, „der Rechte und Pflichten zugeordnet sind".[14] Im Stand, den die jeweiligen Gaben und Schulden haben, besteht die Bedeutung einer Position. Insofern als im strukturalistischen Verständnis vom symbolischen Gabentausch dieser dazu dient, Positionen hervorzubringen, handelt es sich bei ihm um ein „Platzmedium"[15]: Die Struktur erzeugt die Gruppe als eine Position in einem Beziehungsnetz.

Der Tausch setzt nicht Individuen, sondern Kollektive zueinander in Beziehung, wie Marcel Mauss 1925 in *Essai sur le don* schreibt.[16] Eine Kultur, die durch

---

[11] Ebd., 77.

[12] Ebd., 91.

[13] So Catherine David-Ménard in einer allgemeinen Bestimmung des Strukturalismus; David-Ménard, C. 2009: Deleuze und die Psychoanalyse, 86.

[14] Waltz, Matthias 1993: Ordnung der Namen, 101.

[15] Ebd., 84.

[16] Mauss, Marcel 2004: Die Gabe, 21.

den symbolischen Gabentausch bestimmt ist, bringt deshalb für einzelne Personen die Notwendigkeit mit sich, sich über eine Gruppenzugehörigkeit zu definieren. Denn die Personen werden zu Subjekten der symbolischen Ordnung des Tauschs indem sie sich an diese Ordnung binden; und dies heißt zugleich, dass eine Person in diesem Fall zum Subjekt wird, indem sie sich mit einer Gruppe identifiziert. Die Subjektivierung erfolgt mittels Identifikation mit einer Gruppe, die im Wesentlichen dadurch definiert ist, eine bestimmte Position in Beziehung zu anderen Gruppen einzunehmen. Das heißt, die Identifikation richtet sich eigentlich auf die Position. Diese Identifikation bewirkt, dass das Subjekt die Beziehungen, in welchen die eigene Gruppe im Verhältnis zu anderen Gruppen steht, zu einem Selbstbezug macht: Durch die Einnahme der Position entsteht die Person als ein Subjekt DIESER Position. Wie andere Subjektpositionen auch, erzeugt sie im Subjekt eine spezifische Wirklichkeitswahrnehmung, sie bringt Motive und Handlungsoptionen im Subjekt hervor.

Schieffelin stellt das opposition scenario zwar in den Kontext der Gabe-Beziehungen[17], beschreibt dessen vergemeinschaftende und subjektivierende Effektivität allerdings in anderer Weise: Den Ausgangspunkt bilden hier „the interests or grievances of particular individuals“[18] – Interessen von Einzelnen, die für Schieffelin offensichtlich nicht als aus einer Subjektposition resultierend erkennbar sind. Entsprechend steht die Gruppe und das mit ihr als einer Position verbundene Begehren nicht am Anfang des subjektiven und sozialen Prozesses, den das opposition scenarion erzeugt. Im Gegenteil bilden sich Gruppen über Auseinandersetzungen, die zu einem Thema stattfinden, bei dem es sowohl um Brautwerbung als auch um die Rache eines Todesfalls oder auch um Nahrungsmittelgaben gegenüber Personen gehen kann, denen ein Einzelner im Sinne des Gabentausches verpflichtet ist. Aber es sind nicht diese offenbar durchaus bestehenden Gabebeziehungen, die von Schieffelin akzentuiert werden. Er betont vielmehr das Anfangen einer antagonistischen Ordnung, die identifiziert, Subjekte hervorbringt. „The actors come into opposition on the basis of an issue at hand, be it a death or a side of pork, and then work out this relationship in an ordered way.“ Im Gegensatz zum strukturalistischen Verständnis vom symbolischen Gabentausch werden die Personen hier allerdings nicht dauerhaft auf einer Subjektposition als Subjekte konstituiert. Indem sich über ein akut auftauchendes Thema oder Problem mit den antagonistischen Gruppen flüchtige Subjektpositionen ausbilden, die sich über Tauschakte verbinden, emergiert gewissermaßen eine flüchtige Tauschbeziehung. Schieffelin spricht diesbezüglich vom opposition scenario als „process of forming and resol-

[17] Vgl. insbesondere Schieffelin, E. 2005: Sorrow of the Lonely, 106ff.

[18] Hier und im Folgenden ebd., 115.

ving oppositions“[19] und qualifiziert es als „major mode of of forward social motion in Kaluli society“. Wesentlich für die Produktivität des opposition scenario ist hierbei die reziproke Tendenz des Gabentausches, also die an die Herausbildung der Differenz anschließende, auf Ausgleich zielende Beziehungsstiftung zwischen den Parteien. „When a death or dispute or, conversely, a neglected or desired friendship is cast in the form of an opposition between two principals over a loss (or gift) and then resolved, the situation is moved forward over the net gain or loss of the material vehicles of opposition (the loss or gift). A certain amount of social ground is covered; a certain amount of work is accomplished.“ Im Modus des opposition scenarios ist etwas entstanden, wurde etwas hervorgebracht, das zuvor nicht da war. Bei diesem Etwas handelt es sich nicht zuletzt um Beziehungshaftes; es betrifft die Subjektivität der Beteiligten, die sich in Bezug auf die übrigen Beteiligten, die entstehende Position, die erlebten Gefühle wandelt, anreichert. Im Verhältnis zu dem Thema oder Problem, von dem der Prozess der Ausbildung des Antagonismus' ausgeht, erzeugt das opposition scenario somit einen Mehrwert, der im Bereich der Subjektivität und Intersubjektivität liegt. Schieffelin formuliert dies auch so: „Amicable relations now newly exist despite an intervening grievous loss or injury; renewed and closer affectionate relations may now obtain over a friendship of long standing.“ In Bezug auf die Langhausgemeinschaft wird dieser Prozess der Ausbildung von differenten Gruppen – zum Zweck der Überbrückung der Differenz und damit zur Erzeugung von Beziehung – als ‚the house splitting goes‘ bezeichnet. Die dem opposition scenario als Kulturtechnik innewohnende Kreativität wird von Schieffelin hervorgehoben.

Im Vergleich mit dem symbolischen Gabentausch in seiner strukturalistischen Konzeptualisierung kommt dem Modus der Gabebeziehung bei den Kaluli demnach zwar eine große Bedeutung zu, aber eine Verbindlichkeit, wie sie aus der dauerhaften Identifikation einer Person mit einer Position im Tausch resultiert, scheint nie erreicht zu werden. Im Gegenteil entsteht der Eindruck, die Gabebeziehungen behielten eine grundlegende Unzuverlässigkeit und bedürften deshalb ständiger Sorge, Erneuerung und Bestärkung. Eine Gemeinschaft, wie etwa die des aa, besitzt als Beziehungsgemeinschaft keine Verlässlichkeit; entropische Kräfte zerren an ihr, die das Beziehungshafte aufzulösen drohen – weshalb dieses immer wieder erneut erzeugt werden muss. Wenn man sich vergegenwärtigt, dass diese Beziehungen subjektkonstitutiv sind, heißt dies auch, dass das Subjekt selbst ständig von dieser Auflösungskraft angegriffen und verunsichert wird beziehungsweise ‚erzeugt‘ werden muss.

[19] Hier und im Folgenden ebd., 114.

Eine maßgebliche verunsichernde Kraft beschreibt Schieffelin als integralen Bestandteil der Kosmologie der Kaluli, die im Zusammenhang mit einer weiteren Form, die das opposition scenario annimmt, steht. Die Opposition besteht hierbei zwischen einerseits der Welt der Menschen und andererseits der Welt der ‚mama', der Schatten, die auch als Reflektionen bezeichnet werden oder, um eine spätere Übersetzung Felds zu verwenden: der Welt der *reverberations*, der *Resonanzen* und *Widerhalle*. In dieser anderen Welt, die sich koextensiv zur Welt der Menschen verhält, also am selben Ort liegt, sich über dieselbe Landschaft erstreckt, aber anders aussieht (kein Regenwald, sondern Graslandschaft, die Flüsse erscheinen als Wege etc.)[20] und die für die Menschen unsichtbar ist, besitzt alles eine Gestalt, was auch in der Menschenwelt eine Gestalt besitzt. Allerdings unterscheiden sich diese Gestalten deutlich, so erscheinen die lebenden Menschen in der unseen world als Tiere (Wildschweine und Kasuare). Außerdem leben in der unseen world mit den ‚Schatten' auch Wesen, die zwar menschenähnlich sind, aber eben schattenhaft. In der Welt der Menschen besitzen sie die Gestalt von Vögeln. Es handelt sich bei ihnen (den Schatten respektive Vögeln) nicht ausschließlich, aber auch um verstorbene Menschen. Zu sterben bedeutet für die Kaluli demnach, einen fundamentalen Wandlungsprozess zu durchlaufen, der vom Menschsein zu einer anderen Gestalt und zu einem Leben in der unseen world führt. Mit diesem Wandlungsprozess und der Annahme einer neuen Gestalt ist für die lebenden Menschen eine ungewöhnliche, materiale Präsenz der Verstorbenen in der Welt der Menschen verbunden: Verstorbene Personen begegnen den Menschen in Vögeln – und das heißt vor allem: In den Lauten, den Stimmen der die Soundscape des Waldes prägenden Vögel. In Baumwipfeln, an Teichen oder Wasserfällen, an denen Vögel ihre Nester bauen oder sich tummeln, erkennen die Menschen deshalb die Langhausgemeinschaften der unseen world.

In diese Kosmologie, die weniger als in zwei Hälften aufgeteilt zu verstehen ist als vielmehr als gedoppelt, als ‚oppositionell' organisiert, sind auch die Vorstellungen, die sich die Kaluli von Krankheit und Heilung machen, eingebettet.[21] Diese stellen sich folgendermaßen dar. Wenn die Krankheit beispielsweise in einem schmerzenden Bein besteht, so vollzieht der Heiler den Heilungsvorgang, indem er in die unseen world eintaucht. Dort offenbart sich ihm die wahre Ursache der Krankheit, indem er erkennt, dass das Bein von einer Hexe abgetrennt und versteckt wurde und sich bereits im Zustand der Verwesung befindet. Der Heiler fungiert als Medium zur unseen world: Er vermag diese zu sehen und sich in ihr zu bewegen und zu handeln. Nachdem er das abgetrennte Bein gefunden hat, rei-

[20] Vgl. ebd., 105.

[21] Vgl. ebd., 106.

nigt es der Heiler in einem in der unseen world fließenden, mythischen Fluss und wärmt das Bein anschließend in einem ebenfalls mythischen, in der unseen world brennenden Feuer zurück ins Leben. Das derart wieder hergestellte Bein wird daraufhin dem Kranken wieder angesetzt – und er ist gesund. Das opposition scenario ist hier produktiv: Auf dem Wege der Oppositionsbildung (krankes Bein in der Welt der Menschen, verwesendes Bein in der unseen world) und der Überwindung der Opposition durch Ausbildung einer Beziehung (hier in der Figur des Heilers und seiner Handlungen) kommt es zur Herausbildung einer neuen Situation respektive eines verwandelten Subjekts (der Heilung, der Gesundheit).

5.5 Der Gisaro

Beim Gisaro, oder Gisalo, als dem Fluchtpunkt von Schieffelins Beschreibung der Welt der Kaluli handelt es sich um ein rituelles Fest, in dem ein Langhaus von einer Gruppe Fremder besucht wird. In der Halle des Langhauses treten diese, verkleidet in Vogelschmuck, in einer nächtlichen Performance auf, in der sie tanzen, dabei wie Vögel aussehen, sich auch so bewegen, und eigens komponierte Lieder singen, die von Verstorbenen Angehörigen der lokalen Langhausgemeinschaft handeln. Im Zuge der Performance beginnen die Angehörigen des Langhauses zu weinen und zu klagen und schließlich den Performern mit Fackeln Brandwunden zuzufügen. In der Logik des symbolischen Gabentausches handelt es sich bei dem Schmerz, den die Brandwunde verursacht, um eine ‚Gegengabe' des Leides, das die Lieder über die Verstorbenen bei den diesen nahestehenden Bewohnern des besuchten Langhauses auslöste. Die Gegengabe ist noch ergänzt durch Essensgaben, die die Besuchenden den Besuchten am an die Feier anschließenden Tag darreichen. Insofern ist das Ritual zwar brutal, aber nicht unlogisch. Die mit ihm verbundene Frage ist freilich, wie es in die Kultur der Kaluli eingebettet ist. Schieffelin bietet hierfür drei, sich überlappende und ergänzende Erklärungen an, durch die sich die von ihm herausgearbeiteten Kennzeichen der Kaluli-Kultur hindurch ziehen. Diese Erklärungen stellen sich im Einzelnen wie folgt dar.

1. Die Zeremonie führt die Dynamik auf und vor, welche die Kultur der Kaluli bewegt: Sie zeigt die Entstehung von Beziehungen über Antagonismen auf. Weil die Gesellschaft hieraus ihre Energie gewinne, konstatiert Schieffelin: „It is not so much a reflection on death as it is an assertion against it."
2. Im Gisaro findet eine Begegnung von Lebenden und Verstorbenen statt, da der als Vogel gekleidete Performer als Medium verstanden wird, durch welches der Schatten einer verstorbenen Person selbst singe. Die Zuhörenden stimmen in den Gesang der Verstorbenen ein und verbinden sich mit diesen in der Melodie,

den Klängen, im gemeinsam ‚vollzogenen' Aufsuchen der besungen Orte und Begebenheiten. In diesem Verständnis bietet der Gisaro die Möglichkeit einer Begegnung über die Grenze zwischen Menschenwelt und unseen world hinweg an; oder anders formuliert: Er ermöglicht die Vereinigung der Lebenden mit den von ihnen betrauerten Verstorbenen. Das Gisaro-Rituals besitzt seine Funktion somit – wie nicht weiter verwunderlich – für die Hinterbliebenen; eine Funktion, die wir im weiteren Sinne als Trauer verstehen würden.

3. Dem Gisaro kommt außerdem aber auch eine Funktion für die unseen world zu. Wie Schieffelin in der Form einer Erzählung seines Informanten beschreibt[22], vollzieht sich die Verwandlung vom toten Menschen zum schattenhaften Bewohner der unseen world, respektive zur Vogelgestalt, nicht einfach von selbst. Die Verwandlung ist vielmehr voraussetzungsreich. Es handelt sich dabei um einen Prozess, der die tote Person zunächst in das mythische Feuer der unseen world führt, in dem sie verbrennt. Die Zerstörung des Körpers ist allerdings nicht absolut, da der Vorgang von Menschen entsprechenden Schatten-Lebewesen beobachtet wird, von denen sich eine Frau in den Toten verliebt und seine Reste aus dem Feuer rettet. In Blätter gewickelt trägt sie die Überreste zu den in der Welt der Menschen stattfindenden Gisaro-Zeremonien. Die Anwesenheit bei den Zeremonien lässt die Überreste wieder zu einem Mann wachsen, der daraufhin, mit ihr als seiner Frau, einen Wohnort in der unseen world annimmt und in der Folge auch in der Menschenwelt in Form eines Vogels eine Gestalt besitzt.

Wie vor dem Hintergrund dieser Interpretationen deutlich wird, behandelt Schieffelin den Gisaro analog zu Clifford Geertz', ebenfalls Mitte der 70er Jahre veröffentlichter Analyse des Hahnenkampfs im Kontext balinesischer Kultur. Begriffe, die Geertz findet, wie ‚paradigmatisches menschliches Ereignis'[23] oder: „Im Hahnenkampf schafft und entdeckt so der Balinese zur gleichen Zeit sein Temperament und das seiner Gesellschaft"[24], lassen sich auf den Gisaro und die Kultur der Kaluli übertragen. Auch beim Gisaro handelt es sich um eine *Interpretation* der Gesellschaft, die nicht von außen an diese herangetragen wird, sondern die diese sich selbst erzählt; wesentliche Aspekte ihrer Kultur bringen die Kaluli sich hier selbst zur Aufführung.[25]

Schieffelin erkennt im Gisaro eine spiegelbildliche Entsprechung zum Heilungsvorgang. Der Tänzer als Medium setzt die gestorbene Person wieder zusam-

[22] Vgl. ebd., 214f.

[23] Geertz 1991: Deep Play, 256.

[24] Ebd., 257.

[25] Vgl. auch ebd., 260.

men. Gerade hieraus entsteht bei den Hinterbliebenen der Schmerz, der sie dazu bringt dem Tänzer Brandwunden zuzuführen und den Tänzer veranlasst, eine Ausgleichsgabe zu offerieren. Auf diese Weise kommt im Unterschied zur Heilung nicht zurück, was verloren wurde, sondern es findet eine Kompensation statt. In Schieffelins Formulierung: „Here clearly Kaluli express their awareness of reciprocity as a healing, life-restoring process."[26]

Neben dieser Schlussfolgerung, die die Eigenheiten der Kosmologie der Kaluli noch einmal akzentuiert und mit großem Respekt behandelt, zeigt Schieffelins Interpretation des Gisaro auch die von mir in seiner Ethnografie gefundene Unsicherheit der Subjektivität. Machte sich diese bislang an der Tendenz der Beziehungen, in denen das Subjekt steht, sich aufzulösen, fest, und an den heftigen Gefühlen der Selbstbehauptung, die dieser Tendenz entgegengesetzt werden, so erscheint die Unsicherheit der Subjektivität hier am Übergang von der Welt der Menschen in die Schattenwelt: Ein enormer Aufwand ist notwendig, um das Subjekt zu verwandeln, oder besser: um ein sich aufzulösen drohendes Subjekt durch Verwandlung zu erhalten, zu konstituieren.

5.6 Steven Felds ‚Sound and Sentiment'

Steven Feld, der in den Jahren 1976/77 mit Edward und Bambi Schieffelin zum ersten Mal in Bosavi war und in den folgenden Jahren und Jahrzehnten mehrfach dorthin zurück kam, versucht in der hieraus entstandenen und 1982 erstveröffentlichten Studie *Sound and Sentiment* nicht, das opposition scenario in Anlehnung an Schieffelin als einen fait social total zu fassen. Zwar verwendet er Schieffelins Monografie ausdrücklich als Informationsgrundlage für eine Poetik der Kaluli, und er argumentiert auch ähnlich dezidiert. Allerdings ist diese Studie nicht von dem Holismus geprägt, der Schieffelins Studie auszeichnet. Geht es Feld doch nicht um die ganze Welt der Kaluli, sondern darum, wie ihre Lieder wirken und zu begreifen sind; Lieder, die er bewundert. Im Nachspüren der kulturspezifischen Ästhetik dieser Lieder stößt er auf einen Teil der Aspekte, die den Gisaro kennzeichnen. Im Zentrum steht hierbei die ästhetische Hervorrufung des Schmerzes über verstorbene Personen und das Verlorengegangene im Allgemeinen. Diese Hervorrufung wird von Feld fokussiert und detailliert beschrieben. Ich vollziehe diese Analyse nicht im Einzelnen, aber in ihren wesentlichen Zügen nach. Feld beginnt sie mit einem Mythos, dem Mythos vom Jungen, der ein Muni Bird wurde, sich in eine Fruchttaube verwandelte.[27] Eine Junge und seine ältere Schwester gehen zum

[26] Schieffelin, Edward 2005: The Sorrow of the Lonely, 217.

[27] Vgl. Feld, Steven 1990: Sound and Sentiment, 20ff.

Fischen. Während sie mehrere Fische fängt, ist er erfolglos. Er bitte sie daraufhin, ihm einen Fisch abzugeben. Sie verweigert ihm die Bitte und benennt andere Personen, denen sie die Fische schenken wird. Dieses Verhalten widerspricht insbesondere deshalb den Erwartungen des Jungen, da die beiden Geschwister in einer besonderen Form von Beziehung zueinander stehen, die als ade bezeichnet wird und eine Zuständigkeit für die andere Person bedeutet, das Sich-Kümmern, die Sorge um den Anderen. In der Weigerung der Schwester ist demnach ein hohes Maß an Abweisung enthalten, da sie diesen Beziehungsmodus verlässt und damit bricht. In der Konsequenz verwandelt sich der Junge in eine Fruchttaube. Mit klagenden Schreien fliegt er auf, während seine Schwester über den Verlust weint.

Das aus Schieffelins Ethnografie bekannte Motiv der Furcht des Subjekts vor dem Verlassensein ist hier mit der Versorgung mit Nahrung verbunden, eine Verbindung von Sozialem und körperlicher Existenz, mit der auch die Gabentauschbeziehung arbeitet, zu der die ade-Beziehung eine Parallele und Alternative darstellt, handelt es sich bei den Gaben doch in der Regel um Nahrungsmittel. Feld fasst die subjektive Katastrophe des Verlassenseins in dieser Weise: „In the muni bird story, hunger is equated with the loss of what the boy feels owed, first right to his sister's food. Hunger and loss are thus at the center of a basic Kaluli symbolic equation; they stand for isolation and loss. [...] The imagined possibility of loneliness, no companionship, no assistance, no one other to share food with, is perhaps the most awesome human state, the one Kaluli are likely to think about at their lowest, most depressed moments. The state of loneliness and isolation is quite literally conceptualized as the state of nonassistance, the condition of being without relationships."[28] Aus dem Mythos vom Jungen, der sich in eine Fruchttaube verwandelte, lässt sich somit erstens herleiten, dass Leid in der Poetik der Kaluli an Einsamkeit, also an den Verlust des In-Beziehung-Stehens gebunden ist, und zweitens, dass die Klänge des Leides (Schluchzen, Weinen) eng mit der Ästhetik der Lieder verbunden sind: Sie beinhalten dieselben Tonfolgen und führen aufeinander hin: Aus dem Weinen entstehen Lieder, die ein Leid erfahrbar werden lassen, das das Publikum schmerzt und zum Heulen bringt. Regina Bendix fasst diese Zusammenhänge mit Bezug auf Steven Felds Studie in der folgenden Weise: „Unter den Kaluli bilden die Kadenzen verschiedener Vogelrufe [...] integrale Bausteine ihrer Musik. Diese Bausteine erscheinen im alltäglichen und rituellen Gesang, wobei der Gebrauch besonders symbolträchtiger Kadenzen sehr starke emotionale Reaktionen hervorbringen kann und soll. Weinen und Schluchzen als Ausdruck von menschlichem Verlust und Schmerz sind hier für beide Geschlechter nicht tabuisiert. Aus dem

[28] Ebd., 28f.

Weinen heraus kann Gesang entstehen oder Gesang kann Weinen bewirken, und beides wirkt auf zwischenmenschliche Beziehungen ein."[29]

Neben seiner Sensibilität für das Klangliche schöpft Feld seine Argumentation besonders aus der Explikation begrifflicher Konzeptionen, die in der Sprache der Kaluli vorliegen, insbesondere zur Bezeichnung ästhetischer, poetischer Phänomene. Ohne diesbezüglich in die Details gehen zu können, skizziere ich zwei fundamentale Aspekte. In Kaluli wird zwischen ‚hard words' und ‚bird sound words' unterschieden. Hard words sind eindeutig in ihrem Bedeutungsgehalt und insofern für den Sprechenden produktiv, wie Feld betont (und er betont dies als eine im Kontext der Kultur der Kaluli hoch wertgeschätzte Kompetenz), als sie den Sprechenden bekommen lassen, was er braucht oder wünscht. Im Unterschied hierzu sind bird sound words „reflective and sentimental, ideally causing a listener to empathize with a speaker's message without responding to it verbally."[30] Die bird sound words entführen die Zuhörenden, und es ist an dieser Stelle meiner Ausführung klar, wohin die Reise geht: Sie führt zum Leid über den Verlust von Beziehung. Die bird sound words entfalten diese Wirkung, indem sie nicht nur bedeutungsoffen sind anstatt eindeutig, sondern indem ihre Bedeutungsoffenheit einer spezifischen Funktionsweise folgt, die darin besteht, eine ‚Unterseite' zu besitzen. Feld hierzu: „The notion that things are not only what they appear to be but have another side – a reflection – or an underneath is a pervasive Kaluli mode of thought." Es handelt sich um einen Modus des Begreifens der Wirklichkeit, dessen kosmologische Ausformung Schieffelin mit der Koexistenz von Menschenwelt und unseen world holistisch fasst und der bei Feld den Charakter eines homologen Momentes der Kaluli-Kultur, vor allem aber ihrer Ästhetik, annimmt – der rote Faden, der sich durch diese webt. In diesen Zusammenhang gehören auch die turned-over words: Worte, die eine Unterseite oder sogar eine Mehrzahl an Seiten besitzen.[31]

Die Dynamik des Mitgenommen-Werdens beim Zuhören, hin zu den Unterseiten, ist mit einem weiteren, in der Regel als Präfix gebrauchten Wort verbunden, dem sa. Sa bezeichnet auch Wasserfälle und die Bewegung, die das Wasser in ihnen nimmt. Das Wort „indicates a ‚down and in', ‚tucking under', ‚moving inside' motion like that of a waterfall."[32]

Feld gibt etliche Beispiele für die Ästhetik der bird sound- und turned over words. Ein solches Beispiel ist Hanes Lied.[33] Anlass ist der Tod eines Mannes.

[29] Bendix, Regina 1997: Symbols and Sound, 51.

[30] Feld, Steven 1990: Sound and Sentiment, 131.

[31] Vgl. ebd., 138.

[32] Ebd., 93.

[33] Vgl. ebd., 107-129.

Hane, eine Verwandte des Verstorbenen, weint und besingt die Orte, an denen sie sich gemeinsam aufhielten; Orte, die sie sich nicht teilten; Orte, die er verlassen musste; Orte, an denen er nun möglicherweise als Vogel lebt. Die Unterseiten des Liedes bilden in vielfacher Ausgestaltung die Einsamkeit des Verstorbenen sowie die unwägbare Zukunft – sowohl des Toten als auch der Sängerin. Den Hintergrund dieser Unterseiten bildet die Heimatlosigkeit des Toten, die aus einem Umzug bzw. der Zusammenlegung zweier Langhäuser zu einer Dorfgemeinschaft resultierte, die von den christlichen Missionaren betrieben wurde, die im neu entstandenen Dorf eine Kirche einrichteten. Der Tote hatte sich mit dieser Umsiedlung nicht arrangieren können – und war so heimatlos geworden. Eine Problematik, die noch dadurch verstärkt wurde – und auch hierauf spielt das Lied an –, dass er ohne Familie lebte, da einer seiner Söhne eine viele Stunden Fußmarsch entfernte Schule besuchte, so dass sie kaum Kontakt hatten; und der zweite Sohn den christlichen Glauben angenommen hatte, während der Vater an der Tradition festhielt, worüber sie sich zerstritten hatten. So sei der Verstorbene schon vor dem Tod verlassen gewesen. Und die Frage, die das Lied im Anschluss an diese Beschreibung der Situation artikuliert ist, ob dies nicht ihrer aller Schicksal sei, nämlich dann, wenn sie nach dem Tod nicht länger als Vögel zu den Baumwipfeln aufsteigen würden, sondern alleine für sich, unter den Bäumen lägen. Feld: „In other words, will Bosavi tradition or Christian fragmentation prevail in the future?“[34] Ich habe dieses Beispiel ausgewählt, weil hier das, was als eine traditionelle Ästhetik erscheint, zur Bewältigung des Kulturwandels verwendet wird. Deutlich wird hier auch, dass Feld nicht mehr, wie Schieffelin, das Bild einer archaischen, vor der Einflußnahme durch die Europäer angesiedelten Stammesgesellschaft rekonstruiert, sondern eine Ethnografie in der Situation des Kulturwandels unternimmt – und dies im Text auch anzeigt.[35]

5.7 Lift-up-over sounding

Als *Sound and Sentiment* 1982 in der ersten Auflage veröffentlicht wurde, hielt sich Steven Feld zu einer weiteren Forschung in Bosavi auf. Sein Verlag schickte ihm das Buch zu und Feld stellte es seinen Gesprächspartnern vor. Besonders kritikwürdig fanden diese Felds Fokussierung auf die bird sounds. „They asked why I had not told about how all sounds in the forest are mama, ‚reflections‘ of what is

[34] Ebd., 125.

[35] Dies ist freilich weniger als individuelle Entscheidung zweier Ethnografen zu begreifen als vielmehr als Hinweis auf einen Bruch in der Epistemologie der Ethnologie; ein Bruch, der später unter der Bezeichnung Writing-Culture-Debatte gefasst worden sein wird; vgl. Berg, Eberhard; Fuchs, Martin 1993.

unseen.“[36] In der Folge dieser Kritik beschäftigt sich Feld in einer Reihe von Texten wiederholt mit einem klanglichen und darüber hinaus überhaupt kulturellen Aspekt der Kultur der Kaluli, der die in *Sound and Sentiment* herausgearbeitete Dynamik des Mitgenommenwerdens beim Zuhören, hin zu den Unterseiten, variiert, womit sich auch die Vorstellung von der Homologie der Kaluli-Kultur verschiebt. Als deren roter Faden erscheint nun das lift-up-over sounding. Lift-up-over sounding ist zunächst der „most general term for natural sonic form“. Kommen im Regenwald doch diskrete Klänge kaum vor: „[A]ll sounds are dense, multilayered, overlapping, alternating, and interlocking.“ Der Hintergrund und das, was vor diesem Gestalt annähme, befänden sich in permanentem Wandel. Das In-den-Vordergrund-Treten, Hervortreten und Gestaltannehmen als Aufsteigen, lift-up, zu bezeichnen, erläutert Feld mit dem im Regenwald von hervortretenden Klängen verursachten Eindruck, nach oben hin aufzusteigen.[37]

Feld arbeitet zwei Merkmale des lift-up-over soundings heraus. Das erste Merkmal ist ein Verhältnis der Synchronizität bei gleichzeitiger Verschiedenheit. „The essence of ‚lift-up-over sounding‘ is part relations that are simultaneously in-synchrony while out-of-phase. The overall feeling is of synchronous togetherness, of consistently cohesive part coordination in sonic motion and participatory experience. Yet the parts are also out-of-phase, that is, at distinctly different and shifting points of the same cycle or phrase structure at any moment, with each of the parts continually changing in degree of displacement from a hypothetical unison.“[38] Das zweite Merkmal bezeichnet Feld als textural densification, Verschiebungen in der Materialität des Klangs. Darunter fasst er „attacks and final sounds; decays and fades; changes in intensity, depth and presence; voice coloration and grain; interaction of patterned and random sounds; playful accelerations, lengthenings and shortenings; and the fission and fusion of sound shapes and phrases…“

Diese beiden ästhetischen Eigenschaften des lift-up-over soundings führt Feld in ihrem Effekt zusammen, eine spezielle Form von Einheit (oder Gemeinschaft) zu kreieren.[39] Feld bezieht sich hier auf den von Charles Keil geprägten Begriff

---

[36] Hier und im Folgenden Feld, Steven 1990: Sound and Sentiment, 265.

[37] Vgl. Feld, Steven 1994: Aesthetics as Iconicity of Style, 127.

[38] Hier und im Folgenden ebd., 119.

[39] Die Entstehung von etwas Neuem, Einheitlichem und Gemeinschaftlichem aus dem Ineinanderwirken einzelner Klangäußerungen stellt freilich keine Besonderheit der Kultur der Kaluli dar. So entwickelt Birgit Abels in großer Nähe zu Felds Überlegungen am Beispiel der Regatta Lepa der malayischen Sama Dilaut eine Vorstellung von der klanglichen Hervorbringung einer ‚temporären Lebenswelt‘ als klangräumlicher Atmosphäre; vgl. Abels, Birgit 2013. Das bekannteste Phänomen dieser Art ist das Call-Response in der afroamerikanischen Ästhetik; vgl. Rappe, Michael 2010: Under Construction, 127-167.

der participatory discrepancies, der zwei Ebenen kreativer Spannung beim Musikmachen und -hören unterscheidet – die prozessuale und die texturale. Oder Groove und Sound. „For Keil it is the emergent ‚edge' created by varieties of out-of-timeness (process) and out of tuneness (texture) that generate music's vital force, as well as inviting and guaranteeing the active qualities of participation"[40], erläutert Feld. Hier wird zunächst deutlich: Die mit dem lift-up-over sounding verbundene Form von Einheit hat mit einem Beteiligt-Sein des oder der Verschiedenen zu tun, und sie hat auch etwas Einnehmendes, das an die Dynamik des Mitgenommenwerdens auf die Unterseite erinnert. Felds hauptsächliches Beispiel ist freilich die Musik, der Kaluli-Groove, die er in mehreren Editionen veröffentlicht hat.[41] Aber er findet das lift-up-over sounding zum Beispiel auch als Eigenschaft von Kommunikationsakten. „Kaluli parents never admonish children for speaking at the same time; indeed parents encourage and explicitly instruct children to collaborate by putting talk together with what other talk is at hand"[42], schreibt Feld mit Verweis auf Bambi Schieffelins ethno-linguistische Studie und stellt eine Verbindung zu der Angst vor dem Ohne-Beziehung-Sein her: „Quietness, sullenness, the withdrawn voice, like the posture of aloneness or remove, are markers of alienation. Layered sound as the marker of ‚being there', socially connected, is indexed to the posture of the engaged actor."

Die Eigenschaften des lift-up-over sounding findet Feld außerdem in den Spezifika des Zusammenarbeitens wieder, die er bei den Kaluli erlebte (und in Audioaufnahmen festhielt, die seine Interpretation stützen[43]). Er schreibt diesbezüglich: „Cooperative and collaborative autonomy: that is the Kaluli model of egalitarian interactional style. Imagine the notion of anarchistic synchrony as a nonoxymoron and you have an image of how Kaluli work."[44] Feld bringt eine Vorstellung von ‚getting into the groove and getting off on it'[45] zum Ausdruck, die Subjektivität an das In-Beziehung-Treten-mit-Anderen bindet und beide als situativ und flüchtig begreift. Zentrales Moment dieser situativen Subjektivierung ist die Dynamik des Mitgenommenwerdens beim Hören als eines Hervortretens des nicht unmittelbar Erkennbaren. Es ist ein Prozess, an dessen Anfang das Mitgenommenwerden im Groove steht, der hart wird, also: überzeugend, so dass sich eine Bewegung einstellt, die die an der Situation Beteiligten trägt, der Flow. Im Flow zu sein,

[40] Feld, Steven 1994: Aesthetics as Iconicity of Style, 120.

[41] Vgl. Feld, Steven 2001: Bosavi.

[42] Hier und im Folgenden Feld, Steven 1994: Aesthetics as Iconicity of Style, 123.

[43] Vgl. Feld, Steven 2001: Bosavi.

[44] Feld, Steven 1994: Aesthetics as Iconicity of Style, 124.

[45] Vgl. ebd., 133.

im Zustand eines bestimmten gemeinsam mit Anderen erfahrenen Bewegt-Seins, bildet die Voraussetzung dafür, auf die Unterseite zu gelangen. Diese bezeichnet Feld wieder mit dem sa, das hier nicht nur als das auf der Unterseite Verborgene, sondern auch als das Innere verstanden ist. „[A]s a down-home stylistic sensibility the dulugu ganalan [= lift-up-over sounding, JB] groove feels so right because it accomplishes the Kaluli social idea or goal of maximized participation. Each voice in a stream of collaboration is at once a self-referenced ‚hardness', an attested skill, competence – a presence that is rewarding and revealing. Simultaneously each voice is socially ratified as cooperative agent, linked and immersed in a myriad of human relations that continually activate the pleasures of identity."[46] Das Verwickelt-Werden, Mitgenommen-Werden auf die Unterseite, deren Erfahrung bzw. die Erfahrung des Innen, ist deshalb wesentlich ein Eintreten des Subjekts in die Erfahrung von Gemeinschaft, die aus der Verschiedenheit, dem Ineinanderwirken des Verschiedenen, entsteht, und im Kern darin besteht, herausgelöst aus der fundamentalen Angst zu werden, alleine und ohne Beziehung zu anderen zu sein. Mit Bezug auf das Arbeiten schreibt Feld: „What I mean is that this particular interactional style simultaneously maximizes social participation and autonomy of self."[47] Das Hervortreten des Einzelnen erscheint hier als konstitutiver Teil von Gemeinschaft und Gemeinschaft erscheint als konstitutiv für das Erleben des Inneren durch den Einzelnen – denn sowohl die Gemeinschaft als solche, das In-Beziehung-Sein, als auch das Selbst sind hier Unterseiten, also: *nicht selbstverständlich gegeben.*

5.8 Akustemologie

Steven Feld hat seine am lift-up-over sounding gewonnenen Erkenntnisse schließlich in eine Begrifflichkeit überführt, die bezeichnen soll, dass die Wirklichkeit in spezifischen Weisen erlebt werden kann und die Dimension des Klangs sowohl für die (innere) Weise des Funktionierens anderer Welten als auch für das (äußere) Verstehen dieses Funktionierens Relevanz besitzen kann: „Acoustemology, acousteme: I am adding to the vocabulary of sensorial-sonic studies to argue the potential of acoustic knowing, of sounding as a condition of and for knowing, of sonic presence and awareness as potent shaping forces in how people make sense of experiences."[48] Meine Studie ist im Geist dieses Ansatzes geschrieben und

[46] Ebd., 146.

[47] Ebd., 122.

[48] Feld, Steven 1996: Waterfalls of Song, 97.

unterstreicht hoffentlich seine Produktivität. Und trotzdem scheint mir eine andere Schlussfolgerung aus Felds Studien bei den Kaluli für die Erforschung unserer spätmodernen westlichen kulturellen Verhältnisse noch wichtiger zu sein: Sein Hinweis auf 1) Prozesse des Hervortretens von Subjekt und Gemeinschaft und 2) die Artikulation und das Greifbarwerden einer ‚Unterseite' im Klanglichen. Beide Aspekte bilden einen integralen Bestandteil meines im Weiteren beschriebenen Versuches, sonische Ethnografie als eine Methode zu entwickeln und umzusetzen. Denn das ist, worauf die sonische Ethnografie stößt: Was im Klang hervortritt, sich verbindet – und möglicherweise als Unterseite des Klangphänomens der Interpretation zugänglich wird.

Über Fußballbegeisterung. Beispiele für sonisch-ethnografische Kulturforschung

6

Der Versuch, Klangphänomene wahrzunehmen und über sie nachzudenken, hat in den vorausgegangenen Kapiteln zum einen zur Thematisierung bestimmter Eigenschaften des Klanglichen geführt (semantischer und materialer Aspekt des Klanglichen, die Verschränkung beider Aspekte, ihre Präsenz-gebenden, identifizierenden, subjektkonstitutiven Effekte). Außerdem hat sich das Klangliche auch als eine Wirklichkeitssphäre erwiesen, die es ermöglicht, Spezifika und Problemen des Kulturellen nachzuspüren, die nicht an der Oberfläche der kulturellen Wirklichkeit liegen; die im Wortsinne *nicht sichtbar* sind. Die Dimension des Klanglichen bietet sich damit einer Forschungshaltung als Phänomenbereich an, die die Sozialpsychologin Marie Jahoda wie folgt formuliert: „I do think that the problem in the human and social sciences is to make invisible things visible. This means that all the original purposes and intentions of people involved in a situation are from the beginning assumed to be not the whole story. It means that it is necessary to look at underlying mechanisms, forces, or whatever you want to call them, and not to take the ‚obvious', that which is visible to the naked eye, for granted."[1] Nicht nur in der Form einer Wortspielerei, sondern *tatsächlich* eröffnet das Klangliche Zugang zum ‚Unsichtbaren'. Gerade die intensive Auseinandersetzung mit dem Klanglichen hat so in den vorausgegangenen Kapiteln weit über klangliche Phänomene hinaus geführt. Das Interesse am Klanglichen hat sich deshalb als im Grunde *methodischer* Ansatz erwiesen: Es eröffnet einen Zugang zu ‚unsichtbaren' Aspekten der zeitgenössischen Kultur.

[1] Jahoda, Marie 1986: Social Psychology, 108.

© Springer Fachmedien Wiesbaden 2015

J. Bonz, *Alltagsklänge – Einsätze einer Kulturanthropologie des Hörens,* Kulturelle Figurationen: Artefakte, Praktiken, Fiktionen, DOI 10.1007/978-3-658-00889-5_6

Im vorliegenden Kapitel möchte ich das kulturwissenschaftliche Forschen mit der Dimension des Klanglichen noch einmal in anderer Weise und außerdem auch ausdrücklich als eine Methode formulieren. Die zu diesem Zweck gebrachten Beispiele stammen aus einem Forschungsprojekt, das der Frage nachgeht, was im Fußballfansein, in der Begeisterung für den Fußball vom Subjekt der Begeisterung erfahren wird. Was finden Fans im Fansein? Welche gesellschaftlichen Möglichkeiten werden in der Fußballbegeisterung ergriffen, und wie werden sie ausgestaltet?[2] Im Zentrum des Forschungsprojektes stehen insbesondere Erscheinungsformen des Fan-Seins rund um den SV Werder Bremen. Diesen nähere ich mich, indem ich Situationen der Fußballbegeisterung mithilfe eines sonisch-ethnografischen Ansatzes in ihrer Qualität als Räume der Fußballbegeisterung zu begreifen versuche.[3] Die im Folgenden beschriebenen Annäherungen an die Atmosphäre der Live-Übertragung eines Fußballspiels in einer Gaststätte (5.2.) und an das ‚Kiebitzen' beim täglichen Mannschaftstraining (5.3.) stellen diese Methode vor. Den ethnografischen Beispielen ist eine Auseinandersetzung mit der Soundscape des Stadions am Spieltag vorangestellt (5.1.), die Grundannahmen der Fußballfanforschung benennt und die meine Studie bestimmende Perspektive auf Zusammenhänge von Klang und Subjekt (Identifikation, Subjektivierung) im Feld der Fußballbegeisterung anspielt.

6.1 Artikulationen des Fan-Seins in der Soundscape des Stadions

„Eine Fußballmannschaft ist wie ein Orchester, ein Ergebnis von Proben und Einsatz der Musiker"[4], äußert die argentinische Trainer-Legende César Luis Menotti in einer Eloge auf den ehemaligen Trainer des FC Barcelona und jetzigen FC Bayern München-Trainer, Pep Guardiola. In der Verbindung, die Menotti hier zwischen der hohen Kunst und dem robusten Spiel knüpft, kommt auf eine freundliche Weise der Gegensatz zum Ausdruck, der den zeitgenössischen Diskurs über Fußball in Deutschland bestimmt. Auf der einen Seite steht das Spiel als ein hochleistungssportliches, von gescheiten, Taktik-affinen und kommunikationsstarken

[2] Subjektivität als Ausgestaltung gesellschaftlicher Möglichkeiten zu begreifen, bildet eine Grundlage des ethnopsychoanalytischen Forschungsansatzes, an dem ich mich im Allgemeinen und hier besonders in den Kapiteln 6.2. und 6.3. orientiere. Vgl. Erdheim, Mario; Nadig, Maya 1991: Ethnopsychoanalyse, 190.

[3] Parallel hierzu verfolge ich mit Serien reflexiver Einzelgespräche einen zweiten Methodenansatz, dem die Ergebnisse der sonischen Situationsbeschreibungen zu Grunde liegen.

[4] Menotti, César Luis 2013: Pep Guardiola, 16.

Trainern angeleitetes, auch ästhetisches Ereignis, das von geschickten Managern mit hohem ökonomischem Einsatz befördert wird, von prominenten Spielern und einem großen Medienaufwand in Szene gesetzt wird und von einer großen Mehrheit harmloser Fußballbegeisterter, wie sie in den rund um die Fußballweltmeisterschaft 2006 aufgekommenen Bildern von ausgelassen Feiernden zum Ausdruck kommt, genossen wird. Auf der anderen Seite steht eine Minderheit von gewaltbereiten Fans, von „Radaubrüdern"[5] und „Unbelehrbaren", um Formulierungen des renommierten Fußballjournalisten Klaus Hoeltzenbein zu verwenden, die „schlägern und zündeln".

Der Gegensatz zwischen Gut und Böse, zwischen normal und abweichend ist dermaßen wirkmächtig, dass er sich auch modernen sozialwissenschaftlichen Perspektiven auf die Fußballbegeisterung aufdrängt, die um eine differenzierte Auseinandersetzung mit der Fußballbegeisterung bemüht sind. So stellt zum Beispiel eine von Reinhard Kopiez und Guido Brink verfasste Studie über Gesänge von Fußballfans die diesen innewohnende Kreativität dem bloßen Grölen gegenüber.[6] Dabei ist es doch gerade das Grölen, sind es die Schmähungen, auch die Ausrufe der Verzweiflung und der Jubel, die im Medium des Klangs artikulieren, was Norbert Elias und Eric Dunning als die kulturelle Funktion beschrieben haben, die dem Fußball zukomme: Gemeinsam mit anderen Freizeitbeschäftigungen bilde er innerhalb der modernen, auf „Erregungskontrolle"[7] begründeten Gesellschaft, eine „Enklave"[8], in der „mit sozialer Billigung in der Öffentlichkeit gemäßigtes Erregungsverhalten gezeigt"[9] werden könne. Die Begeisterung für den Fußball ist für Elias und Dunning gleichbedeutend mit dem Wunsch und der Suche nach einem außeralltäglichen, intensiven emotionalen Erleben. Auf die Ermöglichung eines solchen Erlebens sind die modernen Stadien angelegt, indem sie die in ihnen aufkommenden Emotionen verstärken, etwa durch weitgehende Abschottung des Stadioninneren von der Außenwelt. Die Blicke der Zuschauenden konzentrieren sich so im Innenraum, und: „[D]er Schall des Torjubels geht nicht ins Leere, sondern hallt mit großer Wucht im Inneren wieder".[10]

Anlässlich des fünfzigjährigen Bestehens der deutschen Fußball-Bundesliga im Jahr 2013 brachte die Süddeutsche Zeitung in einer Artikelserie auch einen Text

[5] Hoeltzenbein, Klaus 2012: Knallkörper und Knallköpfe, 4.

[6] Kopiez, Reinhard; Brink, Guido 1998: Fußball-Fangesänge, 7.

[7] Elias, Norbert; Dunning, Eric 2003: Suche nach Erregung, 122.

[8] Ebd., 126.

[9] Ebd., 124.

[10] Alkemeyer, Thomas 2008: Fußball als Figurationsgeschehen, 92. Zur ‚affektiven Wucht' (Prosser) der Fußballbegeisterung im Stadion vgl. auch Prosser, Michael 2002: Fußballverzückung, sowie Schäfer, Mike S.; Roose, Jochen 2010: Emotions in Sports Stadia.

über den historischen (weil unwahrscheinlichen und ungewöhnlich hohen) 7:3-Sieg des 1. FC Kaiserslautern über den FC Bayern München im Jahr 1973. Als Erklärung des Ereignisses führt der Artikel unter anderem an, dass die Stimmung entlang der steilen Ränge habe nach oben kochen können und schließlich „die ganze Luft über dem Rasen so sehr erfüllte, dass sich ihr keiner entziehen konnte. [...] Der Lärm kroch den Männern auf dem Platz in Körper und Geist, er beflügelte die Heimspieler und verdarb die Gelassenheit der Gäste."[11] Lärmend nahmen die Fans Einfluss auf das Spiel, wurden zu einem Akteur des Spielgeschehens – sie wurden zum zwölften Mitspieler, dem sogenannten ‚zwölften Mann'.

In einer Studie über den Südostlondoner FC Millwall gibt der Fankulturforscher Garry Robson eine andere Erklärung für die Lautheit der Fußballfans im Stadion. Robson erläutert den ‚Millwall Roar'[12], ein oft mehrere Minuten lang andauerndes, kollektives Gebrüll, in dem die Silbe „Miiiiill" quasi ins Unendliche langgezogen und als materiales Soundereignis erfahrbar ist.[13] Die Fans versicherten sich auf diese Weise ihrer Gemeinschaft und verliehen den proletarischen Werten der Fankultur des FC Millwall Präsenz. Die Gemeinschaft und ihre Kultur würden so lebendig und für den Einzelnen emotional erfahrbar: „The roar brings the collective and its world alive, and can overwhelm both participants and observers."[14] Mit dieser Analyse bestätigt Robson die weit verbreitete Ansicht, dass Fußballfans im Grunde Identitätsarbeit betreiben. Zugleich dehnt er das herkömmliche Verständnis von Identitätskonstruktion aber auch aus. Gilt heute doch der Ausschluss und die Verwerfung des als ‚fremd' Konstruierten als zentraler Mechanismus zur Erzeugung und Bestätigung einer ‚eigenen' Identität.[15] Robson zeigt, dass außerdem auch die *Vergegenwärtigung von Bezugnahmen, die im Subjekt angelegt und wirksam sind und die in ihrer vergegenwärtigten Form gefühlt, also erlebt werden können*, für die Ausbildung eines Identitätsgefühls produktiv werden kann. Im Fall der FC Millwall-Fans – im Verständnis, das Robson von diesen entwickelt – findet eine Bezugnahme der Fans auf Werte der britischen Arbeiterklasse statt, die in der emotional aufgeladenen Atmosphäre des Fußballspiels für die Beteiligten als Anteile ihres Selbst insofern spürbar würden, als die Fans von diesen ergriffen und ausgefüllt würden. Das Millwall-Fan-Subjekt wird in diesem Verständnis in

[11] Hahn, Thomas 2013: Es war einmal, 37.

[12] Vgl. Robson, Garry 2004: No One Likes Us, 179-185. Ich bin nicht der erste, dem Robsons Studie und speziell der Millwall Roar einen Hauptbezugspunkt für eigene Überlegungen bietet; auch Les Back argumentiert mit diesem Phänomen, vgl. ders. 2006: Sounds in the Crowd.

[13] Vgl. z.B. Millwall Roar at Ipswich 21/4/12.

[14] Robson, Garry 2004: No One Likes Us, 183.

[15] Dieser Identifikationsmechanismus wird in der kulturwissenschaftlichen Diskussion als ‚Othering' bezeichnet, vgl. Fabian, Johannes 1983: Time and the Other.

der Situation re-aktualisiert und damit in gewisser Weise *lebendig* und als Selbst erfahrbar.

Mit seiner Interpretation des Millwall Roars als einer Präsenz-Erlangung von Identifikationen, die im Subjekt schon angelegt sind, aber situativ ‚geweckt' werden müssen, um das Subjekt auszufüllen, gibt Robson eine Antwort auf die Frage, weshalb der Fußball in der heutigen Zeit eine solche Attraktivität besitzt. Andere Studien aus der jüngeren Zeit geben andere Antworten. Wesentliche Unterschiede und Gemeinsamkeiten dieser Studien skizziere ich im Folgenden, um auf dieser Grundlage – und in Anlehnung an Robson – einen Forschungsansatz zu formulieren, der in Situationen der Fußballbegeisterung Objekte und Bewegungen der Identifikation wahrzunehmen und zu thematisieren vermag.

6.1.1 Forschungsansätze zur Fußballbegeisterung

Eine zentrale Fragestellung der Fußballfanforschung ist: *Was ist ein Fußballfan?* Eine einflussreiche Antwort gibt Richard Giulianotti mit einer Taxonomie, die zwischen vier Typen von Fußballfans differenziert: ‚supporters', ‚followers', ‚fans' und ‚flaneurs'. Die verschiedenen Formen des Fanseins unterscheiden sich einmal hinsichtlich der Intensität und Dauerhaftigkeit der ihnen innewohnenden Bindung und zum anderen bezüglich ihres genauen Gegenstandes, des Objekts der Begeisterung (der Verein als solcher, spezielle taktische Formationen und Spielweisen, einzelne Fußballer als Stars etc.).[16] Jüngere kulturanthropologische Studien und die angloamerikanische Fankulturforschung lassen diese Taxonomie jedoch als zu starr erscheinen. Sie gehen von einer unabgeschlossenen Vielfalt der Erscheinungsformen des Fanseins aus. So fasst etwa Cornel Sandvoss die Vielfalt in einer auf Interviews mit Anhängern der Vereine FC Chelsea und Bayer Leverkusen basierenden Studie auf der Ebene der Objekte der Fußballbegeisterung als ‚Vieldeutigkeit' und ‚Bedeutungsoffenheit'.[17] Fansein stellt für ihn einen Aneignungsvorgang an den Vereinen als Objekten der Begeisterung dar, der den Fans eine „extension of [the] self"[18] ermögliche: „Football clubs function as polysemic spaces of reflection and projection."[19] Vergleichbar spricht die Kulturanthropologin Johanna Rolshoven vom Fußball als einem „relativ offenen Bedeutungsgefäß"[20] und

[16] Vgl. Giulianotti, Richard 2002: Supporters.

[17] Vgl. Sandvoss, Cornel 2003: A Game of Two Halves.

[18] Ebd., 32.

[19] Ebd., 30.

[20] Rolshoven, Johanna 2008: Fußball aus kulturwissenschaftlicher Perspektive, 51.

„vielseitige[m] Identifikationsreservoir“.[21] Im Unterschied zu Sandvoss, der generalisierend von einer das Selbst des Fans *narzisstisch bestätigenden* Funktion der Fußballbegeisterung ausgeht, in welcher der Club als Spiegel der im Subjekt wirksamen Überzeugungen und Ideale fungiert, begreifen Rolshoven und auch Brigitta Schmidt-Lauber, die mit einer Studierendengruppe ethnografisch zum FC St. Pauli forschte[22], Vereine als Repräsentanten spezifischer Werte, mit welchen sich Fans mittels ihres Fanseins erst verbinden.

Mit den feinen Differenzen zwischen Selbstbestätigung und Selbstentwurf, oder Selbstsuche, ist der bereits mit Robson thematisierte Umstand angesprochen, dass Fansein mit Identifikationen einhergeht. Wie Robson vertreten die vorliegenden Studien zur Fußballbegeisterung diesbezüglich entweder die Ansicht, Fußballbegeisterung *basiere* auf Identifikationen, die das Subjekt in fundamentaler Weise konstituieren. Oder sie vertreten im Gegensatz hierzu die Ansicht, erst und gerade in der Fußballbegeisterung entstehe eine das Subjekt in fundamentaler Weise konstituierende Identifikation. Im Weiteren zunächst einige Beispiele zu diesem Spannungsfeld.

In einer für die ethnografische Fußballforschung bahnbrechenden Studie beschreibt der Ethnologe Christian Bromberger um 1990 am Beispiel Marseilles das Stadion als „Miniaturbild der Sozialstruktur der Stadt“[23]: Unterscheidbare soziokulturelle Milieus finden sich ebenso an spezifischen Orten im Stadion, wie sie auch spezifische Stadtviertel bewohnen. Dem Fansein voraus geht hier eine Identifikation des Subjekts in einem spezifischen soziokulturellen Milieu, das auch sein Fansein mitprägt. Bromberger spricht diesbezüglich von ‚gesellschaftlicher Zugehörigkeit‘ und von ‚Lebensstil‘[24]. Ebenfalls von einem homologen Verhältnis zwischen soziokulturellem Milieu und Fußballbegeisterung gehen auch vorliegende Untersuchungen zur Fußballbegeisterung als Arbeiterkultur aus.[25] Auch im Erklärungsansatz, den die Leicester School zum Phänomen des Hooliganismus entwickelte, ist die Kongruenz zwischen Milieu und Fankultur stark, begreift sie Hooliganismus doch als Reproduktion männlicher Aggressivität, wie sie für die britische Unterschicht kennzeichnend sei.[26] Ähnliche argumentiert Robson, wenn er Praxen des Fanseins als gelebte Tradition versteht. Er spricht von „a locally

---

[21] Ebd., 49.

[22] Vgl. Schmidt-Lauber, Brigitta 2008: Der FC St. Pauli.

[23] Bromberger, Christian 1991: Stadt im Stadion, 24.

[24] Ebd., 28.

[25] Vgl. Horak, Roman; Maderthaner, Wolfgang 1997: Mehr als ein Spiel; vgl. Lindner, Rolf; Breuer, Heinrich T. 1978: Sind doch nicht alles Beckenbauers.

[26] Vgl. Dunning, Eric et al. 1988: Roots of Football Hooliganism.

grounded and demotically framed structure of feeling“[27], die er konzeptuell mit Bourdieus Habitusbegriff fasst.[28]

In den genannten Fällen geht die Begeisterung für den Fußball mit einer milieuspezifischen Prägung einher, die das Subjekt erfahren hat, bevor es Fußballfan wurde. Zur Subjektivität, wie sie sich im Sozialisationsvorgang ausbildet, gehört in dieser Perspektive die Fußballbegeisterung einfach mit dazu. Im Gegensatz hierzu wird in einer Reihe jüngerer Studien davon ausgegangen, dass Fußballbegeisterung in tiefgreifender Weise *Subjektivierung* mit sich bringt. So vertritt Kevin Dixon auf der Grundlage einer qualitativen interviewbasierten Studie die Ansicht, in einer sozial-kulturellen Situation identitärer Unsicherheit gehe für den Fan mit dem Fansein die Erfahrung von „ontological security“[29] einher; und Amir Ben Porat, der eine Studie unter Fans israelischer Fußballteams vornahm, erläutert das Fußballfansein damit, dass hier eine Identifikation mit Fußballvereinen an die Stelle herkömmlicher Identitätsgaranten wie Klasse, Nation oder Geschlecht trete. Sein Fazit: Das Fußballfansein biete „a stable and continual element of identity“[30]: „[F]ans are at least partially ‚safe‘ in a volatile world of unstable identities.“[31]

In den Begriffen einer anderen sozialwissenschaftlichen Terminologie findet sich eine Parallele zu dem hier dargestellten Gegensatz, indem zwischen einer Auffassung von der Fußballbegeisterung als Ausdruck einer *existierenden* Gemeinschaft oder einem Begriff von Fußballbegeisterung als situativer *Entstehung* einer Gemeinschaft – oder eines Gemeinschaftsgefühls – unterschieden wird. Die Fußballfanforschung muss sich meines Erachtens nicht zwischen diesen Polen entscheiden; aber sie sollte das Spannungsfeld, das zwischen ihnen besteht, zur Kenntnis nehmen und in und mit diesem Spannungsfeld arbeiten. Mein Vorschlag hierzu besteht darin, Fußballbegeisterung als Feld der Performanz bestehender Identifikationen und des Sich-Identifizierens zu untersuchen.

Nun handelt es sich bei Identifikationen um Untersuchungsgegenstände, die für die Forschung schwer dingfest zu machen sind. Liegen die Gegenstände einer solchen Untersuchung, die Identifikationsobjekte und die Identifikationsweisen, doch nicht einfach im Wahrnehmungsfeld des Subjekts. Vielmehr entstehen in der Identifikation – also in einer Bezugnahme auf ein Identifikationsobjekt – ein solches Wahrnehmungsfeld, eine Perspektive, ein Interesse, Motive, ein Subjekt.

---

[27] Robson, Garry 2004: No One Likes Us, IX.

[28] Vgl. ebd., 39-63.

[29] Dixon, Kevin 2011: A Third Way, 291.

[30] Porat, Amir Ben 2010: Football Fandom, 278.

[31] Ebd., S. 277. In der deutschsprachigen Sozialwissenschaft argumentieren bereits Wilhelm Heitmeyer u. Jörg-Ingo Peter ähnlich, vgl. dies. 1988: Jugendliche Fußballfans.

Aus diesem Grund genügt es nicht, Fans zu ihrem Fansein im Gespräch zu befragen. Wie allerdings Robsons Analyse des Millwall Roars zeigt, können Identifikationsobjekte hervortreten, sich in der Interpretation von Phänomenen zeigen; Phänomenen, die in diesem Fall zunächst nahezu unverständlich sind bzw. in ihrer materialen Massivität eindrücklich klingen. (Der Roar ist, wie gesagt, ein in erster Linie unverständliches Gebrüll, das in zweiter Linie aussagt: „Miiiiiil!!!".) In Anlehnung an Robson gehe ich deshalb davon aus, dass die Objekte sowohl für die Fans selbst – die Subjekte der Begeisterung – wie auch für die Fankulturforschung in der Dimension des Klangs *hör- und erfahrbar* sind und so der Wahrnehmung und Interpretation zugänglich werden. Erlangen die Identifikationsobjekte doch im Klang *Präsenz*, also eine Existenz im Hier und Jetzt.[32]

Das heißt jedoch nicht, dass ich auch Robsons Annahme folge, im Klang artikuliere sich eine der gegebenen Situation vorausgehende Identifikation respektive Gemeinschaft. Die situative *Anwesenheit* einer Identifikation verstehe ich zunächst nur als solche – eine *Anwesenheit* in der Situation. Ich folge hierbei Bruno Latours Ansatz zur Erforschung situativer sozial-kultureller Verhältnisse als ‚Assoziationen': In Abhängigkeit von dem, was eine Situation ausmacht (in ihr ‚assoziiert' ist, in ihr ein ‚Netzwerk' bildet), ist Spezifisches in ihr ‚artikuliert'. Die Situation stellt somit eine Assoziation dar, die – weiter in Latours Begriffen – als ‚Proposition' fungiert: Sie verhilft dem, was in ihr artikuliert ist, zur Existenz.[33] Im Fall meines Forschungsvorhabens handelt es sich dabei um die Objekte der Identifikationen Fußballbegeisterter. Sie herauszuarbeiten helfen, soll die sonische Ethnografie leisten. Mehr nicht. Aber das ist auch schon viel! Die Frage nach der Dauerhaftigkeit der Existenz dieser Objekte, ist dann eine andere Frage, die sich nicht mehr alleine mit den Mitteln sonischer Ethnografie klären lässt.[34]

6.1.2 Identifikationsobjekte in der Meta-Situation des Stadions

Robsons Studie bildet für einen klang- und situationsorientierten Ansatz zur Erforschung der Fußballbegeisterung als Identifikationsgeschehen einen Ausgangspunkt; aber sie ist insofern unterkomplex, als die von Robson implizit definierte

[32] Das mit dem Klang einhergehende Präsent-Werden bildet ein zentrales Moment in Robsons Interpretationslogik: Im Brüllen, im Klang wird die Welt, die im Subjekt aufgrund seiner Identifikation mit einem spezifischen Habitus vorhanden ist, lebendig/spürbar.

[33] Vgl. Latour, Bruno 2002: Hoffnung der Pandora, 185-199.

[34] In meinem Forschungsprojekt ergänze ich die sonische Ethnografie zu diesem Zweck mit Serien selbstreflexiver Gespräche mit Fußballbegeisterten.

Situation im Geschehen im Stadion liegt, wie es von den Fans des FC Millwall erlebt wird. Wie die über Fußballfans vorliegenden Studien zeigen, muss aber von einer viel größeren Vielfalt der Situationen ausgegangen werden. Der Fußball als Zuschauersport überhaupt und bereits die Stadionsituation stellen demnach Meta-Situationen dar. Sie bilden einen Kontext für wiederum vielfältige situative Kontexte, in welchen Fans die Objekte ihres Fanseins erfahren.

Die grundlegende Situation im Stadion ist die von Robson beschriebene, die ich abstrakt fassen möchte als eine *Bezugnahme der Fans einer Mannschaft auf sich selbst*. Was in dieser Formulierung unter ‚Fans einer Mannschaft' subsumiert wird, kann jedoch ganz unterschiedliche Gestalten besitzen. Die größte und umfassendste Gestalt gibt dabei die Gesamtheit der Fans der Heimmannschaft ab. Sie artikuliert sich im Klanglichen etwa im gemeinsamen Torjubel, in Gesängen, wie sie in der Bundesliga zum Beispiel vor Beginn des Spiels im von Vereinsseite angeregten, ritualisierten Singen von Vereinshymnen oder im Abfeiern der Heimmannschaft durch Ausruf des Spielervornamens durch den Stadionsprecher und anschließend gebrüllter Nennung des Nachnamens durch die Fans inszeniert sind. Das Objekt ist hier der Verein bzw. die vorgestellte Gemeinschaft der Fans eines Vereins; oder es ist die imaginäre Gemeinschaft der Stadt, in welcher der Verein beheimatet ist.

Als eine hierzu verschiedene Situation sind, als derzeit auffälligste Erscheinungsform des Fußballfantums, die Ultras zu begreifen, die der Sportsoziologe Jürgen Schwier in folgender Weise charakterisiert: „Als Kern der Ultra-Philosophie erscheint die möglichst erlebnisintensive, gemeinschaftliche, den Wettbewerb mit anderen Anhängergruppen betonende und auf Unabhängigkeit von der Vereinsführung bedachte Inszenierung des Fantums. Nicht zuletzt mit ihren Choreographien, Spruchbändern und Aktionen zelebrieren sie einen Kult der Sichtbarkeit."[35] Ebenso prägen die Ultras auch die zeitgenössische Soundscape des Stadions durch Gesänge und Sprechchöre, die sich wenig auf das Spielgeschehen beziehen und als „einschläfernde Endlosmelodie"[36] aufgefasst werden können, wie Philipp Köster von der Zeitschrift 11Freunde in einer Kritik der Kultur der Ultras formuliert.

Auf die Frage nach dem in der Situation der Ultras im Klanglichen zum Ausdruck kommenden Identifikationsobjekt gibt dieses Vor-sich-hin-Singen eine Antwort: Es geht den Ultras um sie selbst – und zum Beispiel weniger um das Spielgeschehen. In dieser Interpretation wäre die Kultur der Ultras das eigentliche Objekt ihrer Begeisterung. Ein Ergebnis meiner ethnografischen Studie unter Fans des SV Werder Bremen ist, dass im Zentrum der Ultra-Kultur wiederum ihre Organisati-

35 Schwier, Jürgen 2009: Ultras, 151.

36 Köster, Philipp 2008: Der dressierte Block, 28.

onsform in Gruppen steht.[37] Als eigentliches Identifikationsobjekt kommt in den selbstbezüglichen Klängen der Ultras deshalb die jeweilige Gruppe zum Ausdruck. Die Gruppe ist wiederum durch die Bündelung einer Vielzahl von Bezugnahmen definiert, welche sie zu anderen Akteuren im Feld der Fußballbegeisterung unterhält: rivalisierende Bezugnahmen auf Fans anderer Vereine oder auch andere Fans des eigenen Vereins (Ehrhändel); Anerkennungskämpfe mit der Vereinsleitung und der Polizei; freundlich-kritische Bezugnahmen auf sozialpädagogische Fanbetreuer etc. Dieses Bündel an Bezugnahmen konzentriert sich in der Gruppe, die somit als eine Einheit innerhalb eines Beziehungsnetzes, in denen sie zu anderen Einheiten/Gruppen steht, zu verstehen ist. Diese kulturelle Konfiguration lässt sich als Modus des symbolischen Gabentauschs beschreiben: Die Gruppe fungiert als eine Position von Rechten und auch Pflichten gegenüber Anderen, die sich die Gruppenmitglieder als fundamentale Subjektposition teilen, weil die Gruppe die Subjekte als Gruppenmitglieder – also als Subjekte bestimmter Beziehungen zu Anderen – konstituiert.[38]

Das Beispiel der Ultras verweist nachdrücklich darauf, dass „Fußballfans keine homogene und formlose Masse"[39] sind. In der Stadionsituation artikulieren sich im Klanglichen vielmehr vielfach Gemeinschaften, deren Kennzeichen bezüglich Dauerhaftigkeit, kultureller Homologie etc. stark variieren. Dies wird im Vergleich der Ultras mit dem Phänomen der während des Spiels quer durch das Stadion erfolgenden, kollektiven Zurufe deutlich.[40] Im Bremer Weserstadion handelt es sich hierbei einmal um: ‚Haaal-lo *Ost*kurve!' – ‚Haaal-lo *West*kurve!' Also um Zurufe zwischen den Fans auf den beiden kurzen Seiten des Stadions. Außerdem besteht ein häufiger kollektiver Anfeuerungsruf darin, dass eine Kurve ‚Werrr-derrr!!!' und die andere Kurve ‚Breeee-mennn!!!' brüllt. In beiden Fällen sind es hier Tribünenbereiche des Stadions, die sich im Klanglichen als Gemeinschaften artikulieren und dabei auch als Identifikationsobjekte in Erscheinung treten.[41]

[37] Vgl. Bonz, Jochen 2010: Fußball – ein soziales Band?

[38] Zum symbolischen Gabentausch vgl. Waltz, Matthias 2006: Tauschsysteme als subjektivierende Ordnungen.

[39] Jirat, Jan 2007: Der zwölfte Mann, 106.

[40] Meri Kytö spricht in ihrer Studie über die Soundscapes, die rund um Istanbuler Fußballfans bestehen, bezüglich derartiger Phänomene von ‚call and response'; vgl. Kytö, Meri 2011: We are the rebellious voice. Sie führt dies nicht aus, aber die gemeinschaftsbildende Funktion dieser Kulturtechnik ist vielfach beschrieben, u.a. bei Rappe, Michael 2010: Under Construction, 127ff.

[41] Diese bilden sicherlich nicht *an sich* in einer mit der Ultra-Gruppe vergleichbaren Weise das Objekt der Identifikation. Dieses besteht möglicherweise in der antagonistischen Spannung, die das Fußballspiel kennzeichnet und hier zur Verstärkung der Lautheit, der Unterstützung der Heimmannschaft, der Hervorrufung ihres Kampfgeistes oder einfach zur Steigerung des Vergnügens genutzt wird.

Neben diesen Klangereignissen, in denen sich im Stadion während des Spielgeschehens Identifikationsobjekte als relativ klar umrissene Kollektive zu entäußern scheinen, ist die Soundscape des Stadions auch durch Klangphänomene bestimmt, deren Urheber und Adressaten diffus bleiben: Einzelne Ausrufe; Aufstöhnen; Jauchzen; Jubeln; Klatschen; die Sprechchöre Weniger, die kurz aufwallen und wieder abebben; Rumpeln (resultierend aus Tritten gegen Metallabsperrungen oder Sitze); und nicht zuletzt: Gespräche. Sie bilden ein waberndes Gewebe aus Klängen, das ich in der Interpretation einer Klangaufnahme von der Stehplatztribüne des Wiener Sportklubs als ‚Gesprächssummen' bezeichnet habe.[42] Auch dieses Klanggewebe steht meines Erachtens für eine Situation der Fußballbegeisterung, und auch sie lässt sich als eine spezifische Form von Gemeinschaft begreifen, die sich rund um die Fußballbegeisterung bildet. In seiner Ethnografie der Fankurve des FC Schaffhausen bezeichnet Jan Jirat die Gemeinschaft, die diese Situation ausmacht, als Peer-Groups: „Zusammenschlüss[e] von Menschen […], die in etwa im gleichen Rang, Status und Alter zueinander stehen"[43] und „die sich zu Dutzenden, meistens seit vielen Jahren schon, in die [Fankurve] begeben. Diese Peer-Groups variieren stark in ihrer Altersstruktur und auch in ihrer Größe, sie reichen von Kleingruppen (drei bis vier Personen) bis hin zu Gruppen von über zwanzig Personen." Neben einem allgemeinen „Interesse am Spiel und am Schicksal des Vereins" spiele für die Peer-Groups „der soziale Faktor eine große Rolle". Jirat führt hierzu näher aus: „Das Stadion ist nicht nur Stätte des Spiels und Plattform für das Ausleben des Fanseins, sondern vorrangig ein Treffpunkt, an dem die Möglichkeit besteht, in einem genau festgelegten Zyklus soziale Kontakte zu knüpfen und zu pflegen. Das gemeinsame Gespräch, das Kommentieren des Spielgeschehens, das Ausleben von kollektiv empfundenen Emotionen sowie das Erleben des Spiels in einer vertrauten Runde, in der man sich ganz natürlich bewegen und auch mal Emotionen zeigen kann, sind für viele Peer-Group-Mitglieder wichtige Gründe für den Matchbesuch." Was ‚Kommentieren des Spielgeschehens' und ‚Ausleben von kollektiv empfundenen Emotionen' heißen kann, verdeutlicht Frank Müllers autoethnografische Reflexion einer Freundschaftsgruppe im Stehplatzbereich des Bremer Weserstadions. Die Gruppe besteht zum Zeitpunkt der Studie seit über fünfzehn Jahren und trifft sich zu jedem Heimspiel. Im Kern besteht sie aus vier Personen, von denen sich eine Person lautstark äußert: „Er schreit seine Kommentare zum Spiel gern lautstark heraus und provoziert damit nicht selten andere Zuschauer, die seine Einlassungen entweder lustig, falsch oder störend finden."[44]

[42] Vgl. Bonz, Jochen 2013: Das Gesprächssummen.

[43] Hier und im Folgenden Jirat, Jan 2007: Der zwölfte Mann, 109ff.

[44] Müller, Frank 2010: Lebenslang grün-weiß, 93.

Für die anderen Gruppenangehörigen eröffnen sich hierdurch Handlungsmöglichkeiten, die ebenfalls zum Summen der Situation beitragen. So schreibt Müller über sein eigenes Verhalten: „Mir macht es Spaß, Bernds oft streitbare Beiträge zu relativieren, zu untermauern oder einfach mal einen Kalauer zum Besten zu geben. Oft verteidige ich ihn und interessanterweise hat er mit seiner Meckerei über das Spiel der Bremer Mannschaft nur selten unrecht.“[45]

Die Situation Peer-Groups umfasst wesentlich Bezugnahmen auf das Spielgeschehen, auf einzelne Spieler der eigenen und der gegnerischen Mannschaft sowie auf andere Fans, einzelne oder auch Gruppen. Als Identifikationsobjekt dieser Situation kann deshalb zum einen die Freundschaftsgruppe als solche gelten. Zum anderen zeigen sich hier offenbar Identifikationsobjekte in der Mehrzahl; Objekte, die in den sämtlichen Bezugnahmen enthalten sind (und diese konstituieren), die für das Subjekt dieser Situation erlebbar werden. Um eine solche handelt es sich zum Beispiel bei der Bezugnahme auf einzelne Spieler oder Mannschaftsteile und ihre Aktionen. Sie geht offenbar mit dem Wunsch einher, auf das Spiel Einfluss zu nehmen, mitzuspielen, im Spielgeschehen selbst Gestalt anzunehmen.[46] In der Soundscape des Stadions zeigt sich diese Identifikation in Ausrufen wie dem von Müller zitierten: „„Nun lauf, lauf, lauf schneller, nicht so kompliziert, gib rüber… jetzt gib ab, Mann, jetzt schieß – oh Mann, jetzt schießt der wirklich.‘“[47]

Als lautliche Äußerung tragen Aussagen dieser Art zum Summen der Situation bei. Am Summen lässt sich darüber hinaus aber auch eine Funktion erkennen, welche der Situation für die in ihr Anwesenden zukommt. In ihrem Handbuch der Klangphänomene beschreiben Jean-François Augoyard und Henry Torgue den Klangeffekt des ‚envelopments‘ als eine Klangsituation, in der das Subjekt in Klänge eingebettet ist. Deren Ursprung und Aussagegehalt sei irrelevant, stattdessen entstehe ein „feeling of being surrounded by a body of sound that has the

[45] Ebd.

[46] Vgl. ebd., 101-102. Die Funktion der Situation Peer-Groups, ein Medium für alle möglichen Entäußerungen des Fanseins zu bieten, wird auch in Müllers Beschreibung des Chronotopos der Fußballbegeisterung deutlich. Im Interview, das Müller mit zwei Personen der Gruppe führt, wird als wesentlicher Aspekt der Fußballbegeisterung ein Spannungsbogen erkennbar: Ein vierzehntäglicher Zyklus, der von Vorfreude und Erwartung zur Anspannung führt, sich am Spieltag entlädt, Entspannung weicht und sich dann wieder neu aufzubauen beginnt. Indem der Zyklus nicht auf den Spieltag konzentriert ist, sondern den Alltag durchzieht, nimmt er in ihm auch Zeit ein und in Handlungen Gestalt an. Zu diesen gehört insbesondere das ständige Rezipieren von Neuigkeiten rund um den Verein mittels Zeitungslektüre und das Internet, aber auch die Präsenz von Spielereignissen und Informationen rund um den SV Werder Bremen im individuellen Gedächtnis wie auch in intersubjektiven Kommunikationen in Alltagssituationen. Vgl. ebd., 96-99.

[47] Ebd., 101.

capacity to create an autonomous whole, that predominates over other circumstantial features of the moment".[48] Augoyard und Torgue beschreiben die hiermit für das Subjekt einhergehende Erfahrung als sehr angenehm: „The accomplishment of this effect is marked by enjoyment, with no need to question the origin of the sound." Dies scheint sich auf die Situation Peer-Groups übertragen zu lassen: Wie das Summen die Subjekte umspielt, so umfasst auch die Situation selbst das Subjekt und ermöglicht ihm, die Identifikationen mit einzelnen Spielern, Spielzügen etc. zu (er)leben.[49]

6.1.3 Affektive Wucht und emotionale Dynamik der Stadionsituation

Die Begeisterung für den Fußball wird heute plausibel mit Hinweisen auf die dem Spiel innewohnenden ästhetischen Qualitäten erklärt. So betont Thomas Alkemeyer, wie aus der Unwahrscheinlichkeit des Gelingens der Abstimmung zwischen Ball, Fuß und Mitspielern die Affektgeladenheit der Stadionsituation, damit Vergemeinschaftungserfahrungen und die Freude am Fußball resultieren.[50] Und Hans Ulrich Gumbrecht begreift gelungene Spielzüge als ‚Formen', deren Emergenz von den Zuschauenden als Epiphanien erlebt würden.[51] In Ergänzung hierzu verweist meine kulturanthropologische Interpretation der Soundscape des Stadions auf die Abhängigkeit des Wahrnehmens und des Begehrens von Identifikationen, die der Wahrnehmung und dem Begehren zugrunde liegen oder mit diesen verschränkt sind.[52]

Wie die hier unternommene Annäherung an die Soundscape des Stadions zeigt, liegt im Stadion eine Vielfalt der Situationen und damit auch eine Vielfalt der Identifikationen vor: Unterschiedliche Identifikationsobjekte koexistieren in ihr – und artikulieren sich im Medium des Klangs und werden so der Interpretation zugänglich.[53] Ein zentrales Identifikationsobjekt bildet dabei die Gemeinschaft der Fans

[48] Augoyard, Jean-François; Torgue, Henry 2009: Sonic Experience, 47.

[49] Les Back spricht in seinen Überlegungen zur Soundscape des Stadions von einer „atmosphere of sociability rather than communication", vgl. Back, Les 2006: Sounds in the Crowd, 320. Er macht diesen Effekt am kollektiven Gesang fest.

[50] Alkemeyer, Thomas 2008: Fußball als Figurationsgeschehen, 92-96.

[51] Gumbrecht, Hans Ulrich 2012: Epiphanien, 347.

[52] Alkemeyer sieht zwar die Notwendigkeit eines im Subjekt verkörperten Wissens, denkt dieses jedoch nur im Sinne eines Habitus des Fußballspiels und nicht in der hier von mir vertretenen Vielfalt. Vgl. a.a.O., 98-100.

[53] In einer Formulierung Hermann Bausingers: „Fußball gehört [damit] zu den ganz wenigen Themen und Bereichen, die sich der Pluralisierung der Lebenswelten anschmiegen (es gibt

der Heimmannschaft – wie tatsächlich oder wie vorgestellt, wie präexistent gegenüber der Stadionsituation oder wie abhängig von der Stadionsituation, und damit: wie dauerhaft oder flüchtig, diese auch sein mag. In der spezifischeren Situation der Ultras scheint das Identifikationsobjekt die Ultra-Gruppe an sich zu sein, die für das Subjekt der Ultra-Kultur als eine fundamentale Subjektposition fungiert. Als Identifikationsobjekt der Situation Peer-Groups zeichnet sich eine Vielzahl von Objekten ab, denen die Situation eine Umgebung, einen Raum schafft, in dem sie für ihr Subjekt existieren, lebendig und damit auch produktiv werden können: Das in ihnen begründete Begehren ist dann für das Subjekt als Wesenszug des eigenen Selbst spürbar.

Die Vielfalt der Identifikationsobjekte und ihre Erlebbarkeit in der Meta-Situation des Stadions erzeugen ein ebenso vielfältiges Begehren[54], das sich in der Meta-Situation ballt. Gemeinsam mit einer Reihe anderer Faktoren, wie der leiblichen Ko-Präsenz vieler Personen und auch der materialen Wucht der Klänge, ergeben diese vielfältigen Begehren in ihrer Ballung eine Atmosphäre ‚affektiver Wucht'.[55] Diese affektive Wucht der Stadionatmosphäre ist nicht statisch, sondern dynamisch. Sie resultiert auch aus dem Spielverlauf: Der Erleidung von Gegentoren; der Erleichterung über eine gelungene Abwehr; der Freude über den Siegtreffer; der Schönheit eines gelungenen Spielzuges etc. Auch zur Erforschung dieser Dynamik bietet die Soundscape einen wichtigen Zugang, wie Jirat eindrücklich in einem Protokoll der Gesänge, Ausrufe und des Stimmungsverlaufs während

sehr verschiedene Arten, Fußball zu erleben, und sehr verschiedene Orientierungen), die aber andererseits die Pluralität überbrücken und die Fragmentierung der Gesellschaft ein Stück weit zurücknehmen." Bausinger, Hermann 2000: Kleine Feste, 56.

[54] Hierbei handelt es sich vor allem um das in der jeweiligen Situation lebendig gewordene Begehren, welches für das Subjekt spürbar wird. Hinzu kommt sicher, was Lacan als Mehr-Genießen bezeichnet und das in der englischen Übersetzung seines Seminars über die Kehrseite der Psychoanalyse formuliert ist als „that affect by which the speaking being of a discourse finds itself determined as an object." Lacan, Jacques 2007: The Other Side, 151. „[W]e are beings born of surplus jouissance, as a result of the use of language. When I say, ‚the use of language', I do not mean that we use it. It is language that uses us." Ebd., 66. Übertragen auf die Identifikation der Fußballbegeisterung schlage ich folgende Paraphrase vor: *Das Mehrgenießen des Fans ist der Affekt, als der sich der Fan als Objekt seines Fanseins wiederfindet. Und: Fußballfans entstehen mit dem Mehr-Genießen, das aus ihrem Umgang mit dem Fußball resultiert. Wenn ich sage ‚Umgang mit dem Fußball', meine ich nicht, dass der Fußballfan mit ihm umgehen könnte/etwas machen könnte. Es ist der Fußball/die Fußballbegeisterung, die mit dem Fußballfan umgeht/die den Fußballfan macht.*

[55] Diese Formulierung prägte Michael Prosser, vgl. ders. 2002: Fußballverzückung, 269. Die affektive Wucht der Stadionatmosphäre wird in jüngerer Zeit vielfach in der Popmusik aufgegriffen; so bei Panda Bear im Stück *Benfica* (Tomboy, 2011), bei den Chromatics in *The Page* (Kill for Love, 2012), bei Frank Ocean in *Pink Matter* (Channel Orange, 2012).

eines Heimspiels des FC Schaffhausen aufzeigt: Von der Aggressivität zur Niedergeschlagenheit, zum Aufbegehren, zur Freude und Ernüchterung werden verschiedene Emotionen durchlaufen.[56] Zweifellos stellen die affektive Wucht und die emotionale Dynamik des Geschehens ein wesentliches Moment der Fußballbegeisterung in der Situation des Stadions dar.

In der Perspektive des eingangs zitierten Forschungsansatzes von Norbert Elias und Eric Dunning erklärt sich die Attraktivität der affektiven Wucht (‚Erregung') aus ihrer Frontstellung zur ‚Erregungskontrolle'. Die Fußballbegeisterung bildet hier keinen Bestandteil des Alltags, sondern eröffnet einen außeralltäglichen Erfahrungsraum. Das intensive emotionale Erleben ist mit der zeitweiligen Außerkraftsetzung der Konventionen verbunden. Identifikationen, an die das Subjekt im Alltag gebunden ist, lösen sich auf Zeit auf.[57] Die Anziehungskraft der affektiven Wucht/emotionalen Dynamik kann aber auch im Zusammenhang der jüngeren Forschungsansätze verstanden werden, die die Funktion der Fußballbegeisterung darin erkennen, ein Subjekt erst zu erzeugen. Herkömmlicherweise geschieht dies über Identifikationen. Im Zusammenhang mit der affektiven Wucht könnte eine andere Form der Subjektivierung stattfinden, die auf der Vergewisserung des Selbst in seiner schieren Existenz im Sich-Spüren basiert. Die Intensität der affektiven Wucht macht, dass sich das Subjekt – quasi mittels Reibung – selbst ganz präsent wird.[58] Auch in diesem Fall ermöglicht die Stadion-Situation eine Artikulation; nicht einer Identifikation, aber eines lebendigen Selbst.

Ob vermittelt durch die Anrufung von im Subjekt angelegten Identifikationen, durch die situative Entstehung von Identifikationen oder auch über die affektive Wucht der Situation – zusammenfassend lässt sich konstatieren, dass eine Annäherung an die Fußballbegeisterung in der Situation des Stadions am Spieltag, die methodisch den Weg über Soundscape-Phänomene geht, zu dem Ergebnis führt, dass diese Situation durch eine ausgesprochene Intensität des Wirklichkeit-Erlebens gekennzeichnet ist. Und hiermit einhergehend: Durch ein intensives Erleben des Selbst. Dieses Ergebnis ist nicht überraschend, aber doch interessant. In den beiden folgenden Abschnitten möchte ich es anhand anderer Situationen der Fußballbegeisterung vertiefen und differenzieren.

---

56 Vgl. Jirat, Jan 2007: Der zwölfte Mann, 114-119.

57 Diese Argumentation formuliert Hermann Bausinger, vgl. ders. 2000: Kleine Feste.

58 Den subjekttheoretischen Hintergrund des Subjekts des Sich-im-Existieren-Spürens bildet die Dimension des Realen in der Lacan'schen Psychoanalyse und die Anwendung dieser Kategorie zur Erläuterung der Gegenwartskultur, insbesondere bei Slavoy Žižek und bei Matthias Waltz. Vgl. Waltz, Matthias 2007: Das Reale; Žižek, Slavoy 2001: Tücke des Subjekts. Vgl. meine Erläuterung in Kapitel 3.2.

6.2 Subjektives Hineingezogen- und Hervorgebracht-Werden in der Situation der TV-Übertragung eines Fußballspiels in einer Gaststätte

Neben der Situation des Stadions am Spieltag gibt es viele andere Situationen, in denen erkennbar Fußballbegeisterung stattfindet. Eine solche Situation ist zum Beispiel die Live-Fernsehübertragung von Fußballspielen in Gaststätten. Ihr wende ich mich in diesem Kapitel mit der Frage zu, was für einen Raum die Situation erzeugt; was die Situation den sie aufsuchenden, sich in ihr bewegenden Subjekten anbietet, in ihr erlebt zu werden. Der sonisch-ethnografische Forschungsansatz ist in diesem Fall sehr viel konkreter als in Kap. 6.1., weil das Kapitel die Auswertung empirischen Materials vorstellt, das unter anderem eine Audioaufnahme umfasst, die ich im Frühjahr 2013 in einer Bremer Gaststätte aufgezeichnet habe. Um die methodische Anlage der Auswertung vorzustellen, benenne ich zunächst die generellen Gründe, die meines Erachtens den sonisch-ethnografischen Methodenansatz sinnvoll erscheinen lassen.

Der Einsatz, den die sonische Ethnografie als qualitatives Methodeninstrument darstellt, besteht in einer Fokussierung, die von der spezifischen Medialität des Klanglichen ermöglicht wird: In der Situation Anwesendes wird erkennbar, weil es mit dem Klang eine Präsenz besitzt. Das heißt nicht, dass Präsenz zwangsläufig an Laute gebunden ist; aber zweifellos rückt Präsenz in die Aufmerksamkeit, wie beispielsweise Felds Studie über die Ästhetik des lift-up-over soundings, Järviluomas und Bulls Beobachtungen und Überlegungen sowie die klangliche Materialität diskutierenden Forschungen im Bereich der elektronischen Dance Music zeigen.[59] An die Wahrnehmung des Präsenten schließt sich die Frage nach dessen Eigenschaften an. In Form der Differenz zwischen Bedeutungen artikulierenden Klängen, einerseits, und asignifikanter klanglicher Materialität, andererseits, hat die Thematisierung der Eigenschaften des im Klang Präsenten in den Kap. 2. bis 5. der vorliegenden Studie eine herausragende Rolle gespielt. Weitere Eigenschaften wurden ausgehend von dieser Differenz erkennbar. So weist das Aufgehen der Klänge in Bedeutungen auf das Vorhandensein einer symbolischen Ordnung hin, während mit der asignifikanten Materialität häufig ein Affiziert-Werden des Subjekts einhergeht, dessen Voraussetzung gerade das fundamentale Nicht-Identifiziertsein in der Dimension der symbolischen Ordnung ist. Die Fokussierung des Präsenten führt die kulturanthropologische Forschung mit Klängen demnach über die Interpretation der Klangeigenschaften in den Bereich basaler Kulturalität (Anwesenheit oder Abwesenheit von symbolischer Ordnung, Subjektivierungen

[59] Vgl. hierzu die entsprechenden Kapitel der vorliegenden Studie.

über Identifikationen oder Identifikationsbewegungen etc.). In der Situation der Fußballbegeisterung im Stadion ließ sich in diesem Bereich zwischen der Situation vorgängigen und dauerhaften Identifikationen, die in der Situation angerufen und lebendig werden, neu entstehenden flüchtigen Identifikationen und der Selbstpräsenz des Subjekts in der Intensität affektiver Wucht unterscheiden. Eine mögliche Formulierung des hiermit angesprochenen Einsatzes einer Kulturanthropologie des Hörens ist die Konzentration auf die *latente Effektivität kultureller Identifikationsangebote*.

In den Kap. 2. bis 6.1. stützen sich die skizzierte Eröffnung von Erkenntnismöglichkeiten und der mit ihnen einhergehende Interpretationsspielraum auf vorliegende Studien und auf die zur Anwendung gebrachten poststrukturalistischen Konzeptionen, die zu denken erlauben, was man Kultur nennt. In der folgenden Auswertung von Textmaterial, das im Zuge einer ethnografischen Feldforschung entstanden ist, geht es mir darum, diese Erkenntnismöglichkeiten und Interpretationsräume für das qualitativ-empirische Forschen zu erhalten und möglichst weitgehend auszuschöpfen. Sollte sich beim Lesen eine Verwunderung über möglicherweise überspitzt erscheinende Interpretationsvorschläge einstellen, so handelt es sich dabei um eine Folge dieses Versuches, das Klangliche einen weiten Interpretationsspielraum eröffnen zu lassen. Um eine solche Interpretation zu ermöglichen, aber auch, um überhaupt eine sinnvolle Interpretation zu ermöglichen, arbeite ich mit mehreren und verschiedenen Feldforschungsmaterialien, die kaleidoskopartig zusammenspielen sollen. Es handelt sich dabei 1) um die Beschreibung der konkreten Feldforschungssituation aus meiner Perspektive, die ich im Anschluss an meine Teilhabe an der Situation aufgeschrieben habe. Ergänzt sind diese Feldforschungsnotizen 2) durch das umfangreiche Material, das sich aus der Transkription der Audioaufnahme der Situation ergab. Die Transkription stellt den Versuch dar, im Geertzschen[60] Sinne ‚dicht' zu beschreiben, also die Klangphänomene sowohl deskriptiv als auch in einer der Situation angemessenen Weise deutend zu benennen. Ihr interpretativer Charakter ist sowohl offensichtlich als auch unumgänglich, handelt sich doch auch bei der Transkription um Feldforschungsmaterial im Sinne von Feldforschungsnotizen: Auch die Transkription ist durch die Wahrnehmung bestimmt, die das forschende Subjekt von der Untersuchungssituation hatte.

Das Feldforschungsmaterial umfasst darüber hinaus 3) eine kurze Projektskizze. Sie resultiert aus dem Umstand, dass die genannten Textmaterialien nicht nur im Folgenden präsentiert werden, um die an sie anknüpfenden Interpretationen nachvollziehbar zu machen. Alle drei Texte sind von mir außerdem auch schon in

[60] Vgl. Geertz, Clifford 1991: Dichte Beschreibung.

eine Interpretationsgruppe eingebracht worden, die in der Tradition des ethnopsychoanalytischen Forschungsansatzes ebenfalls dazu dient, einen Interpretationsspielraum so weit wie möglich zu eröffnen. So trägt die im Rahmen der Interpretationsgruppe stattfindende Arbeit mit Feldforschungsmaterial dazu bei, dass vom forschenden Subjekt ein reflexives Verhalten zum eigenen Tun im Forschungsprozess eingenommen werden kann. Aus diesem Grund ist hier und an anderer Stelle, wenn es um Interpretationsgruppenarbeit geht, auch von Supervision die Rede. Mir ist ein hiermit verbundener Aspekt besonders wichtig: Im Umgang mit dem Feldforschungsmaterial strebt diese Form der Interpretationsgruppenarbeit nicht die wissenschaftliche Einordnung an. In Anlehnung an die psychoanalytische Kur geht es vielmehr darum, in der Form von Assoziationen, die Gruppenmitgliedern zum Material einfallen, das Material zum Sprechen zu bringen: Indem mehrere Personen ihre Einfälle zum Material äußern und das Arbeiten in der Gruppe außerdem noch eine verstärkende Dynamik erzeugt, artikuliert sich, was im Textmaterial nicht ausdrücklich benannt, aber latent enthalten ist.[61] Auf diese Weise stellt die Interpretationsgruppenarbeit ein methodisches Instrument dar, das in ethnografischen Feldforschungen entstandene Material möglichst umfassend auszuwerten.

In diesem Fall bestand die Interpretationsgruppe aus ca. zehn Personen, die unter Anleitung einer Supervisorin ungefähr zwei Stunden zu dem im Folgenden gezeigten Textmaterial arbeitete, das den Gruppenmitgliedern einige Tage zuvor zugegangen war.[62]

Dass das im Folgenden gezeigte Feldforschungsmaterial insgesamt roh und chaotisch erscheint, liegt in der Natur der Sache.

---

[61] Das Latente kann das Beziehungsgeschehen zwischen Feldforscher_in und Akteuren des Feldes zum Gegenstand haben, Stimmungen, überhaupt Unausgesprochenes und Unbewusstes. Als Niederschlag des Untersuchungsfeldes in der Subjektivität der Forscherin lässt es sich im Sinne einer Gegenübertragung begreifen: Das Latente ist latent und ist, wie und was es ist, weil das Untersuchungsfeld in der Forscherin diese Reaktionen hervorruft. Entsprechend lässt sich das Latente in der Interpretationsgruppe deuten, weshalb eine Selbstbezeichnung dieser Form von Interpretationsgruppenarbeit auch ‚Deutungswerkstatt' ist.

[62] Es handelt sich um eine Supervisionsgruppe für Feldforscher_innen, die auf Anregung von Utz Jeggle Ende der 90er Jahre von Studierenden am Tübinger Ludwig-Uhland-Institut für Empirische Kulturwissenschaft gegründet wurde. Die Gruppe hat ihre Arbeitsweise unlängst in einem Beitrag für die Zeitschrift für Volkskunde dargestellt, vgl. Becker, Brigitte et al. 2013: Die reflexive Couch. Zur Ethnopsychoanalyse vgl. Erdheim, Mario und Nadig, Maya 1991: Ethnopsychoanalyse.

6.2.1 Das Feldforschungstextmaterial

Erläuterung des Forschungsvorhabens für die Interpretationsgruppe
Nachdem ich mich eigentlich nie für Fußball interessiert habe, beschäftigt mich seit 2004 Fußballbegeisterung, und zwar in einer engen Verwobenheit aus persönlichem und wissenschaftlichem Interesse. Der SV Werder Bremen hatte damals die Meisterschaft und den DFB-Pokal gewonnen und die Stadt – in der der SV Werder Bremen sowieso eine zentrale Rolle im Alltag vieler Menschen und quasi in der Stadt als solcher spielt – war voller… Begeisterung. Zunächst war mir das unangenehm, aber in der Folge habe ich mich mit ins Stadion nehmen lassen, habe am Kurzpassspiel Gefallen gefunden und begonnen, in der Fußballbegeisterung einen vieldeutigen Gegenstand zu erahnen, der möglicherweise so etwas wie ein komplex gewundenes soziales Band der fragmentierten spätmodernen Gesellschaft sein könnte. […] Meine Forschungsfrage ist: *Was finden Fußballbegeisterte im Fußball als Zuschauersport/in der Fußballbegeisterung?* Vorliegende Studien finden hierauf ganz verschiedene Antworten, wobei sie die Frage nicht unbedingt ausdrücklich stellen, sondern z. B. gelungene Spielzüge als Epiphanien beschreiben etc. Was die vorliegenden Studien eint, ist, dass sie kaum aufeinander Bezug nehmen, also in der Auswahl ihrer Referenzen sehr selektiv sind. Mein Ansatz besteht vor diesem Hintergrund darin, die Forschung konzeptuell offen anzulegen und kleinschrittig vorzugehen.

Hierfür begreife ich die Begeisterung in Anlehnung an psychoanalytische Ansätze, Subjektivität als eine Beziehung zu verstehen (zu Objekten, zum Anderen), als wesentlich durch Bezugnahmen gekennzeichnet. Und ich gehe davon aus, dass sich die Gegenstände der Bezugnahme entweder im Gespräch oder auch in spezifischen Situationen der Fußballbegeisterung zeigen. Wie etwa im Stadion während des Spiels (genauer: in bestimmten Tribünenbereichen); beim täglichen, öffentlichen Mannschaftstraining etc. Diese Situationen versuche ich im Hinblick auf das zu verstehen, was in ihnen da ist. Dieses Da-Sein ist wieder so offen gemeint, dass ich es mit Bruno Latour als ein situationsspezifisches Artikuliert-Sein begreife und die jeweilige Situation als eine ‚Assoziation' (im Sinne von *Verbindung*) all dessen, was in der Situation da ist. Ich habe die Vorstellung, dass sich die Assoziation auch als Atmosphäre beschreiben lassen kann.

Neben der Frage, was in einer Situation da ist (und damit potenziell als Gegenstand der Begeisterung da ist, oder als Teilaspekt dieses Gegenstandes, der ganz allgemein ausgedrückt ja *Fußball* heißt oder *SV Werder Bremen*), interessiert mich, in welcher Weise sie sich wandelt. Was ändert sich? Worin besteht die Konstanz? Diese Frage bezieht sich vor allem und konkret auch im hier gezeigten Feldforschungsmaterial auf den Spielverlauf und mit ihm einhergehende Dynamiken, Gefühle. Was für eine Dynamik ist im Material spürbar? Welche Gefühle, welcher Gefühlswandel? Welche Atmosphäre, welcher atmosphärische Wandel? Mit dem Aspekt des Wandels der Situation ist für mich auch die Überlegung verbunden, dass im Wandel der Situation etwas eine Gestalt annehmen kann (sich situationsgebunden artikuliert), das zuvor keine Gestalt besaß.

Das in die Supervision eingebrachte Feldforschungsmaterial stammt von einer teilnehmenden Beobachtung in einer Bremer Gaststätte bei der Fernsehübertragung eines Bundesligaspiels zwischen dem VfB Stuttgart und dem SV Werder Bremen. Das Spiel fand im Februar diesen Jahres statt und endete 1:4. Es ist ein besonderes Spiel, weil wir in Stuttgart tagen, weil ich aus Stuttgart bin, aber auch, weil der SV Werder Bremen danach im Prinzip nicht mehr gesiegt hat und beinahe abgestiegen wäre. Es ist auch das einzige Spiel, das ich in der vergangenen Bundesligasaison beforscht habe.

Mein Material besteht zum einen aus Feldforschungsnotizen, zum anderen aus der Transkription einer Klangaufnahme. Mit der Aufnahme und Interpretation von Soundscapes arbeite ich, weil sie meines Erachtens eine hohe Aussagekraft über die ‚Akteure' einer Situation und deren Dynamik besitzen. […]

Beschreibung der Situation (Feldforschungsnotizen)

Ort der teilnehmenden Beobachtung ist die Gaststätte eines Hallenbades in Bremen. Sie besteht aus einem neben dem Eingang ins Hallenbad liegenden, länglichen Raum von schätzungsweise 6 × 30 m, der auf einer Seite nahezu komplett verglast ist und deshalb hell und freundlich wirkt. Am einen Ende verbreitert sich der Raum zu einer Ausbuchtung. An diesem Ende des Raums steht der Tresen und die Ausbuchtung hat Fenster hin zum Innenraum des Hallenbades, so dass man Anderen beim Schwimmen zusehen könnte. Hier stehen jedoch nur ein paar kleine Bistrotische, während der längliche Hauptraum mit modernen Holztischen ausgestattet ist, sehr freundlich wirkt und den Mittelpunkt bildet. Das Zentrum. Vor seiner langen Fensterfront liegt, zum Parkplatz des Hallenbades hin, der auf zwei Seiten von einer Parkanlage umgeben ist, die große Außenterrasse der Gaststätte. Von ihr und aus dem Gastraum heraus sieht man auf die umliegenden Gebäude des Stadtteiles. […]

Die Bistroküche anbietende Gaststätte wird nicht nur von Hallenbadbesuchenden frequentiert, sondern stellt einen Treffpunkt dar. Seit vielen Jahren werden hier auch sämtliche Spiele des SV Werder Bremen gezeigt. Eine kleine Projektion in der Ausbuchtung am Tresen, eine große auf eine Wand, die den Raum auf der kurzen Seite gegenüber des Tresens begrenzt. Diese Wand fungiert auch als Raumteiler, da rechts und links hinter ihr die zwei Eingänge zur Gaststätte und die Garderobe liegen. Ein Eingang führt zum Vorraum des Hallenbades, wo sich auch die von Hallenbad- und Gaststättenbesuchern gemeinsam genutzten Toiletten befinden. Der andere Eingang kommt von draußen, vom Vorplatz des Eingangs zum Hallenbad.

In unzähligen Bremer Kneipen, aber zum Beispiel auch in etlichen Bremer Gemeindehäusern der Kirche, werden Live-Übertragungen von Fußballspielen gezeigt. Die Gaststätte am Hallenbad ist aber eine von nur zwei mir bekannten Gaststätten im Stadtteil, in denen nicht geraucht werden darf. Das war auch für mich über mehrere Jahre ein triftiger Grund, hierher zum Fußballschauen zu kommen. Dabei fiel mir auf, dass über Jahre dieselben Personen kamen, was mir für meine Fragestellung interessant erschien. Anfang Februar war ich allerdings erst zum ersten oder zweiten Mal in der Saison 2012/2013 dort. Und zwar mit dem Vorsatz, Feldforschung zu betreiben, und nicht nur das in Stuttgart stattfindende Spiel des SV Werder Bremen gegen den VfB Stuttgart anzuschauen. Ich habe zwar nichts zu Schreiben mitgenommen, aber mein Tonaufnahmegerät, das ich, um es nicht in den Händen halten oder auf den Tisch legen zu müssen, in eine Tasche aus dünnem Stoff legte, die ich mir umhing und die während des Spiels auf meinem Schoß und damit ungefähr auf Sitzhöhe zwischen Tischkante und Rückenlehne lag.[63] Ich war skeptisch, ob das eine gute Aufnahme werden würde, aber ich habe mir keine Sorgen gemacht, sondern mich sehr gefreut, seit langer Zeit einmal wieder ein Fußballspiel anzuschauen und die Gaststätte endlich, nachdem ich dies wirklich schon seit Jahren plane, als Untersuchungssituation einzuweihen, auszuprobieren, anzugehen.

Vor dem Eingang waren, als ich eine Viertelstunde vor Spielbeginn ankam, drei Personen am Rauchen. Ich habe sie schon von weitem wahrgenommen und die Frau unter ihnen sofort erkannt. Eine Buchhändlerin, die mit Freunden aus Studientagen in Göttingen im Kollektiv seit ungefähr fünf-

63 Die an dieser Stelle unthematisiert bleibende Heimlichkeit der Audioaufnahme wird unter 6.2.2. ausführlich angesprochen.

zehn Jahren in Bremen eine bundesweit renommierte Importbuchhandlung betreibt. Wenn ich in den vergangenen Jahren im Weserstadion im Stehplatzbereich war, habe ich sie und die Leute aus dem Laden mit Freundinnen und Freunden immer gesehen. Jetzt war sie hier am Rauchen, mit zwei Männern, die ich nicht kannte. Alle schätzungsweise Anfang, Mitte fünfzig. Wir haben uns gegrüßt: Sie dachte, ich würde schwimmen gehen…

Ich setzte mich an einen Tisch auf eine an der inneren Längsseite des Raumes entlang führende Sitzbank an deren Ende, unmittelbar neben dem Durchgang zu den Eingängen, mit nur wenig Abstand zur großen Projektion. Ich saß so nicht mitten im Raum, sondern konnte schön in den Raum hineinsehen, in die zur Projektion gerichteten Gesichter.

Bereits am Tisch saßen zwei, wie ich vermute, türkischstämmige Frauen, wahrscheinlich Tochter und Mutter. Die Jüngere nörgelte viel. Hatte Angst, dass sich noch jemand neben mich säße, und sie dann nichts mehr sehen könnte. So würde ihr das immer gehen, seitdem sie vor sieben Jahren angefangen habe, zum Fußballschauen zu gehen: Sie wären immer schon eine Stunde früher da und dann kämen andere auf den letzten Drücker und nähmen ihr die Sicht. Später fürchtete sie, Werder könne den Sieg noch verspielen, und ärgerte sich, dass Werder trotz des Siegs in der Tabelle nicht kletterte, sondern, weil die Nachbarn in der Tabelle ebenfalls siegten, auf Platz 11 blieb. Den Spielstand der anderen, zeitgleich stattfindenden Partien checkte sie permanent auf ihrem Handy, mithilfe einer App des Kickers. Das fand ich toll, weil ich so auch Bescheid wusste. Wir sprachen nicht wirklich, aber ein bisschen miteinander. Die Mutter wirkte sehr freundlich, bis auf den Moment, als die von ihr bestellten Pommes mit Currywurst ohne Wurst serviert wurden. Da wirkte sie kurz fassungslos und beschwerte sich dann umgehend. Sie freute sich, wie mir schien, riesig über die zwei Tore von Mehmet Ekici, auch schon darüber, dass er aufgestellt war. Deshalb vermute ich, dass sie aus der Türkei kommt. Es ist mir noch wichtig, festzuhalten, dass sie modern gewirkt hat, nicht wie eine an der Tradition oder an der Religion orientierte Mutter in der Migrationssituation. Sie sprach fließend Deutsch. Die Tochter, falls es wirklich die Tochter war, wirkte auf eine Weise deutsch, wie es sie im Stadtteil häufig gibt. Sehr bestimmt, sehr direkt, affektiv irgendwie leicht überbordend. Ich bin versucht, prollig zu sagen, aber vielleicht ist das auch ein typisches Verhalten/Auftreten von bremischem/norddeutschem Kleinbürgertum.

Zu meiner Überraschung sprach sie Einzelne aus einer Gruppe von Jungs, die unmittelbar vor uns in einer Reihe direkt vor der Projektionswand saß, an. Es kam mir vor, als habe sie möglicherweise Kinder im selben Alter, die mit den Jungs bekannt seien.

Die Jungs selbst – ich habe mich so gefreut, dass sie da waren. Denn sie sind seit Jahren hier zum Fußballschauen. An diesem Nachmittag waren sie ungefähr zu acht. Ich musste genau hinsehen, um sie zu erkennen, weil sie mittlerweile Jugendliche sind. Eigentlich kenne ich sie aus ihrer Kindergartenzeit, als meine jüngere Tochter eine Zeit lang mit einem Teil von ihnen in eine Kindergartengruppe ging. Danach habe ich sie über die Jahre immer wieder in der Gaststätte beim Fußballschauen gesehen. Vor ein paar Jahren, als sie kleiner waren, gingen sie in der Halbzeitpause, manchmal auch während des Spiels, hinaus auf die Terrasse und den Vorplatz des Hallenbadeingangs, um selbst Fußball zu spielen. Damals waren oft auch einzelne Väter oder Mütter von ihnen dabei, die ich dieses Mal nicht gesehen habe. Aber der Raum war voll mit, wie gesagt, ganz verschieden auf mich wirkenden Zuschauenden. Ein netter Mann, den ich regelmäßig hier traf und mit dem ich mich auch gleich grüßte, war da. Ich schätze ihn auf Ende fünfzig. Eine Gruppe von Freunden, die möglicherweise aus zwei Paaren bestanden, ebenfalls Mitte, Ende fünfzig, bestimmte das Geschehen an einem Tisch. Genau: Vier, fünf größere Tische stehen hintereinander an der Fensterfront entlang in den Raum hinein, jeweils Platz bietend für bis zu zehn Personen. Nahezu alle Plätze waren besetzt. Manche, etwa ein deutlich älteres Paar von um die achtzig, nahm sich Stühle und stellte sie sich in den zwischen längs und quer stehenden Tischen verlaufenden Gang. Eine Frau, wieder Mitte fünfzig, war auch da, die ich immer hier sah und die ich gerne interviewen würde. Außerdem einige junge Väter, Anfang dreißig, mit ihren kleinen Kindern, zum Teil vom Schwimmen kommend. Während des Spiels stießen auch weitere Kinder, vom Baden kommend, dazu, mit ihrer Mutter. Einige Männer auch in meinem Alter, also in ihren Vierzigern.

Ich habe mich gefreut, da zu sein. Auch, als ich mich während des Spiels vor Aufregung anspannte und die Befürchtung hatte, Werder könnte verlieren, kam mir das erträglich vor. In dieser Situation, in diesem Rahmen. Die Sonne schien so winterlich hell, auf den Gesichtern sah ich ähnliche Befürchtungen, alles war gut.

Interpretative Klangtranskription

Vor dem Spiel und Halbzeit Eins

Menschenstimmen, durcheinander: Fernsehmoderator und verschiedene Leute im Raum. Ein Kind spricht drängend. Ich gebe eine Bestellung auf.

02:28[64] Jinglegeräusche und Musik vom Fernsehsender: Werbung. Stimmen von Jugendlichen, die sich unterhalten. Sonore Männerstimmen aus der Fernsehwerbung. Meine Sitznachbarin kommt. Ich frage: ‚Geht das so mit den Jacken?' ‚Bitte ein Bit.' Eine englische Männerstimme spricht bestimmt zu seinem Kind. Der Junge möchte hinaus. Die großen Jungs sprechen.

05:07 Werbung mit dem ehemaligen und legendären Werder-Stürmer Ailton für Kaffee. Die Jungs lachen: ‚Das gibt keinen Sinn.' ‚Das große Sky-Gewinnspiel…' Die Bedienung bringt die bestellten Sachen und ist nicht sicher, wer sie bekommt. Ich sage, dass ich sie bestellt habe und bezahle.

06:32 Im Hintergrund: Ein Fernsehinterview mit Cacau, dem verletzten Stürmer des VfB. Deutlicher ist das Stimmenwirrwarr aus dem Raum zu hören. Kinder. Eine Frau sagt ‚hallo'. Ein kleines Kind sagt auch ‚hallo'. Der langsam sprechende Cacau. Ein Kind ruft nach seiner Mutter. Immer Klangteppich Stimmengewirr, das freundlich wirkt. Also, nicht hektisch, sondern summend.

08:48 Die Sitznachbarin sorgt dafür, dass sich niemand direkt vor sie setzt. ‚Vor die Nase… Schluss!' Die Mutter vermittelt. Meine Nachbarin ist zufrieden, wie sich die Person schließlich setzt: ‚Genau, so ist super.' Ich frage sie, ob sie immer hier am Tisch säße. Sie meint, nein, sie habe sich schon extra hier hin gesetzt, weil sie überall ‚verdrängt' würden. Da käme man schon extra um halb drei, nein, sogar schon um zwei! (Also eineinhalb Stunden vor Beginn des Spiels.) Ich mache eine Bemerkung zum Kaffee, der besser sein könne. Sie hatte sich zuvor vergebens nach Sojamilch erkundigt und ich dachte, wir wären uns in unserer Kritik an der Qualität des gastronomischen Angebots einig. Sie tut meine Bemerkung jedoch ab. Ich halte fest, dass der Kaffee hier ruhig besser sein könnte, immerhin der Kuchen aber besser geworden sei. Sie: Sie würde ja keinen Kuchen essen.

09:49 Im Hintergrund lacht jemand ganz laut. Wir reden, ich lache. Die Stimme des Fernsehreporters im Gespräch mit Cacau. Der Sitznachbar fragt mich, wer interviewt würde. Ich antworte ihm: ‚Cacau.' Er: ‚Spielt der da noch?' Ich: ‚Er scheint verletzt zu sein.'

11:05 Lachen von einer Frau, ich lache auch, Geklapper von Besteck, immer: Stimmen, viele und unhektisch, in einer Vielzahl von Gesprächen.

[64] Die Zahlen geben den Zeitpunkt der Aufnahme an, an dem der jeweilige Absatz beginnt. Die zur Unterstützung der Transkription eingesetzte Software macht detailliertere Angaben. Diese habe ich hier in vereinfachter Form beibehalten, um Eindrücke vom Zeitverlauf zu ermöglichen.

11:48 Die raue Stimme des Kommentators begrüßt uns Zuschauende, gibt die Mannschaftsaufstellung bekannt, gibt Erläuterungen zu einzelnen Spielern beider Mannschaften: ‚Frisch vom Afrika-Cup zurückgekehrt… Harnik war gesperrt…' Es kommen die Pommes ohne Currywurst. Bremer Mannschaftsaufstellung, gleichzeitig irgendwoher Musik, vielleicht aus dem Stadion? Jingle-Stimme, Musik aus dem Fernsehen: Werbung für Bier. Stimme des Kommentators über den Bremer Stürmer Nils Petersen.

15:19 Das Stimmengewirr dünnt aus, dadurch werden neben der Kommentatorenstimme einzelne Stimmen erkennbar.

15:47 Die Gesänge aus dem Stadion sind zu hören. Kommentatorenstimme spricht über das kalte Wetter, ‚Rasen gut bespielbar.' Es wird ruhig. Nur noch vereinzelte Stimmen, Besteck. Ich – und Viele: ‚Oh-oh.' Torgefahr gegen den SV Werder Bremen.

17:16 Wieder nahezu still. Kommentator spricht über die Länderspielpause unter der Woche. Ich wieder ‚Ohh!' Überhaupt wieder leichte Unruhe. Dann ist es wieder sehr ruhig bis auf eine Männerstimme irgendwo. Ein Kind. Kommentator spricht über den Stuttgarter Trainer Labbadia. Leichte Unruhe. Ich bin wieder am Stöhnen. ‚Nächste Chance für Traore. Endstation Mielitz.' Das Trommeln der Ultras aus dem Stadion, Ultra-Gesänge. Pfiffe aus dem Fernseher als der Bremer Mittelfeldspieler Mehmet Ekici den Einwurf nicht gleich ausführt.

19:51 Beinahe Stille. Ich: Leichtes Stöhnen. Kommentator erklärt Fehler des VfB: Kein Tor. ‚Harnik – Boka – Ibisevic…' Der beim VfB spielende Japaner Gotoku Sakai sei unter der Woche im Länderspiel erfolgreich gewesen. Ich: ‚Jawoll.' Kommentator: ‚Ja, Fahne oben. Abseitsposition von Aaron Hunt.'

21:28 Nur der Kommentator ist zu hören und ganz vereinzelte Stimmen, von den Jugendlichen.

22:22 Eckball für den VfB. Aufstöhnen im Stadion. Wird nichts.

23:34 Ich stöhne. Angriff des VfB, wieder Eckball für Stuttgart.

23:55 Kommentator: ‚Nach dem ersten Eckball gibt's den zweiten gleich hinterher. Tunay Torun, der schon hier, relativ früh, einen Fuß in die Hacken bekommen hatte, dann trotzdem noch weiter machte und den Ball dann ja auch noch erfolgversprechend auf Traore quergelegt hat' (spricht weiter). Einer der Jungs greift das auf: ‚Genau, der läuft erstmal zehn Meter…' Weiter die Jungs: ‚Fehlpass…' ‚Einsnull Dortmund.' ‚Für Hannover?' ‚Nein.' ‚Hoffenheim?'

24:12 ‚Sokratis, Lukimya, die beiden Innenverteidiger bei den Gästen aus Norddeutschland…' Ich: ‚Ahhh.' Kommentator: ‚Mal wieder zu Null gespielt die Bremer beim 2:0-Heimerfolg gegen Hannover 96. Hat den Werderanern sicherlich gut getan. Längst keine Selbstverständlichkeit in dieser Saison.'

24:54 Die Nachbarin spricht mit einer erst jetzt gekommenen Freundin.

25:22 Klapperndes Kaffeegeschirr. Gespräche. Ich: ‚Jawoll, komm!' Vereinzelt: ‚Oh!' Igniovski vor dem Tor des VfB, ohne Erfolg. Er versuche es mit mehr als der halben VfB-Mannschaft aufzunehmen, das klappe dann nicht, wie er es sich vorgestellt habe, sagt der Kommentator. Eine Frauenstimme: ‚Hallo, wir sind noch alle…' Ich bedanke mich bei der Bedienung, die meinen Kuchenteller abträgt.

26:45 Igniovski wehrt offenbar gut ab. Vereinzeltes Klatschen im Raum. Sofort darauf wieder: ‚Au, oh-oh-oh', von mir. Freistoß für den VfB. Gesänge aus dem Stadion, einzelne Kinderstimmen im Raum. Ibisevic macht beinahe ein Tor.

28:00 Schlurfende Schritte. Pfiff. Faul gegen Bremen. Ellbogen von Ibisevic gegen Sokratis. Kommentator: ‚Ein Bremer liegt da am Boden. Ibisevic fährt da sogar den Ellbogen aus gegen Sokratis. Da sind die Schiedsrichter ja eh angehalten, das jetzt genau unter die Lupe zu nehmen und entsprechend zu bewerten. Da hat er noch ein kleines bisschen gezögert. Vielleicht hat ihm auch einer seiner beiden Assistenten was ins Ohr geflüstert, im wahrsten Sinne des Wortes. Und da gab's dann halt doch noch den Pfiff.'

29:00 Weiter kaum Stimmen im Raum vernehmbar, nur ganz wenige, einzeln die Stille durchbrechende, wie: ‚Hat's denn geschmeckt? Prima, danke.'

29:22 ‚Jawoll', von mir. ‚Komm, komm, komm!' Aufregung, erfreut-enttäuschtes Aufstöhnen im Raum. Kommentator: ‚Da war mehr drin für Mehmet Ekici.'

30:01 Vereinzelte Gespräche im Raum. Jemand: ‚Auuuu.' Ich: ‚Jetzt aber schnell.' Abseits. Husten. Gesänge der VfB-Fans im Stadion: ‚Vau-eff-be-e.' Sonst ist nichts zu hören.

30:56 Der Kommentator weist auf den Chat des Bezahlsenders hin. Kaffeegeschirrgeklapper, Kaugummiplatzen oder Fingerschnippen. Kommentator lobt die engagierte Einstellung des VfB. Kaffeegeschirrgeklapper. Ich: ‚Ouhhh, ouhhh.' Andere im Raum äußern sich ähnlich. Auch im Stadion herrscht Aufregung. ‚Bisschen überhastet von Traore. Und sie sehen es ihm an: Keiner im Stadion ärgert sich mehr darüber, dass das nicht geklappt hat, als er selbst.‘ Geklapper von Besteck. Die Jungs unterhalten sich. Wieder ein Angriff aufs Bremer Tor. ‚Und Mielitz ist rechtzeitig da.‘

33:59 ‚Ach kommt, Leute, ich glaub's nicht.‘ (Ich) Aber der VfB begeht vor dem Bremer Tor ein Foul, Freistoß Werder.

34:40 Nahezu Ruhe im Raum.

34:53 Einzelne Stimmen.

35:14 Vereinzeltes Klatschen, von mir und anderen. Kommentator: ‚Harnik!‘ Mehr Klatschen. Eine Frauenstimme: ‚Jaaa.‘ Ich: ‚Wou!‘ Dann der Kommentator: ‚Schmitz hat sich das kurz angeschaut oder anscheinend genau geahnt, was Harnik machen würde.‘ Dann: ‚Auuuu‘ – Laute der Enttäuschung über eine vergebene Möglichkeit im Raum.

35:40 Einzelne Stimmen, engagiert, fordernd, leicht enttäuscht (‚ahh!‘, ‚ja‘), während der Kommentator die Namen der Bremer Mittelfeldspieler und Stürmer aufzählt: Eine Kombination nach vorne, die nicht zum Ziel führt, aber Eindruck macht. ‚Jetzt kommen die Bremer mal – über Elija.‘ Klatschen. ‚Komm, komm.‘ Dann: ‚Ohhh.‘ Viel Klatschen.

35:56 ‚Eckball.‘ Pfiffe aus dem Stadion. Ein Klatschen. Einzelne Gespräche, im Grunde aber ist es ruhig, ein Gespräch ist herauszuhören. Im Stadion Trommeln, Tröten. Kommentator spricht über die Vertragsverlängerung des Stuttgarter Trainers Bruno Labbadia. ‚Ach, nein!‘ (Ich) Kommentator lobt Sokratis (SVW), weist auf gutes Spiel von Harnik (VfB) hin.

37:58 Im Stadion ist es laut, unter den Besuchern der Gaststätte ist es ruhig. Kommentator: ‚De Bruyne.‘ Vereinzeltes Klatschen. ‚Die Bremer werden langsam etwas mutiger.‘ Aufschrei: ‚Ahh!‘ ‚Jawoll!‘ geht durch den Raum. Und gleich nochmal. De Bruyne trifft den Torpfosten und auch der Nachschuss wird gehalten.

38:42 Unruhe entsteht, im Stadion, im Gaststättenraum. Klatschen, weil es Eckball für Werder gibt. Wieder Pfiffe im Stadion. Ich lache. ‚Ball Ekici.‘ ‚Ach!‘ ‚Oh, Mann,…‘ ‚Sokratis…‘ ‚Hier regiert der V-F-B.‘ Kommentator schweigt. Schreie aus dem Stadion, ruhige Gespräche im Raum. Kommentator erklärt ein Ibisevic-Foul an Junuzovic. Die Gespräche im Raum gehen weiter. Die Nachbarin spricht die Zwischenergebnisse der anderen Partien. Zu ihrer Mutter? Zu mir? Zu sich? Ich: ‚Ach je.‘

40:52 Gelbe Karte für VfB. Kommentator betont Fairness des Spiels. Im Raum wird mehr und mehr gesprochen. Ich sage: ‚Komm!‘ Leichtes Klatschen, überall wird gesprochen.

42:01 Freistoß für VfB, kurz ruhiger im Raum, dann wieder lauter: ‚Ist kein Foul.‘ Eine Frau lacht. Ausrufe. Stimmen. Pfiff. Kommentator: Jetzt gehe es robuster zu in den Zweikämpfen.

42:50 Wiederholung des Torschusses von De Bruyne. Der Kommentator beschreibt Elijas Hereingabe. Im Raum ist es still. Er erzählt über die vergangenen Tore von De Bruyne. Im Raum lacht wieder eine Frau. Es ist immer ein lustiges Lachen, also nicht zynisch, sondern: heiter. Gespräche finden statt und handeln vom Spiel.

43:46 Ruhe, ‚Ah!‘ Torchance für Werder. Klatschen, offenbar nach einer guten Abwehrleistung Werders. ‚Kontermöglichkeit für Werder über Igniovski.‘ ‚Ja, komm!‘ Vielfach: ‚Ohh!‘ ‚Nein!‘ Elija bekommt, nach gutem Zuspiel von Ekici, den Ball nicht ins Tor geschossen. ‚Den muss er eigentlich machen, auch wenn der Winkel schon ein bisschen spitz geworden ist‘, sagt der Kommentator. Er erzählt von Elijas Karriere. Das Publikum im Raum spricht. Viele Leute reden. Dann wieder ruhig im Raum und viel Lärm von der Fernsehübertragung.

46:34 Löffel-, Tellergeklapper. Der Kommentator konstatiert, dass Werder jetzt komme. Ich: ‚Jawoll.‘ Geklatsche. Große Aufregung, gerade als der Kommentator sagt: ‚Jetzt ist hier Werder klar das bessere Team.‘ Klatschen. Aber Junuzovic hat nicht getroffen.

47:44 Es wird gesprochen. Der Kommentator erzählt von Junuzovics Toren. Kommentator: ‚Nach zwanzig Minuten fand ich das Unentschieden eher aus Bremer Sicht etwas glücklich. Jetzt nach dreiunddreißig Minuten…‘ Ich: ‚Au!‘ und Unruhe im Raum. Aber der VfB hat Abseits gespielt.

48:34 Ruhe, wenige Gespräche. Einer der Jungs: ‚Was macht der denn da?‘ Ruhe. ‚Im Grunde hätte es schon 3:0 stehen müssen.‘ Der Kommentator: ‚Junuzovic, De Bruyne‘. ‚Oh, ja!‘ ‚Jaaaa!‘ ‚Huhhh‘, ‚Endlich!‘, ‚Super‘, ‚Ekici‘. Kein Aufschrei, sondern wie eine Welle, die sich ganz schnell aufbaut, ist das Lärmen da, mit vielfachem Klatschen. 1:0 für Werder durch Mehmet Ekici. Ich lache erfreut bei der Wiederholung.

49:52 Es wird jetzt viel gesprochen. Eine Frau lacht erfreut, eine Frau sagt ‚Jakob!‘. Einer der Jungs: ‚Robert Lewandowski hat Rot gekriegt.‘ Mich informiert die Nachbarin über die aktuellen Spielstände der anderen Partien. Sie ärgert sich über Wolfsburg: ‚Hauptsache Wolfsburg nicht.‘

50:18 Viel Reden, Lachen, eine heitere Stimmung. Es wird gesprochen, während der Kommentator das Starkwerden Werders thematisiert.

51:31 Wieder ruhiger, viel Fanlärm aus dem Stadion, Rekapitulation des Kommentators: ‚Der VfB ist hier nach der zwanzigsten Minute aus dem Tritt geraten.‘ Einer der Jungs mit gespieltem Bedauern: ‚Ooooch!‘

52:04 Gespräche auf ruhigerem Niveau. Klatschen. Eckball. Mehr Klatschen. ‚Ahhh!'

52:50 ‚Je länger das Spiel dauert, umso besser kriegen die Gäste aus dem hohen Norden die Partie in den Griff.' Einer der Jungs macht sich lustig über die Formulierung ‚hoher Norden'. Einige Gespräche. Lachen. Während der Kommentator die aktuelle Tabelle und die Europa-Pokal-Teilnahmechancen von Werder und dem VfB thematisiert.

54:26 Es ist jetzt ziemlich ruhig. Gespräche auf ruhigem Niveau. Kommentator schweigt, nennt nur gelegentlich einen Spielernamen. VfB-Fans im Stadion singen. Gesprächsthemen im Raum: Fußball.

55:57 Kinderstimmen dringen heraus, einer der Jungs beschreibt einen möglichen Spielzug und die möglichen Einwechslungen, die Schaaf vornehmen wird.

57:02 Schnell baut sich wieder eine Welle auf, findet eine Verdichtung der Klänge statt. Diesmal mit Klängen der Besorgnis. Aber Mielitz hält. Trommeln der VfB-Fans im Stadion. Zunehmende Stille im Raum. Ein Angriff von Ekici. ‚Ohh.'

57:25 ‚Oh ja, schade. Das war Hand.' Beifall. Einer der Jungs: ‚Hau rein, Iggy!'

57:51 ‚Ja, komm.' Kommentator: ‚De Bruyne, diesmal gestoppt von Harnik.' Einer der Jungs: ‚Der spielt morgen bei der Zweiten.'

58:08 Die Jungs im Gespräch. Kommentator über Boka und den Afrika-Cup. Meine Nachbarin: ‚Wen interessiert das?'

58:42 Tellergeklapper, Pfiff. ‚So, ganz gute Freistoßposition für den VfB Stuttgart. Igniovski schimpft wie ein Rohrspatz, das wird Herrn Perl nicht dazu bewegen, die Entscheidung nochmal zurückzunehmen.' Einer der Jungs: ‚Bin ich mal gespannt…'

59:05 ‚Hat's geschmeckt?' ‚Ja.' ‚Was darf es sein?'

59:57 Gespräche gehen auf ruhigem Niveau ungebremst weiter. Chancen hier und da. Aufregung. Gelb für Petersen. Unruhe. Einer der Jungs: ‚DER war doch der Idiot!' Ich sage: ‚Das ist nicht in Ordnung, Frechheit.' Der Kommentator findet die Schiedsrichterentscheidung ebenfalls übertrieben. ‚Petersen hat sich sogar noch weggedreht…'

60:37 Pausenpfiff. ‚So, dass war's dann erstmal…' Deutliche Kinderstimmen. Ich frage die Nachbarin: ‚Wie sieht's denn aus (bei den anderen Spielen)?' Sie hält mir ihr Mobiltelefon hin. ‚Ah, ja.' Sie spricht eine rechts vor uns sitzende Asiatin an, ob bei ihnen heute auch Sylvester sei. ‚Nein, in Japan nicht.'

61:27 Resümee des Kommentators. Durcheinander an Stimmen, laut. Gleichzeitig: Fan-Gesänge aus dem Stadion.

61:58 ,Wird noch besser!', sagt die Buchhändlerin im Vorbeigehen, raus, zum Rauchen, zu mir. ,Ja, vielleicht.'

62:58 Viel Reden, heiteres Frauenlachen. ,Kann ich noch was bringen?' ,Eine Apfelsaftschorle, bitte. Eine kleine.'

Halbzeit Zwei

Werbung, Musik. ,Frisch zurück zur zweiten Halbzeit, live auf Sky, mit dem neuen Krombacher…'

00:58 Aus dem allgemeinen Sprechen sind Kinder, die sich unterhalten, herauszuhören. ,Ist da frei?' ,Nein, nicht so richtig.'

02:11 Der Kommentator rekapituliert die erste Halbzeit. Kind: ,Wir können los, wir können los.' Kommentator: ,Ibisevic.' Ich: ,Oh Gott, nein.' Klatschen.

03:15 Ruhig. Auch vom Kommentator ist kaum etwas zu hören. Ein paar einzelne Stimmen im Raum sind herauszuhören. Einzelnes Klatschen.

03:48 Während der Kommentator über Sebastian Mielitz spricht, ist von einem der Jungs der Name ,Balotelli' zu hören. Ob er in der Serie A ein Tor geschossen hat? Ob etwas im Spiel diese Assoziation ausgelöst hat?

04:18 Rauschen (vermutlich setze ich mich neu zurecht). VfB-Fans im Stadion singen lautstark. ,Jawoll!' ,Ahhhh, Hunt.' ,Hat überhaupt nichts…'

06:09 Es ist laut im Stadion, im Gasthausraum wird geklatscht. Insgesamt ist es ruhig im Raum. Bleibt auch ruhig als Stuttgart das 1:1 schießt. Nur eine Kinderstimme ist zu hören: ,Nein!'

07:31 Weiter ruhig im Raum, während der Kommentator über den Torschützen, Traore, berichtet. Und über die VfB-Fans. Stimmen der Jungs im Raum kommen zurück, vereinzelt.

08:54 Ruhig. Laut im Stadion, Kommentator über zukünftige Aufgaben des VfB. ,Und: Kein Handspiel, sagt Gunter Perl. Müssen wir uns gleich nochmal anschauen.' ,Komm, komm, komm.' Anfeuerndes Klatschen. ,Mach ne Ecke draus!' ,Komm!' ,Petersen.' Der Kommentator äußert sich dezidiert zur Wiederholung des vermeintlichen Handspiels: ,Ne, ne, ne!' Zustimmung aus dem Raum. ,Wenn das n Elfmeter war – du lieber Himmel!'

10:23 Lachen im Hintergrund, im Raum, Geklapper von Geschirr, aus dem Fernsehen trommelnde, singende VfB-Fans. Sonst Ruhe, auch kein Kommentar.

11:10 Leichte Unruhe kommt auf. Kommentator nennt Stuttgarter Namen und hält fest, Stuttgart sei wieder ins Spiel gekommen.

12:05 Stimme einer Frau, die dezidiert spricht. Kommentator zur Aufstellung des VfB mit Bezug auf Traore. Ich: ‚Au, Mann, ich glaub's nicht.' Klatschen – für den Bremer Torhüter Mielitz?

13:31 Einer der Jungs: ‚Aber er ist verletzt.' Klatschen. Eine Frau ruft: ‚Ah, geh doch hin!' Andere rufen Ähnliches. Aber der Bremer Spieler, Junuzovic, schafft es nicht mehr, den schnell nach vorn gespielten Ball zu erreichen. ‚Ah, der war schon aus.' (Kommentator)

13:52 Ruhige Gespräche im Raum. ‚Ohhhh, was war das denn?'

14:26 Es ist ziemlich ruhig. Einer der Jungs: ‚Warum lässt man eigentlich…?'

14:36 Kommentator: ‚Kvist. Mit viel Platz, mit viel Zeit.' Meine Sitznachbarin stöhnt auf.

15:10 Es wird geredet, VfB-Fans grölen. ‚Jawoll!' Foul. Freistoß Bremen. ‚Das sind die Ballverluste, da kriegst Du graue Haare als Trainer.' (Kommentator)

15:50 Einer der Jungs: ‚2:1…'

16:12 Enttäuschungsklänge, Hunt schießt den Freistoß über das Tor. Kommentator: ‚Der war'n halben Meter zu hoch.' Einer der Jungs: ‚Graue Haare…' Es wird jetzt viel geredet.

16:23 Die VfB-Fans machen etwas los, was der Kommentator aufgreift, während es im Raum vereinzelte Gespräche gibt. Dann Ausrufe im Raum ‚Ja.' ‚Jetzt aber!' ‚Mach es!' Kollektiver, lauter Jubelschrei. Klatschen. Einer der Jungs: ‚Endlich.' Es wird gelacht, geredet, gejuchzt. Sitznachbarin: ‚Jetzt keinen Scheiß bauen.' Eine Frauenstimme: ‚Jawoll!' Ich: ‚Was für ein Tor!' Sitznachbarin: ‚Das hätte aber auch schiefgehen können.' Ich, lachend: ‚Das kann auch noch schiefgehen.' Während der Kommentator über den Torschützen spricht, Aaron Hunt, sage ich zur Nachbarin: ‚Aber hat er schön gemacht, alles richtig gemacht.'

17:37 Viel lautes Reden im Raum. Kommentator über Stuttgarter Unkonzentriertheit.

18:29 Es wird geredet, überall. Ich seufze. Die Mutter der Nachbarin sagt etwas über 3:1. Ich frage nach. Sie: ‚Ich hoffe, 3:1.' Ich: ‚Ach, hier jetzt! Das hoffe ich auch.' (Lachend.) Der Mann am Tisch: ‚Noch einen, dann ist es durch.' Die Sitznachbarin fragt: ‚Jetzt bitte was?' Er: ‚Jetzt noch einen, dann ist es durch.' Ich, lachend: ‚Vielleicht.' Mutter: ‚Ja-ha.' Sitznachbarin: ‚Bei mir ist es erst durch, wenn abgepfiffen ist. Vorher glaub ich an gar nichts mehr.' ‚Für mich auch.' Alle beschwingt.

19:49 Kommentator spricht pausenlos. Im Raum ist es wieder ruhiger. Ich: ‚Du kannst gerne hier hin stehen und gucken.' Ein Junge, der mit seiner Mutter und zwei kleineren Brüdern vom Schwimmen kommt: ‚Was?' ‚Du kannst gerne hier hin stehen.'

20:03 ‚Oh, nein!' Mehrere, beschwichtigend: ‚Abseits.' ‚Abseits.' Einer der Jungs: ‚3:0.' Der Junge fragt mich, wer das zweite Tor geschossen habe. ‚Das zweite, das wichtige, hat gerade Hunt geschossen. Und vorher, das hat sogar Mehmet Ekici geschossen.' ‚Ja, ich weiß.' ‚Ne, gerade hat Hunt einen Freistoß verschossen und kurz danach hat er das Tor gemacht, nach nem…' Klatschen.

20:33 ‚Oh!' Sitznachbarin: ‚Der spielt immer diese Fehlpässe, Mann!' (Über De Bruyne.) Ich etwas Unverständliches. Sie: ‚Er schießt immer Fehlpässe.' Ich: ‚Schon wieder.'

20:56 Kommentator spricht über Wiederholung des Tores. Ich: ‚Gut gemacht, ne? Richtig schön gemacht.' Es wird überhaupt viel geredet, gelacht, Kinderstimmen, die Stimme der Mutter, lachen einer Frau, die Jungs kommentieren: ‚Stuttgart ist so traurig, ne?' Mutter. Jungs weiter: ‚Akpala?', ‚Prödl?' ‚Strebinger?' ‚Theo Gebre Selassie?' ‚Wieso spielt der eigentlich nicht?' ‚Weil Iggy besser…'

21:53 ‚Freiburg.' Mutter und Tochter scheinen wieder über der Tabelle zu brüten.

22:06 Die Jungs: ‚Fritz?' ‚Fritz kommt bestimmt noch.' ‚Prödl kommt hundertprozentig…' ‚Entweder um…, oder…'

22:20 Klatschen. ‚Jawoll, super!' ‚Schade.' Kommentator: ‚Die Bremer jetzt nach dem 2:1 wieder ganz klar die Mannschaft, die hier das Spiel macht. Die neues Selbstvertrauen gewonnen hat. Die aktiv ist.' Überall wird geredet. ‚Jawoll!' Wieder eine gute Torchance, aus der nichts wird. Ich stöhne.

23:35 Jungs: ‚Haut ihn von hinten um, oder so.' ‚3:1, Hamburg.' Kind lacht. Spricht. Lacht. Lacht mehr.

24:28 Während der Kommentator die Stuttgarter Auswechslungen erläutert, wird viel geredet. Ich sage: ‚Oh, oh!' Pfiff. Unruhe, Aufregung unter den Stuttgarter Fans. Kind: ‚3:1 für Werder.' Andere Kinder reden mit. Die Jungs reden: ‚Hast du nicht mitgekriegt…' Kinder/kleinere Jungs reden auch.

25:00 ‚Wer hat das 1:1 gemacht?', fragt mich der gekommene Junge. ‚Wie bitte?' ‚Toure, oder wie er heißt. Dieser dunkelhäutige Stürmer vom VfB.'

25:50 Weiter viel Gespräche. Dann wieder eher Ruhe. Frauen-Lachen. Ein kleiner Junge: ‚Ich möcht doch hier hin.' Viele Gespräche, während der Kommentator die bisherige Saison in Bezug auf den SV Werder Bremen Revue passieren lässt.

27:27 ‚Oah, ist der schnell!' ‚Und jetzt Makela, den kriegt der nicht mehr.' (Kommentator) Einer der Jungs: ‚Jaaa.' Und Klatschen. – Ich zu dem Jungen: ‚Er war der Torschütze, hier.' Viele Gespräche. Mutter: ‚… Hamburg und Dortmund…'

28:16 Unmutsbekundungen von Vielen, auch mir, vermutlich nach einem Abschlag, bei dem der Ball sofort an den Gegner verloren wurde. Weiter: Gespräche, Geklapper von Geschirr. Vereinzeltes Klatschen. Austausch, Unterhaltungen. Plötzlich: ‚Jawoll, komm.' Kommentator: ‚Fehler… setzt sich fort in der Person von Schorsch Niedermeier.' ‚Ja, Mann, Schorsch.' (Einer der Jungs.) Einer der kleinen Jungen: ‚Den schießt jetzt Elija ins Tor.' Mutter der kleinen Jungs zu einem von diesen: ‚Hunt hat den Freistoß gemacht, und danach hat er ihn reingemacht.'

29:32 Kommentator zur Wiederholung: ‚Da der Fehler von Niedermeier, der den Ball nicht wegbekommt gegen Petersen…' Einer der Jungs: ‚Da haut er ihn um.' ‚Klar.' Nachbarin: ‚Scheißegal, Hauptsache die gewinnen. Hamburg führt 4, äh 3:1.' ‚Echt?' ‚Oder 4:1, weiß ich schon gar nicht mehr.'

29:45 Kommentator zur Freistoßsituation: ‚Der erste Freistoß von Aaron Hunt war jetzt nicht soo toll.' Nachbarin: ‚Ne.' Kleiner Junge: ‚Mehmet Ekici schießt.' Nachbarin: ‚3:1.' Kommentator: ‚Oder lässt er ihn für Mehmet Ekici?' Einer der großen Jungs: ‚Rechts an der Mauer vorbei.' Frauenstimme: ‚Schluss jetzt, rein da.' Viele: ‚JAAAAAA!!!!'. Kommentator: ‚… und der trifft!!' Beifall, Jauchzer. ‚Super!' ‚Geil!' ‚Zwei Tore.'

30:28 Lachen. Viel Durcheinanderreden. Mann am Tisch: ‚Ich hab's ja gar nicht geglaubt…. wieder rausgesprungen ist.' Ich, lachend: ‚Doch, der war richtig drin, ja, ja.' Nachbarin: ‚Scheißegal, der zählt.' Mutter ruft aus: ‚Toll'. Kommentator über Ekici. Wiederholung des Tors. Bewundernde Ausrufe der Jungs: ‚Juuuunge!' Kommentator: ‚… rechts an der Mauer vorbei, vom Schützen aus gesehen.' Einer der Jungs: ‚Das ist doch ein geiles Tor.' Die Stimmung im Raum: Anerkennende Laute, Beifall, Gelöstheit.

31:09 Mann am Tisch: ‚Zwei Tore… Das sollte doch jetzt klappen, oder?‘ Mutter: ‚Ja-ha.‘ Sitznachbarin: ‚Schhhh, nicht atmen, nicht atmen!‘ Mann: ‚Gut, bei Werder weiß man nie.‘ Nachbarin: ‚Bei Werder muss man jetzt das Tor zustellen.‘ Ich: ‚Aber der VfB ist in keinem guten Zustand, finde ich. Also, das könnte schon klappen.‘ Sie: Ja, natürlich. – Zwei Ingwertee, ein Chapati[65] und ein Kaffee, ne?‘ ‚Mhm.‘ ‚Tasse Kaffee war das.‘ Kommentator über die vielen Gegentore des VfB in dieser Saison – und Werders, beide: 38. Zeitgleich Bedienung: ‚War da noch was bei dem Chapati?‘ Ausruf: ‚Mann!‘ Ich: ‚Oh!‘ Bedienung: ‚Sour Cream, oder so?‘ Sitznachbarin verneint und verweist auf ihre Lactose-Intoleranz. Zeitgleich: Verägerter Ausruf der Mutter. Mann: ‚Einfach weghauen, einfach weghauen!‘

32:10 Kommentator bilanziert die Fehler des VfB. Bedienung und Sitznachbarin reden über die Rechnung der Mutter, Currywurst mit Pommes, getrennt gebracht, getrennt gebongt. ‚8,30 sind das dann.‘ Sitznachbarin: ‚Neun, danke.‘ Mutter beschwert sich gegenüber der Tochter, weil sie die Currywurst bezahlt hat. [Reden sie auf Türkisch?] Bedienung: ‚8,80 sind das dann bitte.‘ Mutter: ‚Das stimmt so.‘ Im Hintergrund Stimmen, vereinzeltes Klatschen.

32:50 Dann wieder Unruhe: ‚Einfach draufhalten.‘ ‚Oh!‘ Klänge der Erleichterung. Sitznachbarin: ‚Da machen die aber so viel Russisch Roulette.‘ Kinderstimme. Jungs sprechen miteinander.

33:19 Sitznachbarin: ‚Wolfsburg muss verlieren.‘ Mann: ‚Wie steht's denn da?‘ Sie: ‚1:0.‘ Ich: ‚Immer noch?‘ Sie: ‚Ne, die dürfen nicht gewinnen.‘ Kommentator: ‚Traore, zu flach…‘ Sitznachbarin: ‚Der HSV steht auf 5.‘ Kommentator: ‚Bremen kontrolliert jetzt hier ganz klar und in allen für das Spiel wichtigen Belangen diese Partie.‘ Mutter: ‚5:1?‘ Nachbarin: ‚Der fünfte Platz.‘

34:03 Kommentator spricht von Auswechslung des VfB. Einer der Jungs: ‚… Japaner…‘ Eingewechselt wird ein Japaner namens Okasaki, wie der Kommentator sagt. Ein offensiver Spieler, er habe für Japan unter der Woche zweimal getroffen. Sprechchorartige Gesänge der VfB-Fans.

34:24 Im Raum wieder ruhig. Kurze Unruhe, wieder ganz schnell entstanden, aber nicht stark.

[65] Dass es sich hier um ein Chapati genanntes Fladenbrot handelt, musste ich nachträglich auf der Speisekarte recherchieren. Notiert hatte ich zunächst ‚Ciabatti‘ und ‚Tschabati‘.

34:36 Kommentator: ‚Thomas Schaaf hat noch alle drei Wechseloptionen. Damit kann er im Falle eines Falles in der Schlussphase auch noch ein bisschen an der Uhr drehen. Aber im Moment, ehrlich gesagt, haben die Bremer das eigentlich gar nicht nötig.‘ Viele lebhafte Unterhaltungen sind im Gange.

35:19 Klatschen, Unterhaltungen. ‚Auu.‘ ‚Ibisevic.‘ Mutter und Tochter, die sich, glaube ich spanisch unterhalten. Spanierinnen!

36:24 Kommentator: ‚Jetzt aber.‘ Junge: ‚Ohhh, schaaade.‘ Beifall. ‚Der war schön.‘ Ich: ‚Er ist zu unkonzentriert, finde ich.‘ Der Kommentator sagt etwas von ‚Tor des Monats fabrizieren wollen‘: Ibisevic hatte einen Fallrückzieher gespielt – und weit über das Tor geschossen.

37:07 Jungs reden, lachen: ‚… Schalke… Ich komm heute Abend noch rum.‘

37:27 Kommentator: ‚Elija, wieder Hunt.‘ Aufstöhnen, Mutter beschwert sich. Fehlpass? ‚Einmal Pommes?‘

38:03 ‚Bitteschööön.‘ Ich: ‚Jawoll, komm!‘ Beifall. Enttäuschungslaute. Kommentator: ‚Das hätte dann jetzt gepasst, wenn Traore dann auch noch den nächsten, persönlichen Bolzen draufgelegt hätte auf das diesbezüglich ohnehin schon prall gefüllte VfB-Konto.‘ Vereinzeltes Klatschen. ‚Uiii!‘ Klatschen. Sitznachbarin: ‚Mann!‘ Kommentator: ‚Da hat er Glück gehabt, dass Kevin de Bruyne den Ball nicht mehr unter Kontrolle bringen konnte.‘ Immer weiter: Gespräche im Raum. Aufregung. Kommentator: ‚Gunter Perl sagt, da war alles sauber.‘ Ich: ‚Ne, da war nicht alles sauber.‘ Eine Frau, die Mutter der kleinen Jungs: ‚Das sag ich aber nicht.‘ Einer der Jungs fordert: ‚Rote Karte!‘ Die Gespräche werden lauter. Sitznachbarin: ‚Warum kriegt der jetzt keine Karte?‘ Mutter: ‚DREImal hat er Foul gemacht!‘

40:07 Sitznachbarin: ‚Ja, schön. Prödl rein – dann ham wir Ruhe.‘

40:16 Reden, Reden, Reden der Leute, überall im Raum. Kinder, Jungs, Mutter und Tochter, ‚Ja, muss auch mal sein…‘ Kommentator redet vor sich hin. Lachen, Husten, Rauschen [ruckle mich neu zurecht].

41:23 Freundlicher Applaus im Raum für Mehmet Ekici, der ausgewechselt wird. Kommentator: ‚Für ihn kommt Sebastian Prödl.‘ Mutter: ‚… Fritz…, Ekici und Fritz.‘ Tochter: ‚Jaaa.‘

42:02 Einer der Jungs: ‚Jetzt!!‘ ‚… Sokratis…‘ ‚Eingewechselt…‘

42:46 Mutter und Tochter kurz auf Spanisch. Husten, Kinderstimme. Einzelnes Klatschen. ‚Oooohhh!‘ Klatschen. Kommentator: ‚Irgendwie hat man das Gefühl, die Bremer sind dem vierten Tor näher als die Stuttgarter dem zweiten.'

43:32 Einer der Jungs: ‚ICH bin dran.' Kaffeegeschirrgeklapper. ‚Man muss die Mütze einfach so tragen…' Kleiner Junge: ‚Ha-lo.' ‚Hahahaha.' Kommentator weist auf Einwechslung von Clemens Fritz hin. ‚Ha-lo.'

43:54 Sitznachbarin: ‚Oh, was MACHT der denn da!' Ich gleichzeitig: ‚OOaah, Mann!'

44:01 Kinder spielen, unterhalten sich. Oder mit ihrer Mutter?

44:23 Aus der Fernsehübertragung aus dem Stadion sind ‚Werder!'-Sprechchöre zu hören. Massiv, kraftvoll. Ein Mann schreit: ‚Theo!' Es ist nicht zu erkennen, ob im Stadion oder im Raum. Aber ich erinnere mich: Schaaf oder ein Ko-Trainer rufen Theo Gebre Selassie, um ihn auch noch einzuwechseln.

44:32 Kommentator: ‚Aber irgendwie kommt jetzt auch überhaupt kein Spielfluss mehr zustande bei den Schwaben.'

44:38 ‚Jau! Schön.' ‚Haaah' (Kind). Vereinzeltes Klatschen. Frau: ‚… gleich vorbei. Es steht 3:1.'

44:51 Pfiff. Klatschen. Kommentator: ‚Zweite Auswechslung. Auf der Sechserposition. Clemens Fritz kommt. Zlatko Junuzovic geht. Das Ganze in der 88. Minute.' Jungs reden über Lukimya. Kommentator über die Gelb-Rot-Sperre von Fritz beim letzten Spiel.

45:44 Sitznachbarin: ‚Was spielen die denn eigentlich?'

45:48 Kinderlachen. Gespräche. Kommentator bilanziert VfB. Abstiegsgefahr.

46:17 Im Raum jetzt ruhige Gespräche, Lachen, Klatschen für Aaron Hunt, der für Selassie ausgewechselt wird. ‚Für die Bremer Fans, die mitgereist sind, aus dem hohen Norden, hat sich der Bundesliganachmittag nach menschlichem Ermessen gelohnt. Denn, dass da jetzt aus Bremer Sicht noch viel anbrennen soll, in der Nachspielzeit, die gleich beginnt, das kann ich mir beim besten Willen nicht vorstellen. – Drei Minuten gibt's oben drauf.'

47:29 Ruhiges Gesprächsrauschen, mit Kommentatorenstimme, jetzt über Arnautovic redend, über Ekici, Dreier und Doppelpack. Kinderstimmen, im Gespräch. ‚Jawoll.' Kommentatorenstimme: ‚De Bruyne, Ullreich kommt raus…' ‚JAAAAA', vielstimmig. Klatschen. Kommentatorenstimme ist kaum zu hören. ‚Das war schön, ja.' Lachen. ‚Ullreich bleibt stehen.' (Einer der Jungs.) ‚Ja, so soll das sein.' (Sitznachbarin) Jetzt im Gespräch mit Mutter.

49:41 Abpfiff. Kommentator: ‚So.' Stimme geht in unserem Beifall unter. Melodie, Jingle.

50:15 Jungs: ‚Hamburg 4:1.' ‚Sonst konnten die nicht mehr… und jetzt gewinnen die nur noch.'

50:30 Ich: ‚Blieb's denn dabei, dass Wolfsburg gewonnen hat? Ja? Schade.'

50:49 Kommentatorenstimme rekapituliert die Fehler des VfB (‚wie Perlen aneinander gereiht'). Im Raum viel Unruhe. Sitznachbarin teilt Mann am Tisch die übrigen Spielergebnisse mit. Auch die Tabellenstände.

52:24 ‚Schönes Wochenende.' Der Sportdirektor des VfB, Fredi Bobic, im Interview.

6.2.2 Auswertung des Feldforschungsmaterials mithilfe von Rückmeldungen aus der Interpretationsgruppe

Die im Folgenden ausgeführte Interpretation des Feldforschungsmaterials geht von den Rückmeldungen aus, die in der Interpretationsgruppensitzung vorgebracht wurden. Die Gruppe öffnet das Material dem Auswertungsprozess: Das Material wird ausgepackt, aufgespannt, gedehnt, entfaltet. Zu einer Aussage über das Untersuchungsfeld konnte die Artikulation der Gruppe aber nur werden, wenn sie in mir einen Widerhall fand. Ist es doch das Erleben des Feldforschers, seine Subjektivität, die im ethnografischen Forschen als wesentliche Referenz des wissenschaftlichen Arbeitens verstanden werden muss. Denn es ist das forschende Subjekt, dessen Wahrnehmung den gesamten Forschungsprozess durchzieht, indem es die zur Interpretation stehende Situation erlebt und in der Form des Feldforschungsmaterials dargestellt hat. Robert Emerson, Rachel Fretz und Linda Shaw formulieren diese methodologische Implikation des ethnografischen Arbeitens in ihrem Methodenhandbuch *Writing Ethnographic Fieldnotes* unter anderem in der folgenden Weise: „[T]he ethnographer's assumptions, interests, and theoretical commitments enter into every phase of writing an ethnography and influence decisions".[66] Und an anderer Stelle schreiben sie: „[W]hile the ethnographer's experience is often one of ‚something going on in the notes,' neither the fieldnotes nor their meanings are something ‚out there' to be engaged after they are written. Rather, as creator of

[66] Emerson, Robert M. et al. 1995: Writing Ethnographic Fieldnotes, 167.

the notes in the first place, the ethnographer has been creating and discovering the meaning of and in the notes all along.“[67]

Auch ausgehend von der ethnopsychoanalytischen Grundannahme, dass das subjektive Wirklichkeitserleben des Forschenden durch das Feld geprägt wird, kann es nicht nur gar nicht anders sein, sondern ist es darüber hinaus im Sinne einer starken Interpretation auch sinnvoll, dass es das forschende Subjekt ist, das auch die Rückmeldungen aus der Interpretationsgruppe zu begreifen versucht, sortiert, auswählt, ihnen widerspricht und sie ergänzt. Auf diese Weise sind die folgenden Ausführungen entstanden. Sie beschreiben das immersive Erleben als Grundeigenschaft der Situation sowie eine Reihe einzelner Aspekte (Essen, Menschen, Wissen, Zuschreibungen, auktoriales Geführt-Werden, Gefühle, Stimmungswellen), die in der Situation miteinander verwoben sind.

Immersives Erleben der Situation

Beim Lesen der Transkription sei für sie die Spannung des Spiels erlebbar geworden, äußert eine Teilnehmerin der Interpretationsgruppe. Ein anderer Teilnehmer bestärkt dies, wenn er sagt, das Spiel habe ihn so eingenommen, dass er gar nicht mehr an das ‚Setting‘ als einer teilnehmenden Beobachtung gedacht habe. So habe er, wenn im Text anstatt des Spiels die Kellnerin präsent wurde, gedacht: „Geh aus dem Bild!“ Er hat das Textmaterial also nicht mit Abstand wahrgenommen und auf sich wirken lassen, sondern Einfälle gehabt, wie sie eine an der dargestellten Situation partizipierende Person haben könnte. Die Transkription zu lesen, habe sich wie das Miterleben einer Radioübertragung des Spiels angefühlt. Aufgefallen ist ihm der immersive Charakter seines Texterlebens besonders am Aufbrechen der Immersion, das mit dem Einschnitt erfolgte, der im Textmaterial mit der Halbzeitpause kommt: Sie ist im Textmaterial abwesend. Das Fehlen der Darstellung dessen, was in der Halbzeitpause geschieht/zu hören ist, habe er als falsch empfunden. Denn in der Pause fände doch spannende Interaktion statt; und wenn man schon eine verdeckte Tonaufnahme mache, dann doch hier. – Diese Lektüreerfahrungen beschreiben ein Hineingestellt-, ein Hineinversetzt-Sein in die Situation, das mit der Konzentration auf das Spielgeschehen gleichgesetzt ist (oder mit dem Erleben der mit dem Spielverlauf verbundenen emotionalen Dynamik). Die ‚fehlende‘ Klangaufnahme und Thematisierung dessen, was in der Gaststätte während der Halbzeitpause geschieht, entspricht meines Erachtens genau der von den beiden Teilnehmer_innen beschriebenen Zentralität, die das Spiel, sein Verlauf und die mit ihm einhergehenden Stimmungen im Textmaterial einnehmen. Verläuft ein Fußballspiel doch in zwei Halbzeiten, von denen jede fünfundvierzig

[67] Ebd., 159.

Minuten dauert. Zwischen diesen liegt zwar eine viertelstündige Halbzeitpause, aber in dieser Zeit pausiert das Spiel; als Spiel findet es in dieser Zeit nicht statt. Die Irritation des Teilnehmers lässt sich auf die Konventionen der ethnografischen Methodenpraxis zurückführen, die das Auslassen des Geschehens in der Halbzeitpause verwunderlich, fragwürdig und sogar falsch erscheinen lassen. Im Sinne der Logik des Spieles selbst ist diese Auslassung jedoch schlüssig, verweist sie doch auf die Zentralität, welche dem Erleben des Spiels in der Situation der Live-Übertragung in der Gaststätte, wie sie sich im vorliegenden Feldforschungstextmaterial darstellt, zukommt.[68]

Der immersive Charakter der Situation wird durch einige weitere Irritationen, die in der Interpretationsgruppe auftauchen, unterstrichen. Hierbei geht es einmal um die Stellung, die das forschende Subjekt im Textmaterial einnimmt. Diese wird als zentral erlebt: Die Personen und Geschehnisse scheinen sich alle auf den Forscher zu beziehen: Die Buchhändlerin grüßt, der freundliche Mitte Fünfzigjährige bezieht sich auf ihn, Kinder fragen ihn nach den Torschützen, er stöhnt und jubelt etc.[69] Eine Teilnehmerin formuliert das in dieser Weise: „Er sitzt herum als Jochen – und nicht als Forscher." Begreift man diesen Eindruck vom Verhalten des Forschers als einen Ausdruck der Situation, so heißt das: In der Immersion, die das forschende Subjekt – der Wahrnehmung der Interpretationsgruppenteilnehmerin nach – in der Situation erfährt, kommt zum Ausdruck, dass die Situation *selbst* einen immersiven Charakter besitzt.

Darüber hinaus werden die Stellung des forschenden Subjekts und mit ihr verbundene Aspekte von Einzelnen in der Gruppe vehement kritisiert. Im Wesentlichen geht es bei dieser Kritik um das Fehlen eines reflexiven Abstands zu den Geschehnissen. Ein solcher Abstand würde zugleich einen Raum für Beziehungen zu den Geschehnissen und Personen eröffnen. Das forschende Subjekt kommt als ein Selbst, das in Beziehung zu Anderen und zum Raum Eindrücke beschreibt, aber im Textmaterial nicht vor. Es finden sich keine Aussagen darüber, wie der Raum wahrgenommen wird; wie einzelne Ereignisse empfunden werden; wie einzelne Personen handeln und sich verhalten; wie sie aussehen; was an ihnen auffällt. Das ‚Fehlen' eines solchen, mit Distanz vorgenommenen Beobachtens geht so weit, dass das Textmaterial in der Interpretationsgruppe als „verdruckt, verzwungen, unangenehm" erlebt wird. Eine Teilnehmerin äußert außerdem, sie fühle sich „überschüttet mit Sachen, die ich nicht haben will": Das Textmaterial

[68] Die Unterbrechung der Aufnahme während der Halbzeitpause war von mir nicht geplant, ihr lag keine bewusst getroffene Entscheidung zugrunde.

[69] Die Häufung der Altersangabe *Mitte* (fünfzig, vierzig, dreißig) kann, deutend gelesen, als weiterer Hinweis auf die Immersion aufgefasst werden: Alles ist mittendrin.

sei zu umfangreich; die einführende Erläuterung sei zu lang und zu theoretisch; die Beschreibung der Klänge sei kein Transkript, sondern eine Interpretation; da die Aufnahme „heimlich“ stattgefunden habe, werde man darüber hinaus beim Lesen zur „Komplizin“ einer ethisch inkorrekten Forschungspraxis. Diese Wahrnehmungen artikulieren den immersiven Charakter des Feldforschungstextmaterials nicht länger als Spannungserlebnis oder sachlich (‚zentrale Stellung‘), sondern als in methodischer Hinsicht problematisch und, was das subjektive Empfinden betrifft, als unangenehm. Diesbezüglich gibt es weitere Stimmen: „Ich weiß jetzt, weshalb ich nicht zum Public Viewing gehe“, meint eine Teilnehmerin und erläutert ihr Unbehagen mit dem „doppelten Rauschen“, wie es aus der Gleichzeitigkeit von Fernsehübertragung und den Geschehnissen in der Gaststätte resultiere. Das störe sie. Sie habe den Eindruck gehabt, „unscharf“ zu sehen; wie in Bildern, die von einer durch den Raum hindurch gehenden Kamera aufgenommen würden. Der Raum sei „nicht vorstellbar“ geworden. Dieser Eindruck wird vielfach geäußert: Trotz präziser Beschreibung, entsteht keine Vorstellung vom Raum; das Setting sei zwar genau beschrieben, aber man habe dennoch nicht hinein gefunden… Obwohl in diesen Fällen die Immersion nicht zustande kommt, verstehe ich sie dennoch als Hinweis auf den immersiven Charakter der Situation: Der subjektive Eindruck ist hier, in einen Raum hinein versetzt zu sein, mitten hinein – nur dass sich der Raum nicht zu einem vorstellbaren Raum ordnet. Er strömt stattdessen um einen herum, strömt auf einen ein…

Für eine Teilnehmerin der Interpretationsgruppe ziehen Rauchschwaden in den Raum herein, den sie sich schummrig vorstellt und insgesamt eklig findet: Keimige Schwimmbadtoiletten verbinden sich in ihrer Vorstellung mit fettigen Pommes Frites. Ein Teilnehmer greift diese Vorstellung auf und spricht von einer „Mischung aus warmem Chlor und kalten Pommes“. Als Schattenseite des Immersiven erscheint hier die Vermischung von Essen und Keimen, Essen und Reinigungsmitteln, von warm und kalt, von Fakten und Assoziationen (sowie die Verwendung „emotionaler Ausdrücke“ zum Zwecke der Beschreibung von Sachverhalten, wie eine andere Teilnehmerin bemerkt).

Eine Teilnehmerin bestätigt den Eindruck der Supervisorin, dass sie sich mit dem Textmaterial und der Sitzung unwohl fühle und es gerne strukturierter hätte. Sie äußert den Wunsch nach größerer Objektivität in der Beschreibung der Klänge und schlägt eine präzise „phonetische Transkription“ vor. Analog hierzu kann die mehrfache Verwendung von Bezeichnungen wie ‚Beziehungsebene‘ und ‚Kommunikationsebene‘ als Wunsch, diese Ebenen zu unterscheiden, verstanden werden. Mehrfach wird von verschiedenen Teilnehmenden konstatiert, verschiedene Dinge/Ebenen würden in der Transkription „auf einem Level“ präsentiert. „Verschiedene Kommunikationsebenen“ seien vermischt. Die „Verwobenheit der

Ebenen" wird allerdings nicht ausschließlich als unangenehm empfunden. Kommt die Immersion etwa in der Form eines Spannungserlebens zustande, wird sie, wie gezeigt, genossen. Ausdrücklich wird das Ineinandergreifen der Ebenen von Einzelnen sogar auch als „interessant" qualifiziert.

Irgendwann im Verlauf der Sitzung ist die Bezeichnung ‚Brei' aufgetaucht. Die Situation sei wie ein Brei. Das Breiige ist eine zähe Ver-Mischung. Aber diese Ver-Mischung bildet hier gerade *nicht* eine homogene Einheit. „Ausgesprochen vielfältig" würden die Assoziationen in dieser Sitzung ausfallen, fasst die Supervisorin im Verlauf der Sitzung die Ergebnisse in einem Zwischenfazit zusammen. Dieser Vielfalt im Breiigen gehe ich im Weiteren nach und versuche ausgehend von den Assoziationen der Interpretationsgruppe wesentliche Bestandteile dieses Breies zu benennen.

Aspekte der Situation, die in ihr vermischt sind

A) *Essen und Trinken*

Die Assoziation ‚Brei' hat einen handfesten Bezugspunkt in der Tatsache, dass in der untersuchten Situation gegessen und getrunken wird. Genannt sind im Textmaterial Kaffee und Kuchen, Pommes Frites mit Currywurst und Chapati. In der Fernsehsendung wird für Bier geworben – und in der Situation wird es getrunken. Essen wird serviert; Kellnerinnen treten in Erscheinung und erkundigen sich, ob es geschmeckt habe. Essen wird bezahlt. Essen taucht auch als Gesprächsgegenstand auf. So zwischen meiner Nachbarin und mir, als ich vor Beginn des Spiels versuche, mich mit ihr über die Qualität des Kaffees zu verständigen.

Das Essen ist insofern *kein* Brei, da andere und auch verschiedene Speisen und Getränke in der Situation konsumiert werden. Allerdings ist mit dem Essen durchaus ein Brei gegeben, insofern als die verschiedenen Speisen und die mit dem Essen verbundenen Aktivitäten die Situation durchwabern, sich mit dem Fußballschauen ver-breien. Dieser Vermischung voraus geht allerdings eine grundlegendere Vermischung, auf die Utz Jeggle nachdrücklich hingewiesen hat. „In jeder Mahlzeit werden vorgegebene kulturelle Muster vom Individuum ‚vereinnahmt'"[70], schreibt

[70] Jeggle, Utz 2008: Essgewohnheiten, 187. Mit Bezug auf Bourdieus Analyse des klassenspezifischen Essensgeschmacks schreibt Jeggle: „Fragen des Geschmacks, und wenn es nur das Nachsalzen ist, bestimmte Lieblingsessen, Abneigungen, die sich bis zu Ekel steigern können, sind dem Individuum als Eigenes vertraut. Der Begriff der ‚Leibspeise' unterstellt, dass die Zuneigung zwischen eigenem Leib und fremder Speise intim und direkt funktioniert. Freilich gehört es zu diesem Grenzgebiet zwischen sozialer Festlegung und individueller Freiheit dazu, dass es dem einzelnen Geschmack nicht immer klar ist, dass auch er in habituelle Konzepte eingebettet ist. Der Habitus verknüpft Eigentümliches mit sozialer Erfahrung und lässt auch da an Eigenart glauben, wo bestimmte soziale Muster den individuellen Stoff längst durchwirkt haben." Ebd., 188.

Jeggle. Damit geht für Jeggle einher, dass „beim Essen individuelle Begierden, Neigungen kulturell geformt und entwickelt"[71] werden. „In den Regeln der Mahlzeit [...] sind vergangene soziale Ereignisse eingelagert, die in jedem Essvorgang aktualisiert und dadurch wiederholend als Regeln habitualisiert werden."[72] Essen wird von Jeggle als Sozialisierungsvorgang begriffen, in dem ein Subjekt entsteht. Obwohl Jeggle von gemeinsamen sonntäglichen Mittagessen im Familienkreis spricht und damit nicht nur von der prominentesten aller Sozialisationsinstanzen (Familie) und, was den Aspekt der Wiederholung und Regelmäßigkeit betrifft, von einem ebenso uneinholbaren Rhythmus (Wochenende), halte ich seine Überlegung für prinzipiell auf die Situation des Fußballschauens in der Gaststätte übertragbar. Das präsentierte ethnografische Datenmaterial vermag dies kaum zu artikulieren, da es von einem einzigen Nachmittag handelt, aber dennoch klingen in ihm Wiederholung und Regelmäßigkeit an (und Feldforschungsmaterial von anderen Samstagnachmittagen in derselben oder auch in anderen Gaststätten würde dies bestätigen, indem Vergleichbares geschähe und teilweise auch dieselben Personen anwesend wären). Mit Jeggle lässt sich der Aspekt des Essens deshalb als Sozialisationsvorgang in einen Habitus, in eine Identifikation, in den Geltungsbereich einer symbolischen Ordnung, in eine Gemeinschaft begreifen; die Nahrungsaufnahme geht einher mit einer subjektivierenden Identifikationsbewegung.

Was für ein Selbst das sein mag, das man sich hier an-isst, wissen wir noch nicht; aber über das Wesen der Identifikationsbewegung lässt sich mit Jeggle bereits Näheres sagen. Ist diese doch ein Prozess, der in Grundbedürfnissen verankert ist, indem er mit „Hunger- und Appetitreizen, also körperlichen Impulsen"[73], wie Jeggle formuliert, arbeitet. Anders ausgedrückt: Es geht um Existenzielles, und zwar in der besonderen Weise, dass eine Lust, die an dem Leiblich-Existenziellen hängt, im Spiel ist. Mit den Kategorien Lacans formuliert: Die Subjektivierung mittels Essen schöpft aus der Dimension des Realen, indem sie mit einem Genießen einhergeht.[74]

B) *Menschen*

Die Äußerungen aus der Interpretationsgruppe betonen die Anwesenheit einer Person – des Feldforschers. Seine Ausrufe, sein Aufstöhnen, sein Jubel sind zentral im Textmaterial dokumentiert. Aber die Situation besteht nicht nur aus dem Spielgeschehen und ihm. Denn, wie schon am Aspekt des Essens deutlich wur-

[71] Ebd.

[72] Ebd., 190.

[73] Hier und im Folgenden ebd., 189.

[74] Zum Genießen im Lacan'schen Verständnis vgl. Kap. 3.2. und Evans, Dylan 2001: Intodductory Dictionary, 91-92.

de, sind in der Situation viele Menschen anwesend. Sie treten in der Umgebung des Feldforschers in Erscheinung, in den von ihnen unterhaltenen Kontakten (die Buchhändlerin; der Bekannte; der Tischnachbar, der sich nach dem Spieler Cacau erkundigt; die Tischnachbarin, die zwar das Gespräch über die Qualität des Kaffees verweigert, aber die aktuellen Spiel- und Tabellenstände kommuniziert etc.). Mit der Tischnachbarin stehen weitere Personen im Kontakt, mit denen sie spricht: Ihre Mutter; der Tischnachbar, den sie dirigiert, wie er sich setzen soll; eine zu spät gekommene Bekannte; die Gruppe der Jungs.

Während die Sitznachbarin deutlicher Gestalt annimmt, klingen viele dieser Menschen im Textmaterial buchstäblich nur an. Etwa, wenn eine Frauenstimme „Jaaa!" ruft. Wenn erst eine Frau und kurz darauf auch ein Kind „hallo" sagen. Wenn sich ein kleiner Junge nach dem Bremer Torschützen erkundigt. Wenn ein Vater seine Kinder ruft und ein Kind nach seiner Mutter. Wenn die Jungs lachen, kommentieren, sich austauschen, etc.

Die Transkription der Audioaufnahme zeigt die Anwesenheit der Menschen in einer besonderen Erscheinungsform: In dem Umstand, dass sie Äußerungen tätigen. In der Transkription erscheinen diese Äußerungen, als würden sie in die Unbestimmtheit des Raumes hinein gesagt. Die in der Situation Anwesenden äußern sich in den Raum. Zu den Nachbarn? Zum Reporter? Zu den Spielern?… Äußern wir uns *vor uns hin*?

Die Unbestimmtheit der Adressaten des Sprechens, die Unbestimmtheit der Gerichtetheit des Sprechens, könnte ein Grund dafür sein, weshalb in der Interpretationsgruppe die Mehrzahl und Vielzahl der in der Situation in Erscheinung tretenden Menschen nicht wahrgenommen zu werden scheint. Ein anderer Grund könnte die Flüchtigkeit des Sprechens sein, die vom hier praktizierten Methodenansatz (Klangaufnahme, interpretative Transkription) betont wird. So dass schließlich der Eindruck entsteht, man habe es mit einem Klanggewebe zu tun; einem Stimmengewimmel, das mal spitz wird, das vor allem aber freundlich summt. So wie beispielsweise in der ersten Aufnahmeminute, noch vor Spielbeginn: „Lachen von einer Frau, ich lache auch, Geklapper von Besteck, immer: Stimmen, viele und unhektisch, in einer Vielzahl von Gesprächen." Der oder die Einzelne scheint im Summen der gleichzeitig stattfindenden Gespräche und Gaststättenklänge zu verschwinden. Aber das Feldforschungsmaterial zeigt zugleich auch, wie sehr die einzelne Person *da* ist: Zwar nimmt im Material kaum jemand deutlich Gestalt an, aber nach außen zu treten, sich zu artikulieren, das praktizieren in der Situation offenbar ganz Viele.

C) *Wissen*

Ähnlich verhält es sich bezüglich der in der Transkription zum Ausdruck kommenden Dimension des Wissens. In den Äußerungen der Interpretationsgruppe ist dieser Aspekt wie inexistent, dabei wimmelt das Transkript der Soundscape nur so vor Wissen. Ich möchte das exemplarisch an den Namen festmachen, die in der Transkription auftauchen. Diese sind zu diesem Zweck im Folgenden erstens nach Vereinen und zweitens alphabetisch nach Nachnamen gereiht und in der jeweiligen Funktion benannt, in der das mit ihnen einhergehende Wissen im Wesentlichen besteht:

Perl, Gunter: Schiedsrichter; VfB: Labbadia, Bruno: Trainer; Bobic, Fredi: Manager; Boka, Arthur: Außenverteidiger; Cacau: Stürmer (verletzt); Harnik, Martin: offensives Mittelfeld; Ibisevic, Vedad: Stürmer; Kvist, William: defensives Mittelfeld; Macheda, Federico: Stürmer (eingewechselt); Niedermeier, Georg (‚Schorsch'): Innenverteidiger; Sakai, Gotoku: Außenverteidiger; Okazaki, Shinji: Stürmer (eingewechselt); Torun, Tunay: offensives Mittelfeld; Traore, Ibrahima: offensives Mittelfeld; Ullreich, Sven: Torwart; SV Werder Bremen: Akpala, Joseph: Stürmer (Einwechselspieler); Arnautovic, Marko: offensives Mittelfeld (nicht im Kader); Petersen, Nils: Stürmer; Ekici, Mehmet: offensives Mittelfeld; Elija, Eljero: offensives Mittelfeld; De Bruyne, Kevin: offensives Mittelfeld; Fritz, Clemens: Außenverteidiger (eingewechselt); Hunt, Aaron: offensives Mittelfeld; Ignjovski, Aleksandar (‚Iggy'): Außenverteidiger; Junuzovic, Zlatko: Mittelfeld; Lukimya, Assani: Innenverteidiger; Mielitz, Sebastian: Torwart; Prödl, Sebastian: Innenverteidiger (eingewechselt); Schaaf, Thomas: Trainer; Schmitz, Lukas: Außenverteidiger; Selassie, Theodor Gebre: Außenverteidiger (eingewechselt); Strebinger, Richard: Torwart (Einwechselspieler). Weitere genannte Akteure sind Ailton (ehemals besonders erfolgreicher Stürmer bei Werder Bremen); Balotelli, Mario (Stürmer beim AC Mailand und in der italienischen Nationalmannschaft, gegen die die deutsche Nationalmannschaft bei der Europameisterschaft 2012 das entscheidende Spiel verlor); Lewandowski, Robert (zu diesem Zeitpunkt enorm erfolgreicher Stürmer bei Borussia Dortmund); sowie die Vereine: Borussia Dortmund, Hannover 96, HSV, 1899 Hoffenheim, FC Schalke 04, VfL Wolfsburg.

Das Wissen um die Bedeutung dieser Namen wird nicht nur vom Reporter weitgehend vorausgesetzt. Auch wenn die Jungs am Nebentisch sich über die rote Karte für Robert Lewandowski informieren; wenn ich zu Beginn der Transkription vom „langsam sprechende[n] Cacau" schreibe oder wenn mich der Tischnachbar fragt, ob Cacau denn immer noch beim VfB spiele, ist eine Menge Wissen im Spiel. Dieses Wissen wird im Wesentlichen nicht expliziert, sondern wird als in grundlegender Weise gegeben vorausgesetzt. Erst auf dieser Grundlage macht das ihr aufsitzende Wissen, machen Informationen dann Sinn („frisch vom Afrika-Cup zurückgekehrt" etc.). In den Bereich dieses impliziten Wissens gehören beispielsweise auch die Regeln des Fußballspiels; so etwa die Abseitsregel, aber auch die Aufteilung in zwei Spielhälften a fünfundvierzig Minuten, das Spielen mit elf Spielern pro Mannschaft, die Anwesenheit der Ersatzspieler, die Relevanz der Trainer etc.

Hermann Bausingers Aussage, im „Fußball ist jeder Experte, jede und jeder kann mitreden“[75], ist deshalb zu differenzieren. Etwa in dieser Weise: Der Fußball bildet ein Feld des Wissens, eine dynamische Wissensordnung, die ihren Subjekten unter anderem das Mitreden ermöglicht, auch das Anknüpfen von Kommunikationsakten. Grundlage hierfür ist aber, dass sich das Subjekt im Bereich dieses Wissens bewegt.

Auf das in der Situation vorliegende Vorhandensein einer Wissensordnung weist gerade die weitgehende Abwesenheit, die diese in den Äußerungen der Interpretationsgruppe erfährt, hin. Auf ihre Existenz als einer symbolischen Ordnung, in deren Rahmen man sich entweder bewegt oder auch nicht bewegt, deren Subjekt man entweder ist oder auch nicht ist, deutet außerdem der in der Interpretationsgruppe mehrfach artikulierte Eindruck hin, man käme in die im Feldforschungsmaterial behandelte Situation nicht hinein: Wie jede symbolische Ordnung artikuliert auch der Fußball nach innen Bedeutungen und besitzt nach außen hin eine Grenze.

D) *Zuschreibungen*

Während die Anwesenheit einer Vielzahl einzelner Personen in der Wahrnehmung der Interpretationsgruppe hinter der zentralen Stellung des Feldforschers zurück zu treten scheint und das Vorliegen und Wirkmächtig-Sein der Dimension der Wissensordnung implizit bleibt, wird ein anderer Aspekt des Textmaterials in der Gruppe stark thematisiert: Das Feldforschungsmaterial *beschreibe* die Situation nicht, sondern *kategorisiere*. Es fänden sich zum Beispiel keine Aussagen wie, „die Person mit dem roten T-Shirt läuft wieder an mir vorbei“. Ebenso würden nicht etwa ‚weiße Haare‘ genannt, stattdessen aber permanent Altersangaben gemacht. Die Art der Kategorisierung wird als starke Zuschreibung wahrgenommen. Im Zusammenhang mit den Zuschreibungen, insbesondere von Herkünften an die Sitznachbarinnen (‚Türkinnen‘, ‚Spanierinnen‘, ‚Bremer Kleinbürgertum‘, ‚Tochter und Mutter‘, ‚trotz Migrationshintergrund fließend Deutsch sprechend‘ etc.), besteht in der Gruppe Empörung. Die Tendenz zur Kategorisierung wird als unangenehm empfunden und auch an der Transkription kritisiert: Man habe die Vorstellung gehabt, eine phonetische Transkription der Klänge zu erhalten, stattdessen würden die Laute und die Leute kategorisiert. Gleichzeitig besteht das Kategorisieren als Haltung aber auch in der Gruppe: Kaffee und Kuchen würden konsumiert? Nicht etwa Bier? Das passe nicht! Anstatt Bier trinkender Männer seien außerdem

[75] Bausinger, Hermann 2000: Kleine Feste im Alltag, 56.

so viele Frauen anwesend?! Offenbar sei die untersuchte Gaststättensituation nicht typisch, sondern ein „randständiges Setting“.

Im zeitgenössischen kulturanthropologischen Denken werden derart starke Zuschreibungen im Rahmen eines als ‚Othering‘ bezeichneten Phänomens verstanden.[76] Die Zuschreibung führt hier zur Konstruktion eines Anderen, dem bestimmte Eigenschaften unterstellt werden, der sich aber vor allem von dem unterscheidet, was als Eigenes aufgefasst wird. Das dem Othering innewohnende Konstruktionsmoment zielt also auf die Hervorbringung von etwas Eigenem, wobei die Hervorbringung über die Abgrenzung gegenüber dem als anders Entworfenen erfolgt und mit dessen Abwertung einhergeht. Die aus der Zuschreibung resultierende Unterscheidung und Abwertung des ‚Anderen‘ ermöglichen die Idealisierung des ‚Eigenen‘.

Dafür, dass in der Situation der Fernsehübertragung eines Fußballspiels in der Gaststätte Othering-Prozesse ablaufen, sprechen einzelne Phänomene aus der Situation selbst, wie etwa die Ablehnung des VfL Wolfsburg durch meine Sitznachbarin. Außerdem deutet auch das Verhalten der Supervisionsgruppe hierauf hin, findet im Laufe der Sitzung doch eine von der Supervisorin konstatierte Parteibildung statt. Der Ärger über das Material und das Sympathisieren mit ihm stehen sich gegenüber. Weil sich diese Gegensätzlichkeit nicht nur an einzelnen Gruppenmitgliedern festmacht, sondern darüber hinaus auch an gegensätzlichen Äußerungen, die teilweise von ein- und derselben Person getätigt werden, lässt sich festhalten, dass der Raum der Interpretationsgruppe von der Gegensätzlichkeit durchzogen und von dieser wie eingenommen ist.

In der volkskundlichen Forschung ist es Hermann Bausinger, der den hier zum Ausdruck kommenden Antagonismus und die ihn umgebende identifikatorische Kraft[77] ausdrücklich als Kennzeichen des Fußballsports benennt, wenn er schreibt: „Die Wettkampfkonstellation führt fast unweigerlich zur Parteilichkeit, zur Identifikation mit einer Mannschaft. […] [M]an entgeht der Identifikation fast nie. Es kommt kaum je vor, dass es einem wirklich gleichgültig ist, wer gewinnt.“[78] Im

[76] Als klassische Beschreibungen des Otherings gelten Edward Saids Studie über den Orientalismus und Johannes Fabians Arbeit über Veranderung mittels zeiträumlicher Distanzierung; vgl. Said, Edward 2003: Orientalism; Fabian, Johannes 1983: Time and the Other.

[77] In den Kategorien Lacans formuliert, besteht die identifikatorische Kraft des Antagonismus (wie auch die durchschlagende Wirkkraft des Affekts) in der Dimension des Imaginären; vgl. Kap. 3.2.

[78] Bausinger, Hermann 2000: Kleine Feste im Alltag, 54. Auch Johann Huizinga hebt in seiner berühmten kulturanthropologischen/kulturhistorischen Studie über die Begründung der Kultur im Spiel den ‚antithetischen Charakter agonaler Spiele‘ und die diesen innewohnenden Qualitäten hervor: Sie erzeugen Spannung, Leidenschaft, „Intensität des Lebens“; Huizinga, Johan 2011: Homo Ludens, 58 u. 59.

Feldforschungsmaterial kommt der Aspekt des Antagonismus des Spiels im ständig präsenten Gegensatz zwischen dem SV Werder Bremen und dem VfB Stuttgart zum Ausdruck.[79] Eine Reihe von als etabliert geltenden Bremer Rivalitäten klingt im Material außerdem an, so zu den anderen norddeutschen Clubs wie dem HSV, dem VfL Wolfsburg und Hannover 96, oder auch zu Schalke 04.

Wie das Wissen – und mit diesem verknüpft – sind auch Kategorien in der Situation anwesend. Und zwar in doppelter Weise: Zum einen sind sie wirksam; so wird zum Beispiel der VfL Wolfsburg abgelehnt. Zum anderen scheinen sie aber auch permanent produziert zu werden. Der Antagonismus des Spiels; die von ihm ausgehende Positionierung des Publikums; die mit dieser einhergehende Rivalität, sie bedürfen der Kategorisierung. Das Moment der Zuschreibung scheint somit einen tautologischen Bestandteil des Fußballs als Welt zu bilden: Die Notwendigkeit, Zuschreibungen zu praktizieren, resultiert aus dem Antagonismus des Spiels, der Rivalität und der mit diesen einhergehenden Positionierung. Zugleich schreiben die Zuschreibungen den Antagonismus, die Rivalität, die Positionierung fort; sie tragen zu deren Entstehung wie auch ihrer Perpetuierung bei.

E) *Auftreten, Grenzen und Aneignung auktorialen Geführt-Werdens*

Eng mit den Zuschreibungen verbunden ist ein weiterer Aspekt, der sich etwa an der in der Interpretationsgruppe mit Empörung aufgenommen Heimlichkeit der Klangaufnahme festmacht und dort durchweg als unangenehm beschrieben wird: Dem Gefühl, vom Autor des Feldforschungsmaterials geführt zu werden. So äußert etwa eine Teilnehmerin: „Ich habe nicht gemerkt, wie sehr ich vom Autor geführt werde." Ein „objektivierender Blick" werde auf die Ereignisse geworfen, was sich etwa an der Transkription der Klänge festmache, die eine starke Objektivierungstendenz habe. Das Feldforschungsmaterial habe den Charakter einer „pseudo-subjektiven, auktorialen" Darstellung der Situation.

Ich verstehe diese Eindrücke als Hinweis auf das Vorkommen und den hohen Stellenwert der Objektivierung in der und für die Situation selbst. Und mehr: Die Rückmeldungen verweisen darauf, dass in der Situation die Objektivierungen nicht einfach gegeben sind, sie scheinen vielmehr erzeugt zu werden; das heißt, sie sind nicht als quasi-natürliche gegeben, sondern werden gemacht. Auf dieses Erzeugt-Werden deutet nicht zuletzt die Anwesenheit eines Spielraumes hin, der die Gültigkeit des Objektivierten umgibt und etwa in der zitierten Aussage zum Ausdruck kommt („Ich habe nicht gemerkt, wie sehr ich vom Autor geführt werde."). Denn die Tatsache, dass diese Aussage getroffen wird, führt ja einen Widerspruch zum

[79] Dieser Antagonismus lässt die in Stuttgart stattfindende Interpretationsgruppensitzung sicher nicht unberührt.

Inhalt der Aussage mit sich: Es ist eben doch bemerkbar, dass man geführt wird; dass der eigene Blick gelenkt wird; dass eine Praxis der Objektivierung am Werk ist.

Insofern erscheint es mir sinnvoll, davon auszugehen, dass das Textmaterial eine Doppelung von einerseits auf die eigene Erfahrung durchschlagendem Geführt-Werden und andererseits der Wahrnehmung des Geführt-Werdens beinhaltet. Während sich diese Doppelung im Feldforschungstextmaterial und in der Interpretationsgruppensitzung besonders an meiner Person festmacht, wäre es im Hinblick auf die Methodologie der Studie falsch und hinsichtlich möglicher Erkenntnismöglichkeiten über die beforschte Situation eine vergebene Chance, diesen Aspekt einer möglichen Praxis des Lenkens der Aufmerksamkeit durch Objektivierung auf eine idiosynkratische Eigenschaft meiner Person zu reduzieren. Dafür, hier einen Aspekt der Situation selbst zu vermuten, spricht die von Emerson, Fretz und Shaw in *Writing Ethnographic Fieldnotes* vertretene Auffassung von der Methode der Ethnografie als einer „researcher mediation [of the field]"[80]. „While fieldnotes are about others, their concerns and doings gleaned through empathetic immersion, they necessarily reflect and convey the ethnographer's understanding of these concerns and doings. Thus, fieldnotes are written accounts that filter members' experiences and concerns through the person and perspectives of the ethnographer; fieldnotes provide the ethnographer's, not the members', accounts of the latter's experiences, meanings, and concerns."[81] Diese Hinweise richten sich an ein Verständnis von ethnografischer Feldforschung, das die Erfahrung des Forschenden vorschnell mit der Erfahrung der Beforschten zu verwechseln droht. Zugleich kommt hier aber auch zum Ausdruck, dass es dieser Mediatisierung durch die Subjektivität des Forschenden *bedarf*. Sie stellt das Wesen der ethnografischen Methode dar.[82] Da im Falle meines Feldforschungstextmaterials die Anwesenheit eines Ich nun deutlich erkennbar ist, geht es mir mit dem Bezug auf Emerson et al. um den Aspekt der Mediatisierung, aber im Ausgang nicht von der Person des Forschenden und der Einflüsse, welche diese auf die Wahrnehmung, Darstellung und das Verständnis des Untersuchungsgegenstandes zwangsläufig ausübt. Sondern: Die Situation spricht im Feldforschungsmaterial durch das forschende Subjekt, das sich mit ihr auseinandersetzt. Die dem ethnografischen Forschen inhärente ‚researcher mediation of the field' erfordert und ermöglicht auch, die sich am Subjekt des Forschens festmachenden Aspekte der Forschung als Hinweis auf Eigenschaften des Feldes zu begreifen. Im Fall der sich aufdrängenden Parallele zwischen dem

[80] Emerson, Robert et al. (1995): Writing Ethnographic Fieldnotes, 12.

[81] Ebd., 12f.

[82] Vgl. auch Holland, Janet 2007: Emotions and Research.

Immersionscharakter des Textmaterials und der Situation selbst konnte ich bereits plausibel machen, dass dieser methodologische Ansatz produktiv ist.

Bezogen auf das hier nun zur Diskussion stehende Material heißt dies: Der Eindruck des beim Lesen des Textmaterials Objektivierungen-nahegelegt-Bekommens und Geführt-Werdens macht sich im Material und in den Deutungen der Interpretationsgruppe am Autor des Textmaterials fest, welches eine Situation behandelt, in der das Moment des Lenkens und Herbeiführens von Objektivierungen präsent ist. Dieser Hinweis bestätigt sich am Transkriptionstext. Ist es dort doch der das Spiel kommentierende Fernsehreporter, der als objektivierender, lenkender Autor in Erscheinung tritt. Seine diesbezügliche Präsenz durchzieht den Transkriptionstext. Auch wird er von mir in einer unkonventionellen Weise tituliert, die denkbar den bestimmenden Zug seiner Präsenz anklingen lässt: ‚Kommentator'. Im Vergleich mit der üblichen Berufsbezeichnung ‚Reporter' liest sich das beinahe als ‚Diktator'. Darüber hinaus macht sich die auktoriale Position des Reporters an einer Vielzahl von Aussagen im Textmaterial respektive den Handlungen, welche hinter diesen Aussagen stehen, fest. Der ‚Kommentator' begrüßt, erläutert („Harnik war gesperrt",…), nimmt Einschätzungen vor („Nach zwanzig Minuten fand ich das Unentschieden eher aus Bremer Sicht etwas glücklich. Jetzt, nach dreiunddreißig Minuten…") und bewertet (lobt, kritisiert), benennt, objektiviert („Rasen [ist] gut bespielbar", „Jetzt ist hier Werder klar das bessere Team"…). „Der Kommentator ist in der Transkription stark vertreten", formuliert auch ein Teilnehmer der Interpretationsgruppe und er stellt einen Bezug zwischen Reporter und Forscher her: Bei seiner Lektüre des Textmaterials sei meine Stimme, die Stimme des Autors des Feldforschungsmaterials und Textgebers der Interpretationsgruppensitzung, „in die Sportkommentatorenstimme gekippt". Der Text habe sich gelesen, als werde er von einem Sportreporter gesprochen.

Die Durchschlagskraft des Kommentars auf die Situation der Live-Übertragung des Fußballspiels in der Gaststätte lässt sich prägnant mit der Figur des Herrensignifikanten aus der psychoanalytischen Diskurstheorie Lacans formulieren. Wie der Herrensignifikant ein diskursives Feld ausrichtet, es ordnet, hierbei eine Welt erzeugt und zugleich das Subjekt in diesem Feld, dieser Welt, vernäht, also in der Neuordnung des Feldes die Bindung des Subjekts an das Feld erneuert, organisiert auch der Reporter das Spiel, das er kommentiert, indem er ihm eine Artikulation verschafft: Indem er dem Geschehen eine Sprache gibt; Begriffe verwendet, die die Aufmerksamkeit der Zuschauenden ausrichten, lenken, indem sie Perspektiven schaffen oder indem sie die Aufmerksamkeit fokussieren oder Erinnerungen aufrufen; auch indem sie der Sprache des Fußballsprech in den Medien entsprechen und das Geschehen formen, indem sie ihm mittels der von dieser Expertensprache angebotenen Matrix einen Sinn geben, etc.[83] Aber anders als in Lacans Vorstellung vermag der Herr in der Situation der Fernsehübertragung des Fußballspiels in der Gaststätte zwar zu lenken (zumindest entsteht dieser Eindruck), er ist jedoch weit davon entfernt, allmächtig zu sein. Die Performanz seines Aussagens besitzt Grenzen und entfaltet eine ‚andere' Produktivität als die des Herrensignifikanten. So ist mir, als ich das Material auf der Suche nach Objektivierungs-/Führungs-Phänomenen durchlas, zum Beispiel aufgefallen, dass es zwischen der achten und der dreizehnten Minute der zweiten Halbzeit zunächst heißt, der Reporter spreche ‚dezidiert' („Der Kommentator äußert sich dezidiert zur Wiederholung des vermeintlichen Handspiels: ‚Ne, ne, ne!' Zustimmung aus dem Raum.") Kurz darauf ist es dann eine Gaststättenbesucherin, über die es ebenfalls heißt, sie spreche dezidiert („Stimme einer Frau, die dezidiert spricht."). Wie sich der Aspekt der Auktorialität im Sinne von Objektivierung/Führung nicht auf eine idiosynkratische Haltung der Person des Feldforschers beschränken lässt, reicht er offenbar auch über die Funktion des Reporters hinaus. Im Material der Klangtranskription wird dies besonders am Umgang der Jungs mit den Aussagen des Reporters deutlich.

So finden zwischen der neunundvierzigsten und der achtundfünfzigsten Minute mindestens sechs verschiedene selbstbewusste Umgangsweisen mit dem Kommentar statt. Hier zunächst die Textstellen in einer gekürzten Fassung der Transkription: „Der Kommentator: ‚Junuzovic, De Bruyne'. ‚Oh, ja!' ‚Jaaaa!' ‚Huhhh', ‚Endlich!', ‚Super', ‚Ekici'. Kein Aufschrei, sondern wie eine Welle, die sich ganz schnell aufbaut, ist das Lärmen da, mit vielfachem Klatschen. 1:0 für Werder durch Mehmet Ekici. […] Einer der Jungs: ‚Robert Lewandowski hat Rot gekriegt.' […] Es wird gesprochen, während der Kommentator das Starkwerden Werders thematisiert. Wieder ruhiger, viel Fanlärm aus dem Stadion, Rekapitulation des Kommentators: ‚Der VfB ist hier nach der zwanzigsten Minute aus dem Tritt geraten.' Einer der Jungs mit gespieltem Bedauern: ‚Ooooch! […] ‚Je länger das Spiel dauert, umso besser kriegen die Gäste aus dem hohen Norden die Partie in den Griff.' Einer der Jungs macht sich lustig über die Formulierung ‚hoher Norden'. [… E]iner der Jungs beschreibt einen möglichen Spielzug und die möglichen Einwechslungen, die Schaaf vornehmen wird. […] ‚Oh ja, schade. Das war Hand.' Beifall. Einer der Jungs: ‚Hau rein, Iggy!' […] Kommentator: ‚De Bruyne, diesmal gestoppt von Harnik.' Einer der Jungs: ‚Der spielt morgen bei der Zweiten.'"

Die hier auftretenden Umgangsweisen der Jungs mit dem Kommentar lassen sich näher wie folgt fassen: 1) Aussagen des Reporters und des Publikums (dar-

[83] „Master signifiers are […] the factors that give the articulated system of signifiers […] – that is, knowledge, belief, language – purchase on a subject: they are what make a message meaningful, what make it have an impact rather than being like a foreign language that one can't understand." Bracher, Mark 1994: Lacan's Four Discourses, 111.

unter auch die Jungs) gehen ineinander über. 2) Einer der Jungs informiert – parallel zum Kommentar des Reporters und als spreche er an dessen Stelle – über ein wichtiges Ereignis eines zeitgleich stattfindenden anderen Bundesligaspiels (ein wichtiger Dortmunder Spieler wird des Platzes verwiesen). 3) Einer der Jungs heuchelt Mitleid mit dem VfB – als direkte Antwort auf eine entsprechende Aussage des Reporters. 4) Einer der Jungs macht sich über eine Formulierung des Reporters (‚hoher Norden') lustig. 5) Einer der Jungs spricht quasi als Reporter, indem er mögliche Einwechslungen von Ersatzspielern durch den Bremer Trainer benennt. 6) Ein Junge ergänzt den Kommentar flapsig durch das Benennen einer überzogenen Konsequenz aus einer Spielsituation: Die Abstrafung eines Spielers durch seine Versetzung von der so genannten ersten in die so genannte zweite Mannschaft des Vereins, die unterklassig spielt und in der Regel der Schulung und Erprobung der Nachwuchsspieler dient.

Grundsätzlich lässt sich hier erkennen, dass von den Gaststättenbesucher_innen den Ausführungen des Reporters offenbar nicht einfach lediglich gefolgt wird, sondern seine Setzungen, seine Objektivierungen, auf ganz unterschiedliche Weise aufgegriffen werden. Mal ist das Aufgreifen ironisch, mal hat es den Charakter eines lebendigen Gesprächsaustausches; und manchmal, wie im Fall des folgenden Beispiels, bleibt das Wesen des Aufgreifens unklar. Erkennbar wird nur, dass es stattfindet. „Foul. Freistoß Bremen. ‚Das sind die Ballverluste, da kriegst Du graue Haare als Trainer.' (Kommentator) Einer der Jungs: ‚2:1…'. Enttäuschungsklänge, Hunt schießt den Freistoß über das Tor. Kommentator: ‚Der war'n halben Meter zu hoch.' Einer der Jungs: ‚Graue Haare…'"[84] Die Metapher des Reporters aufzugreifen, es würden einem vor Verzweiflung ‚graue Haare' wachsen, zeigt noch einmal deutlich, dass den Jungs die Äußerungen des Reporters als Bezugspunkte dienen. Diese eignen sie sich an. Das sich dabei vollziehende Spiel aus Wiederholung und Variation ruft das Call-Response als das sonische Aneignungsverfahren schlechthin in Erinnerung. Michael Rappe beschrieb es jüngst noch einmal ausführlich als ästhetisches Prinzip afroamerikanischer Kultur, das in der Form des Spielens mit präexistenten kulturellen Zeichen auch alternative Zeichen hervorzubringen ermöglicht.[85] Das folgende Zitat Rappes fokussiert die Hervorbringung noch in einer weiteren Hinsicht: „‚Call' bezeichnet die individuelle Stimme, die eine Melodie singt und/oder einen Rhythmus schlägt. ‚Response' meint die Aufnahme und Wiederholung dieser Stimme in (s)einer Differenz. ‚Response' verweist zugleich auf den Ursprung und auf die Variationen des ‚Calls'. Gleichzeitig ist dies kontextabhängig, denn mit der paraphrasierenden Aufnahme findet auch eine erneute In-

[84] Zweite Halbzeit, sechzehnte Minute.

[85] Rappe, Michael 2010: Kontextbezogene Analyse afroamerikanischer Popmusik.

dividualisierung statt. Aus dem ‚Response' wird in einem neuen Kontext ein neuer (individualisierter) ‚Call', der beantwortet werden kann".[86] Was Rappe hier als ‚Individualisierung' bezeichnet, lässt sich in seiner Konsequenz poststrukturalistisch als Entstehung einer (situativen) Subjektposition auffassen; oder in Anlehnung an Steven Feld auch als die dem lift-up-over innewohnende performative Erzeugung der Präsenz und Wahrnehmbarkeit einer Person für andere – und damit auch für die Person selbst.[87] Die Möglichkeit dieser Subjektivierung beruht im Call-Response auf dem Vorhandensein der ersten Setzung, die der Call vollzieht. Übertragen auf die Situation des Public Viewings in der Gaststätte heißt dies, dass es gerade die objektivierende und führende Setzung des Reporters ist, die mittels Bezugnahmen, mittels ‚Antworten' verschiedener Art, zur situativen Subjektivierung der Fans in Entäußerungsvorgängen führt, in welchen diese für andere und für sich selbst in Erscheinung treten.

Auf diese Weise sammeln sich rund um den Kommentar Entäußerungen einzelner Personen an, die sich in der Transkription als Gewebe einer losen Gemeinschaftlichkeit lesen lassen: Als Ineinanderspielen von in diesem Gewebe erst möglichen Subjektivitäten. So etwa in der vierundzwanzigsten Minute. Der Reporter: „‚Nach dem ersten Eckball gibt's den zweiten gleich hinterher. Tunay Torun, der schon hier, relativ früh, einen Fuß in die Hacken bekommen hatte, dann trotzdem noch weiter machte und den Ball dann ja auch noch erfolgversprechend auf Traore quergelegt hat' (spricht weiter). Einer der Jungs greift das auf: ‚Genau, der läuft erstmal zehn Meter…' Weiter die Jungs: ‚Fehlpass…' ‚Einsnull Dortmund.' ‚Für Hannover?' ‚Nein.' ‚Hoffenheim?'"

Auch ab der zwanzigsten Minute der zweiten Halbzeit findet, um ein weiteres Beispiel zu geben, viel Kommunikation statt, oft in Anlehnung an den Kommentar: „Kommentator: ‚Fehler… setzt sich fort in der Person von Schorsch Niedermeier.' ‚Ja, Mann, Schorsch.' (Einer der Jungs.) Einer der kleinen Jungen: ‚Den schießt jetzt Elija ins Tor.' Mutter der kleinen Jungs zu einem von diesen: ‚Hunt hat den Freistoß gemacht, und danach hat er ihn reingemacht.' Kommentator zur Wiederholung: ‚Da der Fehler von Niedermeier, der den Ball nicht wegbekommt gegen Petersen…' Einer der Jungs: ‚Da haut er ihn um.' ‚Klar.' Nachbarin: ‚Scheißegal, Hauptsache, die gewinnen. Hamburg führt 4, äh 3:1.' ‚Echt?' ‚Oder 4:1, weiß ich schon gar nicht mehr.' Kommentator zur Freistoßsituation: ‚Der erste Freistoß von Aaron Hunt war jetzt nicht soo toll.' Nachbarin: ‚Ne.' Kleiner Junge: ‚Mehmet Ekici schießt.' Nachbarin: ‚3:1.' Kommentator: ‚Oder lässt er ihn für Mehmet Ekici?' Einer der großen Jungs: ‚Rechts an der Mauer vorbei.' Frauen-

[86] Ebd., 136.

[87] Zum lift-up-over sounding vgl. Kap. 5.

stimme: ‚Schluss jetzt, rein da.‘ Viele: ‚JAAAAAAA!!!!‘. Kommentator: ‚… und der trifft!!‘ Beifall, Jauchzer. ‚Super!‘ ‚Geil!‘ ‚Zwei Tore.‘“

Das Ineinanderspielen der Äußerungen als Gewebe zu fassen, bringt zum Ausdruck, dass die Transkription den Eindruck nahelegt, das Erleben von sich selbst, das mit der Äußerung in den Raum hinein einhergeht, sei damit verbunden, dass sich die Subjekte zugleich auch als Teil eines Kollektivs erleben, das in diesen Äußerungen und in dieser Situation anwesend ist. Der Ausdruck ‚Gewebe‘ impliziert, dass eine Verbindung existiert. Diese besteht – zumindest *auch* – in der Auktorialität, der Objektivierung, Ordnung, Lenkung der Aufmerksamkeit, die sich im Feldforschungsmaterial am Autor des Materials und insbesondere am Reporter festmacht und deren Verzweigungen weit in die gesamte Situation ausgreifen.

F) *Gefühle*

„Wo sind die Gefühlseindrücke?“ wird in der Interpretationsgruppe gefragt und es herrscht Verwunderung darüber, dass konkrete diesbezügliche Äußerungen fehlen. Die Antwort, die ich hierauf im Material finde, lautet: Die Gefühle sind nicht irgendwo, sie sind überall! Darüber hinaus sind sie außerdem auch unbenannt und es sind auch nicht ausdrücklich meine Gefühle. Die Gefühle scheinen vielmehr irgendwie im Raum vorhanden zu sein, sie durchströmen diesen und scheinen die in ihm anwesenden Personen einzunehmen. Diese Interpretation würde die Abwesenheit einer reflexiven Gefühlsbeschreibung in den Feldforschungsnotizen ernst nehmen und erklären: Einen affizierenden, immersiven Charakter der Stimmungen im Raum anzunehmen, entspricht der Konstatierung eines immersiven Charakters der Situation im Ganzen.

Die immersive Artikulation von Gefühlen klingt in der Transkription der Soundscape punktuell an. So etwa in den beiden folgenden Szenen.

In der neunundvierzigsten Minute der Aufnahme fällt das erste Tor für Werder Bremen: „‚Oh, ja!‘ ‚Jaaaa!‘ ‚Huhhh‘, ‚Endlich!‘, ‚Super‘, ‚Ekici‘.“ Siegesfreude, Erleichterung, Dankbarkeit gegenüber dem Torschützen sind Gefühle, die ich hier aus dem Feldmaterial herauslesen kann und die auch kohärent sind zu meiner, als ich dies schreibe freilich nur noch vagen Erinnerung an die Situation selbst. Aber wie auch immer die emotionale Qualität der Situation präziser verstanden werden könnte, die emotionale Aufladung als solche steht außer Frage. Dasselbe gilt für eine Szene, die ich als ein zweites Beispiel anführen möchte. Bezogen auf die sechzigste Aufnahmeminute heißt es im Transkriptionstext: „Einer der Jungs: ‚DER war doch der Idiot!‘ Ich sage: ‚Das ist nicht in Ordnung, Frechheit.‘“ Ganz offensichtlich ärgern sich an dieser Stelle mindestens zwei der Zuschauenden.

Neben solchen, sich punktuell im Feldforschungsmaterial artikulierenden Gefühlen, ist auch die Interpretationsarbeit in der Gruppe von starken emotionalen

Qualitäten durchzogen. Es besteht eine Spannung, die sowohl als spielbezogen und interessiert wie auch als gruppenbezogen und mühsam artikuliert wird. Auch Ärger und schlechtes Gewissen stehen im Raum. Hierauf komme ich noch zurück.

G) Stimmungswellen

„Der Kommentator: ‚Junuzovic, De Bruyne'. ‚Oh, ja!' ‚Jaaaa!' ‚Huhhh', ‚Endlich!', ‚Super', ‚Ekici'. Kein Aufschrei, sondern wie eine Welle, die sich ganz schnell aufbaut, ist das Lärmen da, mit vielfachem Klatschen. 1:0 für Werder durch Mehmet Ekici." – In der Interpretationsgruppe wird die Bezeichnung ‚Welle' von einer Teilnehmerin aufgegriffen, weil sie das damit bezeichnete Phänomen interessant finde: Das Sich-Aufbauen oder auch Abebben einer Stimmung.

Die Welle bildet einen Aspekt der Situation der Liveübertragung des Fußballspiels in der Gaststätte, der in der interpretativen Transkription der Soundscape zwar gehört und benannt werden kann, sich aber schwer zeigen lässt. Kurze Wellen bekomme ich nicht expliziert. Aber neben den momenthaften Emergenzen von Stimmungen finden sich in der Situation auch größere Wellen, die sich aus der Transkription herauslesen lassen. Im Folgenden skizziere ich den Verlauf dieser Wellen jeweils für jede der beiden Halbzeiten des Spiels. Wobei mit Skizzierung auch gemeint ist, dass es sich hierbei nur um einen provisorischen Versuch einer Formulierung handelt und dieser zwangsläufig einen tastenden Charakter behält.

Das Muster des Stimmungsverlaufs entspricht dem Spielverlauf, gemessen am Torerfolg des SV Werder Bremen, der das Spiel 1:4 gewinnt. Der Spielverlauf in Toren stellt sich wie folgt dar: 0:1 (34. Spielminute); 1:1 (50.); 1:2 (60.); 1:3 (74.); 1:4 (92.).

Bevor die erste Spielhälfte beginnt, liegt ein Gesprächssummen[88] vor, das auf eine angeregte, unaufgeregte Stimmung schließen lässt. Diese wird mit dem Spielbeginn von einer nervösen, gespannten Ruhe abgelöst. Die ist nicht völlig ruhig, sondern auf eine geradezu unruhige Weise ruhig. Leichtes Klatschen mischt sich mit einzelnen Äußerungen, die allerdings wie in eine umfassende Ruhe hinein gestoßen wirken. Diese Stimmung hält sich, bis sich nach knapp einer halben Stunde Aufnahme ein Gespannt-Sein ausbreitet; auch Skepsis. Es kommt zu kurzen Aufregungen, es wird aufgestöhnt. Ungeduld macht sich breit, wie es eine Teilnehmerin der Interpretationsgruppe als allgemeinen Eindruck vom Material nennt. Vorübergehend stellt sich noch einmal mehr Ruhe ein, bevor dann Mitte der dreißigsten Aufnahmeminute mit einem durch De Bruyne beinahe erzielten Tor eine nun deutlich als erwartungsvoll verstehbare Unruhe entsteht. Es wird viel gelacht und gesprochen. Dann fällt das erste Tor für den SV Werder Bremen und die Freude ist da.

[88] Zur Bezeichnung ‚Gesprächssummen' vgl. Bonz, Jochen 2013: Das Gesprächssummen, und Kap. 6.1.

Sie kristallisiert gewissermaßen in einer entspannten Ruhe aus, die auch wieder die Form des Gesprächssummens annimmt.

Die Stimmung zu Beginn der zweiten Halbzeit ist ruhig. Das ändert sich mit dem Ausgleich durch den VfB Stuttgart. Die damit entstandene Unruhe lässt sich als Anspannung verstehen, die den stimmungsmäßigen Rahmen setzt für das folgende Wechselspiel aus Erwartung und Enttäuschung. Dieses endet mit dem 1:2, das einen Stimmungsausbruch mit sich bringt: Reden und Lachen erfüllt den Raum. Mir vermittelt sich der Eindruck, eine große Freundlichkeit greife um sich. Es wird viel miteinander geredet.

Mit dem 1:3 werden die Gespräche noch lauter, es wird geklatscht, Beifall gespendet. Die Stimmung ist nun gelöst. In der Folge kehrt wieder mehr Ruhe ein: „Im Raum jetzt ruhige Gespräche, Lachen, Klatschen für Aaron Hunt, der für Selassie ausgewechselt wird." Das 1:4 in der Nachspielzeit geht mit viel Lachen einher.

In der Interpretationsgruppe wird mehrfach kritisch geäußert, das gesamte Feldforschungsmaterial habe die Tendenz zur Harmonisierung. Hier, in den letzten Minuten des Spiels, als klar ist, dass es durch den SV Werder gewonnen wird, besitzt diese Wahrnehmung eine Realität, die ich emotional begreifen kann. Die Stimmung am Ende des Spiels *ist* harmonisch. Ich könnte auch formulieren: Sie ist voller Freude und Erleichterung, gelöst. – An diesem Fall wird greifbar, wie die Interpretationsgruppe als ein Methodeninstrument zur Auswertung von Feldforschungsmaterial latent im Material Vorhandenes *artikuliert*. Was im Material vorhanden ist, wird nicht zwangsläufig angemessen oder ‚richtig' interpretiert, aber es manifestiert sich.[89]

Was ich mit Harmonie meine, kommt auch in einer Aussage aus der Interpretationsgruppe zum Ausdruck, die sich kritisch auf Umfang und Art des Feldforschungsmaterials bezieht: „Man muss durch fünf Tore, bevor man an die Schokolade heran darf." Die Harmonie, das ist die Schokolade.

Identitätsarbeit und Genießen

Im Anschluss an die hier erfolgte Vertiefung in einzelne Aspekte der Situation, wie sie in der Live-Übertragung eines Fußballspiels in einer Gaststätte vorliegt, stellt

[89] Dass sich diese Manifestierung auch in der Form ambivalenter oder sogar unter verkehrten Vorzeichen stehenden Artikulationen vollzieht, entspricht der Logik des Unbewußten, die Lacan in folgender Weise als Wahrheit des Mythos formuliert „[D]as Halb-Sagen ist das innere Gesetz jeder Art von Aussagen der Wahrheit, und das, was es am besten verkörpert, ist der Mythos. [...][A]lles, was sich vom Mythos sagen lässt [, ist folgendes]: dass die Wahrheit sich in einer Alternanz von einander streng entgegengesetzten Dingen zeigt, die man sich umeinander drehen lassen muß." Lacan, Jacques 2010: Die Kehrseite der Psychoanalyse, 127.

sich die Frage, welche Erkenntnis sich auf dieser Grundlage über die Situation als solche, die Situation an sich, ergibt? Eine erste Antwort auf diese Frage besteht in dem das Subjekt affizierenden, immersiven Charakter der Situation. Die Herausarbeitung einzelner Aspekte unterstreicht das Moment des Hereingezogen-Seins in die Situation, da dieser Zug wiederholt in Erscheinung getreten ist. So kann man sich vorstellen, dass in der Vermischung der Einzelaspekte deren jeweilige Immersionskräfte eine Potenzierung erfahren, da sich in ihr die verschiedenen einzelnen Immersionskräfte wechselseitig verstärken. In der an meinem Feldforschungsmaterial unternommenen Interpretation stellt sich die Situation der Live-Übertragung eines Fußballspiels in einer Gaststätte deshalb zunächst und grundlegend als eine Situation dar, die dadurch bestimmt ist, dass das Subjekt in sie hereingezogen wird. Sie ist eine Situation des Hereingezogen-Werdens.

Hierauf weist auch folgende Überlegung hin: Die Vertiefung in einzelne Aspekte hat nicht wesentlich einer Rückmeldung aus der Interpretationsgruppe entgegengewirkt, die lautet, man könne sich den Raum der Gaststätte nicht vorstellen; es entstehe nicht wirklich ein Eindruck von ihm. Weil die Beschreibung einzelner Aspekte des Raumes aber keinen Zweifel daran lässt, dass er tatsächlich vorhanden ist, deutet die fehlende Vorstellbarkeit auf ein spezifisches, von der Situation nahegelegtes Dasein des Subjekts im Raum hin: Sich ohne Übersicht über die Situation und ohne Distanz zu haben zu den in ihr vorkommenden Akteuren, Gegenständen und Phänomenen *mittendrin* zu befinden. Worin man steckt, das ist ein Gewimmel; das ist die Verschränkung verschiedener Aspekte, verschiedener Ebenen, auf denen unterschiedliche Phänomene und Handlungen angesiedelt sind.

Wie sich zeigte, ist im Gewimmel Vieles zugleich anwesend. Das macht sich schon an der Vervielfachung des Raums fest, welche die Situation grundsätzlich ausmacht: Ein andernorts stattfindendes Spiel wird am Ort der Gaststätte erlebt. Was dort geschieht, geschieht – irgendwie – auch hier. Die in der Situation Anwesenden hören zum Beispiel die Gesänge der VfB-Fans im Stadion und sie seufzen und triumphieren gegen diese an. Darüber hinaus sind freilich die verschiedenen Aspekte gleichzeitig anwesend, die ich herausgearbeitet habe: Das Essen und Trinken, in dem sich die Enkulturation mit dem Genießen verbindet; die Ko-Präsenz von Menschen; ein gemeinsames Wissensfeld; eine antagonistische Spannung beziehungsweise Menschen, die sich behaupten im Wir-gegen-Sie; ein Geführt-Werden der Wahrnehmung, das permanent umspielt, gestört, dem widersprochen und das zur Entäußerung und Selbstpositionierung verwendet wird, also dazu, in der Orientierung an und der Auseinandersetzung mit ihm zu einer Sprache zu kommen; verschiedene Gefühle und Stimmungswellen. Sie alle sind gewissermaßen auch in die Situation hinein gezogen.

In den Wahrnehmungen der Interpretationsgruppe kommt außerdem zum Ausdruck, dass die Situation durch etwas gekennzeichnet ist, das in meinem Feldforschungsmaterial nicht vorhanden ist, was darauf hinweist, dass es auch *in der Situation selbst* in einer grundlegenden Weise nicht anwesend ist: Ein Selbst des forschenden Subjekts in der Differenz zum Untersuchungsfeld; und, hiermit verbunden, eine Beziehung zwischen forschendem Subjekt und den Akteur_innen des Untersuchungsfeldes. Auch diese Rückmeldung begreife ich als einen weiteren Hinweis auf den immersiven Charakter der Situation. Diese nimmt das Subjekt ein und prägt es, situativ.

In diesem Verständnis deutet der Eindruck, im Feldforschungstextmaterial werde keine Beziehung des forschenden Subjekts zum Feld explizit angesprochen, darauf hin, dass etwas, was sich als Beziehung verstehen lässt, in der Situation tatsächlich in so fundamentaler Weise gegeben und für sie sogar konstitutiv sein könnte, dass es unerkannt bleibt. Wirklich finden sich in diesem ‚Brei' ja durchaus Beziehungen. So hält die Supervisorin im Verlauf der Interpretationsgruppensitzung in einem Zwischenfazit fest, dass sich kein gemeinsamer Fluss des Assoziierens ergäbe und auch nicht das eine, gemeinsam erwirkte Assoziationsgewebe zustande komme; stattdessen fänden tendenziell Rede und Gegenrede statt – und damit: Eine antagonistische Parteibildung. Mit dem Antagonismus ist nun aber etwas Wesentliches benannt, stellt er doch die Beziehungsform dar, die dem Fußballspiel entspricht: Die Mitspielenden arbeiten nicht an einem gemeinsamen Werk, sondern sie bilden zwei Gruppen, die je eigene Werke auszuarbeiten trachten. Wobei das Zustandekommen des eigenen Werks mit der Störung und Beschädigung des Werks der Gegner gleichbedeutend ist. Die Eindrücklichkeit der antagonistischen Beziehung darf allerdings nicht dazu führen, eine andere, ebenfalls in der Situation vorliegende Beziehung zu verdecken, deren Aufspürung ein weiteres Ergebnis der Interpretation darstellt. Bei ihr handelt es sich um die dem Antagonismus noch unterliegende *Bezugnahme auf das Spiel*, die sämtliche Einzelaspekte durchzieht. Besitzen die diversen Aspekte, die sich aus dem Gebilde an Klangereignissen heraus lesen lassen, ihren Bezugspunkt doch dort, von wo sich auch das Klanggebilde aufspannt. Das ist der Fußball, wie er in der hier gegebenen Situation in der Stimme des Reporters und einer Vielzahl weiterer Klangereignisse, zu denen selbstverständlich vor allem die Anwesenheit der am Fußball interessierten Personen in der Gaststätte zählt, in Erscheinung tritt. Sie alle verweisen auf die Anwesenheit des Fußballs in der Situation in einem umfassenden und allgemeinen Sinne. Insofern unterliegt der gesamten Situation eine Bezugnahme auf den Fußball, die der Situation selbst vorgängig zu sein scheint.

Das Wesen der Anwesenheit des Fußballs in der Situation als eine für die Situation selbst konstitutive Bezugnahme zu verstehen, kann sich auf eine Reihe von Rückmeldungen aus der Interpretationsgruppe stützen. Es handelt sich dabei um Artikulationen der Zurückweisung, des Ausgeschlossen-Werdens. So wird die komplizierte Rahmung der Feldforschungsnotizen ebenso beklagt wie der Umstand, dass der Transkription mit einer allgemeinen Erläuterung des Forschungsvorhabens und den Feldforschungsnotizen zwei Texte vorangestellt waren. Speziell wird Ärger über die theoretische Hinführung vorgebracht, da man doch das Material habe lesen wollen und nicht wissenschaftliche Literaturtipps erhalten. Das Feldforschungsmaterial wird außerdem als redundant empfunden; Ungeduld sei aufgekommen, weil sich Aussagen wiederholten. „Fünf Rahmen" seien aufgemacht worden (damit das Material Sinn mache). – Auf unterschiedliche Weise ist hier von Hürden die Rede, die zu überwinden sind; von Türen, durch die hindurch zu gehen ist, nur um sich vor neuen Türen wiederzufinden.

Ich verstehe alle diese kritischen Eindrücke insofern als Hinweise auf eine die Situation in fundamentaler Weise durchziehende Bezugnahme, als sie alle gerade das Gegenteil zum Ausdruck bringen: die Abwesenheit, das Nichtvorhandensein eines Bezugs. Was mit dieser abstrakten Konzeption ‚Bezugnahme' gemeint ist, wird in den Artikulationen ihres Nicht-Vorliegens im Negativ greifbar: Wenn sie nicht gegeben ist, machen die Geschehnisse *keinen Sinn*. Mit dieser Formulierung, die Geschehnisse machten dann keinen Sinn, – und vor dem Hintergrund der in den vorausgegangenen Kapiteln beschriebenen Überlegungen – zeichnet sich ab, worauf ich an dieser Stelle hinaus möchte: Es ist offenbar die auf ihrer Außenseite zwangsläufig als ausschließend erlebte Dimension der symbolischen Ordnung, die in der Situation existent ist und die die angesprochene fundamentale Bezugnahme für diejenigen ermöglicht, *die mit ihr verbunden sind.*

Gerade die Tatsache, dass die Dinge in dem Rahmen, den die symbolische Ordnung erzeugt, eine Bedeutung besitzen, führt dazu, dass der Rahmen von außen als eine Grenze erfahren wird. In den Ausführungen zu einzelnen Aspekten der Situation ist das Vorhandensein einer symbolischen Ordnung aber auch in der Produktivität deutlich geworden, die auf ihrer Innenseite besteht. So sind besonders im Zusammenhang mit der Explikation der vom Reporter genannten Namen diese in ihrer Funktion als Bedeutungsträger kenntlich geworden. Die Namen stehen für einen Verein, eine Position, es knüpfen sich an sie Geschichten und sie verweisen weiter, etwa zu Nationalmannschaften, etc. Mit anderen Worten, sie stellen nicht einfach Wissensgegenstände dar, sondern sie bilden deshalb Wissensgegenstände, weil sie im Rahmen einer Wissensordnung als Zeichen fungieren, die für die Subjekte dieser Wissensordnung lesbar sind.

In den Rückmeldungen aus der Interpretationsgruppe findet sich noch ein weiterer Hinweis auf die Anwesenheit der Dimension der symbolischen Ordnung in der Situation der Gaststätte. Mit Bezug auf die als inadäquat empfundene Transkription der Audioaufnahme wird von einer Teilnehmerin geäußert: „Es wird einem etwas versprochen, das dann nicht stattfindet." Das Sich-Einlassen auf das Feldforschungstextmaterial kann demnach dazu führen, einen Mangel zu erfahren: Hürden und ein Versprechen führen nicht zu einem Ziel oder Ähnlichem, etwa einer Bestätigung, einer Erkenntnis etc. Stattdessen ruft das Feldforschungsmaterial eine Erfahrung von Erwartung und Mangel hervor. Dies stellt eine wiederholte Lektüreerfahrung in der Interpretationsgruppe dar, die sich etwa auch an vermeintlichen methodischen ‚Fehlern' festmacht. So wird ein Mangel an Vollständigkeit der Beschreibung genannt, der Mangel an einer präzisen Transkription der Klänge, der Mangel an einer distanzierten Beobachtungshaltung (an Assoziation, an Selbstwahrnehmung, an sich zum Untersuchungsfeld in Beziehung setzendem Verhalten), ein Mangel an Beziehung, ein Mangel an ethischem Verhalten (heimliche Klangaufnahme)… In diesen Rückmeldungen aus der Gruppe erscheint der Mangel als eine ganze Reihe von Fehlern. Im Gegensatz zum Bereich der wissenschaftlichen Methodik, zum Forschen mit bestimmten begrifflichen Konzeptionen, im Rahmen spezifischer Paradigmen etc. gibt es im Bereich des Deutens aber kein Richtig-und-Falsch. Die Deutungsartikulationen weisen vielmehr auf das latent im Material Vorhandene hin, das sich zwangsläufig und über den Umweg des Subjekts des Forschens auf die erforschte Situation selbst bezieht. Die ‚Fehler' als Mangel, aber eben nicht als Fehler zu verstehen, legt aus meiner Sicht nahe, sie als ein Insistieren auf dem *Prinzip des Mangels* zu begreifen, das in der gegebenen Situation (unterschwellig) offenbar stark präsent ist. Nun kann Mangel freilich ganz unterschiedlich verstanden und ausgelegt werden. Fragt man aber – analog zu meinem Umgang mit der Hürde – nach einer möglichen Produktivität des Mangels, so scheint es mir naheliegend, ihn hier auf die Idee zu beziehen, die die strukturale Psychoanalyse zum Mangel anbietet. Wird der Mangel bei Lacan doch in Verbindung mit der Apparatur des Begehrens gebracht, welche die symbolische Ordnung darstellt. Diese füllt erstens einen fundamentalen Mangel des Daseins aus, indem sie im Subjekt ein Begehren und begehrenswerte Objekte konstituiert. Sie bringt den Mangel hierbei zweitens allerdings nicht zum Verschwinden, sondern gibt ihm vielmehr eine Form, die für das Subjekt sinnstiftend ist, indem die symbolische Ordnung in ihm nämlich Begehrensobjekte und darüber hinaus Motive und somit überhaupt ein Begehren erzeugt.

Im Kontext dieser Überlegung begreife ich die Rückmeldungen aus der Interpretationsgruppe als Hinweise darauf, dass die Fußballbegeisterung vom Mangel umspielt wird. Es geht darum, ihn zu füllen; es geht darum, ein Begehren zu erlangen; es gibt ein Begehren, in dem der Mangel eine Form annimmt… Alle diese Aspekte von Mangel sind rund um die symbolische Funktion angesiedelt, was darauf hindeutet, dass der Fußball die Dimension der symbolischen Ordnung mit sich führt. Den zunächst konstatierten immersiven Charakter der Situation ergänzend, lässt sich somit festhalten, dass die Situation der Live-Übertragung eines Fußballspiels in einer Gaststätte, wie sie in meinem Feldforschungstextmaterial erscheint, außerdem auch durch das Vorhandensein der Dimension der symbolischen Ordnung gekennzeichnet ist. Auf sie stößt man in der Interpretation des Feldforschungsmaterials; sie unterliegt dem chaotisch anmutenden Gewimmel, das sich in einer sensuellen Annäherung an das Material aufdrängt. Die Herausarbeitung einer in der Situation der Fußballbegeisterung nachweisbaren, dieser aber vorausgehenden symbolischen Ordnung (der symbolischen Ordnung des Fußballs – was diese auch immer genau sein und umfassen mag!?), entspricht den Ergebnissen einer von Mike Weed unternommenen Untersuchung gemeinschaftlichen Fußballschauens im Pub. Dieses versteht er als Ausdruck des Wunsches nach sowohl einer Nähe zum Spielgeschehen als auch zu Anderen, mit denen man sich diese Nähe zum Spiel teilen kann. Die Voraussetzung hierfür bildet, dass man bereits mit ihnen in der geteilten Kultur des Fan-Seins, der Fußballbegeisterung, verbunden ist.[90]

Mit großem Interpretationsaufwand auf die Dimension der symbolischen Ordnung als einem wesentlichen Aspekt der Situation des Fußballschauens in der Gaststätte zu stoßen, mag lapidar erscheinen. Da Kultur, da das menschliche Dasein doch grundlegend durch das Vorhandensein dieser Dimension bestimmt ist, was sollte an der Konstatierung ihres Vorhandenseins also bemerkenswert sein? Die Antwort, die das vorliegende Material und seine Auslegung auf diese Frage geben, besteht in einer Auffächerung: Drei verschiedene Arten des Vorliegens der Dimension symbolischer Ordnung zeichnen sich ab (1, 2, 3) sowie die Vermischung dieser Dimension mit einer ‚anderen Ebene' des Kulturellen (4).

(1) Das Feldforschungsmaterial und seine Auslegung deuten darauf hin, dass eine symbolische Ordnung hier in der Form vorliegt, die klassischerweise mit ihr einhergeht. Nämlich unterhalb der Schwelle des Bewusstseins angesiedelt zu sein und gerade in dieser Weise, also als eine im Subjekt greifende Identifikation, für das Subjekt wirksam zu werden, indem sie Wissensgegenstände artikuliert, Kategorien des Wahrnehmens anbietet, Motive erzeugt etc. Als eine symbolische Ordnung, die Auswirkungen zeitigt, ist sie demnach auch im vorliegenden Fall eine, die das Subjekt in sich trägt.

(2) In den Reaktionen der Interpretationsgruppe auf das Forschungsmaterial artikuliert sich außerdem auch eine Grenze der Gültigkeit der Dimension der symbolischen Ordnung. Das hat erstens wohl damit zu tun, dass es sich eben gar nicht um eine allgemeine symbolische Ordnung des Fußballs handelt. Wie besonders in den Wertungen der in der Situation anwesenden Personen deutlich wird, handelt

[90] Weed, Mike 2007: The Pub as a Virtual Football Fandom Venue, 409f.

es sich genauer ja um eine symbolische Ordnung, die vom SV Werder Bremen her aufgespannt ist.

(3) Die Artikulation der Grenze der Gültigkeit der Dimension der symbolischen Ordnung weist außerdem generell darauf hin, dass diese Ordnung keine universelle Gültigkeit besitzt. Man kann mit ihr identifiziert sein, oder auch nicht. Der Fußball kann der einen Person etwas sagen, und einer anderen Person sagt er nichts. Indem die Grenze der Gültigkeit als eine latent im Feldforschungsmaterial enthaltene Information, neben dem Aspekt des Vorliegens der Dimension der symbolischen Ordnung und des Identifiziertseins mit dieser, ebenfalls in der Deutungsgruppe auftaucht, eröffnet sich einerseits also eine Differenz zwischen Fußballbegeisterten und Anderen. Ich meine aber, dass die Artikulation der Grenze andererseits noch ernster genommen werden muss und möchte hier die Vermutung anschließen, dass die Grenze in der Situation *überhaupt existent ist*. Damit meine ich, dass das Feldforschungsmaterial nicht nur die Information beinhaltet, in der Situation des Fußballschauens in der Gaststätte würden Personen ein Fußballspiel anschauen, die mit einer symbolischen Ordnung des Fußballs identifiziert sind. Es würde außerdem auch die Information beinhalten, dass dieses Identifiziertsein keine Selbstverständlichkeit ist, sondern etwas, das in der Situation potentiell infrage steht. Das potentielle Infrage-Stehen meint nun aber gerade nicht, dass sich in der Situation ein Zweifel am Sinn des Fußballs ausbreiten würde. Es meint vielmehr das Gegenteil: In der Situation wird, wie im Fall der in Kap. 6.1. gezeigten Überlegung Garry Robsons zu Fans des FC Millwall, eine im Subjekt angelegte Identifikation *aufgerufen*. Die Identifikation wird hierbei belebt und bestätigt. Als Effekt dieser Re-Identifikation wird die Welt des Fußballs vom Subjekt somit als Selbst und als Wirklichkeit erfahren.

In diesem Verständnis erscheint die Fußballbegeisterung als Identitätsarbeit: Offenbar verlangt das Identifiziertsein nach der Bestätigung. Offenbar verlangt der Fußball danach, immer wieder erneut ‚gegessen' zu werden. Entsprechend zeichnet sich jenseits des Begehrens, welches das Subjekt in der symbolischen Ordnung des Fußballs findet (also dem Begehren, das in meinem Feldforschungsmaterial implizit und diffus geblieben ist), ein fundamentaleres Begehren ab, das im Begehren nach einer Identifikation und einer sich hieraus ergebenden Welt besteht. Die Situation leistet die Hervorbringung eines Subjektes, das das Hervorgebracht-Werden begehrt.

Mit dieser Analyse kommt die Interpretation der Gaststätten-Situation zurück auf eine Annahme, die ich in den Kap. 2. bis 5. mehrfach bezüglich des Wesens der spätmodernen westlichen Kultur vorgebracht habe, das ich maßgeblich darin erkenne, dass diese ihr Subjekt nicht dauerhaft in der Dimension symbolischer Ordnung identifiziert und sich das spätmoderne Subjekt deshalb grundlegend auf einer Position zwischen den Geltungsbereichen einzelner symbolischer Ordnungen im Plural und jenseits des Symbolischen als kultureller Dimension bewegt. Dieses Zurückkommen auf eine Annahme lässt sich sicher kritisch im Sinne einer selbstbestätigenden Prophezeiung verstehen (man sieht nur, was man sehen möchte). Dies abzustreiten liegt mir fern. Aber es ist andererseits eben auch möglich, meine Interpretation der Live-Übertragung eines Fußballspiels in einer Gaststätte als Hinweis auf die Realität dieser Annahme zu begreifen. In diesem Fall ist es interessant, was die spezifische Situation näher kennzeichnet, lässt sie sich dann doch als exemplarischer Fall verstehen, der auch Aussagekraft bezüglich der Situation besitzt, die ich als die paradigmatische, allgemeine, verstehe. Diesbezüglich ist der folgende Punkt 4 und die sich an ihn anschließenden Überlegungen zur Atmosphäre von besonderem Interesse.

(4) Die Erscheinungsformen, in denen die symbolische Funktion des Kulturellen sich in meiner Interpretation des Forschungsmaterials abzeichnet, sind mit Phänomenen vermischt, die auf einer anderen Ebene liegen. Hierzu zählen die immersive Affektivität, wie sie das Hereingezogen-Werden in das Geschehen des Spiels und des Zuschauens beim Spiel umgibt; der Genuss und die körperliche Befriedigung, wie sie mit der Nahrungsaufnahme beim Essen einhergehen; ebenso aber auch der Ekel, wie er eine Teilnehmerin der Interpretationsgruppe angesichts ihrer Vorstellung von der Verbindung von Schwimmbad und Essen befiel (‚warmer Chlor und kalte Pommes‘, Keime). Die punktuellen Aufwallungen von Gefühlen und die langen Stimmungswellen sind auf dieser Ebene ebenso angesiedelt wie das existenziell-affektive Moment, das der Selbstbehauptung gegenüber dem Anderen innewohnt. Die situative Entäußerung des Selbst in der Form von Ausrufen, die sich an kein spezifisches Gegenüber richten, sondern ungerichtet in den Raum tönen; und die Auflösung der Grenzen des Subjekts im Gewebe, das die verschiedenen Äußerungen (Vorkommnisse etc.) im Raum bilden, sie liegen auf einer anderen Ebene als in der kulturellen Medialität der symbolischen Ordnung. Auch das zwar von einer symbolischen Matrix artikulierte Wissen ist in einem wesentlichen Aspekt auf dieser anderen Ebene angesiedelt – nämlich in seiner Nutzlosigkeit; es besitzt schließlich einen eigentümlichen Wert darin, vorzuliegen, zu bestehen, einfach da zu sein, ohne einem Zweck zu dienen.

Was diese unterschiedlichen Phänomene verbindet, ist gerade der Umstand, dass sie sich nicht in ihrer Bedeutung als Zeichen in einem kulturellen Referenzsystem begreifen lassen. Es handelt sich bei ihnen nicht um Gegenstände, die in der Medialität einer symbolischen Ordnung vorliegen. Ihr ontologischer Status ist anderer Art. Eint die genannten Phänomene, bei aller Verschiedenheit, doch ihr schieres Existieren, ihre insistierende Anwesenheit, ihre bloße Intensität, ihre Sinnlosigkeit. Im psychoanalytischen Verständnis weisen sie die Charakteristika des Prä-Ödipalen als einem subjektiven Erfahrungsraum ungeordneter, flüchtiger, intensiver emotionaler Wahrnehmungen einer undifferenzierten Vermischung aus Selbst und äußerer Wirklichkeit auf. In der psychoanalytischen Terminologie Lacans sind sie als Phänomene zu verstehen, deren Basis das Reale bildet.[91] Im Verständnis Lacans ist hier die Lust angesiedelt, die dem post-ödipalen Subjekt erst über die Begehrensobjekte zugänglich sein wird, die sich ihm im Medium der symbolischen Ordnung artikulieren werden, mit dem es sich im Ödipuskomplex identifiziert. Um das im Realen angesiedelte Genießen zu erleben, muss das post-ödipale Subjekt ausgehend von der Dimension des Symbolischen die ‚Leiter hinunterklettern' zum Realen.[92] Das eindrücklichste Beispiel für eine solche Abhängigkeit des Genießens von sozial-kulturellen Konventionen ist der Geschlechtsverkehr: Die Beteiligten empfinden etwas, zu dem sie den Zugang gefunden haben, indem sie sich begehrenswert fanden, das als Empfindung jedoch jenseits des kulturell als begehrenswert Artikulierten angesiedelt ist. Soweit der klassische Lacan. In den auf der anderen Ebene liegenden Phänomenen des Genießens, wie sie meine Interpretation des Feldforschungsmaterials zur Fernsehübertragung eines Fußballspiels in einer Gaststätte aufgezeigt hat, kommt dagegen zum Ausdruck, dass die Dimension des Realen hier offen zutage liegt. (Auch hier handelt sich um eine Annahme über die spätmoderne westliche Kultur, die in den vorausgegangenen Kapiteln bereits mehrfach vorgebracht wurde und meine Ansicht über diese Kultur wiedergibt. Aber wie macht die Interpretation des Feldforschungsmaterials diese Annahme zu einer plausiblen, gibt ihr Aussagekraft, füllt sie aus? Dies versuche ich im Weiteren darzulegen.)

Im Vorgang der Auswertung des Feldforschungsmaterials ist die Erfahrbarkeit des Realen zum Beispiel in der Interpretation in Erscheinung getreten, die in der Interpretationsgruppe über die Vermischung verschiedener Kommunikations- und Beziehungsebenen aufkam. In diesem Geflecht von Ebenen bildet das Reale eine Dimension: Und indem es, als die wohl irritierendste Dimension, die das menschliche Dasein besitzt, überhaupt in Erscheinung tritt, trägt es massiv zum Eindruck der Vermischung der Ebenen bei. Das Zutage-Liegen des Genießens zeigte sich außerdem auch in dem schlechten Gewissen, das, neben der Verärgerung und Entrüstung, über die Heimlichkeit der Klangaufnahme in der Interpretationsgruppe empfunden wurde. Es hat seine Ursache meines Erachtens darin, dass man in dem vorgelegten Feldforschungsmaterial einem Genießen nahe kommt, welches die Situation durchzieht.

[91] Zu den Charakteristika des Lacan'schen Begriff vom Realen vgl. auch Kap. 3.2.

[92] Vgl. Evans, Dylan 2002: Wörterbuch der Lacanschen Psychoanalyse, 114.

Um die unterschiedlichen Aspekte, die das Reale in der untersuchten Situation besitzt (Hunger, Ekel, Anspannung, Gegnerschaft, Erleichterung etc.), in seinem allgemeinen Zug zu fassen, verstehe ich das mit diesen Phänomenen einhergehende Genießen, wie schon in Kap. 6.1., als die Lust eines intensiven, präsentischen Erlebens des Selbst. Auch dieses lässt sich wieder als Hervorbringung eines Subjektes verstehen, weil in ihm das Subjekt als ein sich und die Wirklichkeit anders erlebendes entsteht. Ob es allerdings ein Wunsch der an der Situation beteiligten Personen ist, dieses präsentische Selbst zu erleben, und es, wie ich vermute, möglicherweise sogar einen entscheidenden Grund dafür darstellt, dass sich die Anwesenden in die Situation der Fußballspielübertragung in der Gaststätte begeben, weiß ich nicht. Diese und verwandte Fragen sind mit den hier angewandten Mitteln der Interpretation von Feldforschungsnotizen, in deren Mittelpunkt eine deutende Transkription einer Audioaufzeichnung steht und die in einer Interpretationsgruppe im Hinblick auf ihre latenten Gehalte assoziativ geöffnet wurde, nicht zu beantworten. Hierfür müssen Gespräche geführt werden, für die die hier mit sonisch-ethnografischen Mitteln gewonnenen Erkenntnisse eine Basis bilden können.

Was die Interpretation ergab, ist der Hinweis auf die in der Situation stattfindende Vermischung verschiedener Ebenen des Kulturellen, die ich abschließend noch einmal interpretatorisch zueinander in Beziehung setzen möchte.

Eine symbolische Ordnung des Interesses am Fußball ist in der Situation anwesend; sie erscheint in der Form impliziten Wissens und ist konstitutiv für das Zustandekommen von Beteiligung, Verständnis etc. am und für das konkrete Geschehen. Mehrere Aspekte des Feldforschungsmaterials – wie die von Jeggle übernommene Auffassung vom Essen als Sozialisationsgeschehen und das Vorliegen eines subjektiven Abstandes oder Spielraumes gegenüber Kategorisierungen, Objektivierungen, Bedeutungszuschreibungen – weisen außerdem darauf hin, dass die Situation nicht einfach mit der Gültigkeit einer symbolischen Ordnung gleichzusetzen ist. Vielmehr scheint die Situation dazu einzuladen, die subjektive Beziehung zum Fußball zu erneuern, indem sich das Subjekt, in dem eine Identifikation mit der symbolischen Ordnung des Fußballs angelegt ist, in dieser Situation in diese Ordnung hinein zu bewegen vermag. Eine Re-Identifikation des Subjekts mit der symbolischen Ordnung scheint stattzufinden.[93]

[93] Althussers Begriff der ideologischen Anrufung steht im Hintergrund dieser Überlegung. Allerdings besteht ein wesentlicher Unterschied darin, dass bei Althusser die Anrufung des Subjekts von der symbolischen Ordnung der herrschenden Ideologie ausgeht. Demgegenüber ist die kulturelle Situation in der westlichen Spätmoderne meines Erachtens ja gerade dadurch gekennzeichnet, dass es nicht nur keine symbolische Ordnung mit hegemonialem Status gibt, sondern darüber hinaus vor allem die Dimension des Symbolischen als Modus der Wirklichkeitswahrnehmung, des Erlebens der Wirklichkeit, nicht denselben Stellenwert hat wie bei Althusser. Sie ist heute im Kulturellen viel weniger zentral. Aber das müsste

Was sich somit auf der Grundlage der vorgenommenen Interpretation als Begehren in der Situation abzeichnet, ist vordergründig das Begehren der Fußballfans, wie es in der symbolischen Ordnung des Fußballs eine Ontologie, Sprache und Objekte besitzt. Hintergründig ist es aber das Begehren danach, überhaupt mit etwas identifiziert zu sein; das Begehren nach einem Begehren, das man sich mit anderen teilt, das artikuliert und besprechbar ist, eine gesellschaftliche Öffentlichkeit und Relevanz besitzt etc. Alles Eigenschaften, die auf den Fußball als gesellschaftliches Phänomen in Deutschland unbedingt zutreffen.

Die Präsenz des Realen ist etwas anderes als die Re-Identifikation im Symbolischen. Es findet rund um den Identifikationswunsch, die Identifikation, die Re-Identifikation herum statt. Insofern ist die in der Situation stattfindende Identitätsarbeit von Formen des Seins umgeben, die Lacan mit der Bezeichnung jouissance, Genießen, fasst. Die Situation ist aufgeladen mit Genießen, um eine noch stärkere Formulierung zu gebrauchen. Folgerichtig scheint das Genießen allerdings auch nur für diejenigen Personen wirklich genießbar zu sein, für die es mit dem Aspekt der Identitätsarbeit verbunden ist: Nur wer bereits mit der Dimension symbolischer Ordnung in der SV Werder Bremen-Ausprägung identifiziert ist, Fan ist, dem bereitet das Fan-Sein auch in der Situation der Live-Übertragung in der Gaststätte Genuss. Re-Identifikation im Symbolischen und Genießen im Realen erscheinen hier unauflöslich verknüpft und bilden eine alternative Formulierung für das ebenso verknüpfte Hineingezogen- und Hervorgebracht-Werden, die ich zur Benennung der Eigenschaften der hier behandelten Situation der Fußballbegeisterung gewählt habe.

Atmosphäre

In der aktuellen kulturtheoretischen Diskussion gibt es mit ‚Atmosphäre' eine Bezeichnung, die das hier im Interpretationsvorgang als Kennzeichen einer Situation der Fußballbegeisterung erarbeitete Hineingezogen- und Hervorgebracht-Werden auf den Begriff bringt. Wird die Verschränkung dieser beiden Aspekte doch von den beiden heute einflussreichen Atmosphäre-Theoretikern, Gernot Böhme und Jean-Paul Thibaud, unabhängig voneinander betont. So sind Atmosphären für Thibaud dadurch gekennzeichnet, „dass sie nicht selbst wahrgenommen werden, sondern vielmehr Wahrnehmung dadurch ermöglichen, dass sie ein Feld bestimmen, in dem […] Phänomene zur Erscheinung kommen."[94] Die Atmosphäre bilde das Medium respektive den Hintergrund der Wahrnehmung, wie Thibaud in An-

man – wie so Vieles, das hier anklingt – freilich ausführlich überlegen und diskutieren. Vgl. Althusser, Louis 1973: Ideologie.

94 Thibaud, Jean-Paul 2003: Sinnliche Umwelt, 294. Im Folgenden ebd., 295.

lehnung an Merleau-Ponty argumentiert. Der Hintergrund wird als solcher nicht wahrgenommen, weil er „die Grundlage der Wahrnehmung bildet. Von ihm ausgehend erlangen Phänomene und Ereignisse ihre individuelle Prägung und heben sich von anderen ab." Entsprechend nehme man gerade nicht Atmosphären wahr, sondern die Wirklichkeit *gemäß* Atmosphären. Diese setzten die „Bedingungen, unter denen Phänomene [...] in Erscheinung treten, [fest]". Thibaud konstatiert: „Wenn uns Atmosphären umgeben, wenn wir in sie eingetaucht sind, dann nehmen wir sie notwendig von innen wahr, was zur Folge hat, dass es für das Subjekt kaum mehr möglich scheint, von seiner Umgebung zurückzutreten. Wir können Teil von Atmosphären sein oder sie empfinden, aber sie sind nichts, was in Ruhe aus der Entfernung heraus betrachtet werden könnte."[95] Eine Atmosphäre ist nach Thibaud demnach ein immersives, subjektivierendes Medium, in dem sich dem Subjekt der Atmosphäre eine Wirklichkeit artikuliert, deren Qualität von der Qualität der Atmosphäre abhängt. Bei Böhme erscheint derselbe Zusammenhang vom Eingenommen- und in seiner Wahrnehmung der Wirklichkeit Hervorgebracht-Werden des Subjekts in Formulierungen, wie: „Atmosphären werden gespürt, indem man affektiv von ihnen betroffen ist."[96] Oder wenn er Atmosphären als Raum beschreibt, „in den man hineingerät"[97] und von einer Stimmung umfasst werde. Als „unbestimmt räumlich ausgebreitete Stimmungen" begreift Böhme Atmosphären als „quasi objektiv."

Sowohl Thibauds als auch Böhmes Atmosphärebegriff mutet esoterisch an, weil die subjektivierende Kraft der Atmosphäre unbegründet bleibt. Sie scheint für keinen von beiden ein Problem darzustellen, dessen theoretische Klärung lohnenswert erschiene. Ganz offenbar ist die Macht des Atmospärischen für beide Autoren evident. Im Zusammenhang der kulturanthropologischen Diskussion ist diese fehlende Begründung deshalb unbefriedigend, weil sie mit Konzepten wie ‚Tradition', ‚Kultur', ‚Habitus', ‚symbolische Ordnung' u. a. an zentralen Schnittstellen ihrer Theoriebildung über eine ganze Reihe von Begriffen verfügt, die Erklärungen mit sich führen, *weshalb* eine Personengruppe die Wirklichkeit mit bestimmten Kategorien wahrnimmt, und nicht mit anderen. So insbesondere aufgrund milieuspezifischer Prägung. Verglichen mit diesen Konzeptionen erscheint die Wirklichkeiterschließende Kraft, die Böhme und Thibaud der Atmosphäre zusprechen, unbegründet und darüber hinaus auch irritierend luftig, flüchtig, unverbindlich. Die Konzeption der Atmosphäre steht, mit anderen Worten, in wesentlichen von ihr bezeichneten Aspekten in einem Konkurrenzverhältnis zu diesen klassischen so-

---

[95] Ebd., 282.

[96] Böhme, Gernot 2001: Aisthetik, 46.

[97] Hier und im Folgenden ebd., 47.

zialwissenschaftlichen Begriffen zur Bezeichnung von Akkulturationskräften und ihren subjektkonstitutiven Effekten. Wie ich an anderer Stelle ausgeführt habe, halte ich es für geboten, diese begriffliche Konkurrenz und ihre Ursachen gründlich zu bedenken.[98] Dabei vertrete ich, was nicht überraschen wird, die Ansicht, dass es die nachlassende Identifikationskraft der herkömmlichen Sozialisationsinstanzen ist, die nachlassende Identifikation mit der kulturellen Dimension kollektiv gültiger Kategorien der Wirklichkeitswahrnehmung, die in der spätmodernen westlichen Kultur zur Ausbildung einer spezifischen Form der Subjektivität führt. Diese ist auf lokale, Ontologien artikulierende Felder oder Räume angewiesen und an deren Hervorbringung interessiert. Atmosphäre stellt sich für mich also als ein möglicher Begriff zur Bezeichnung einer spezifischen Form der Gültigkeit kollektiv geteilter Interessen, Motive, Wahrnehmungsweisen etc. dar, die die Wirklichkeit anders als eine symbolische Ordnung, mit der das Subjekt wirklich identifiziert ist, artikuliert. Auch flüchtiger.

Was die Bestimmung dieser Spezifik der atmosphärischen Form der Wirklichkeitsartikulation anbelangt, kann die Interpretation meiner Feldforschungsdaten als Beitrag zur Klärung verstanden werden. Das Hineingezogen-Werden des Subjekts findet statt, das Hervorgebracht-Werden des Subjekts; aber die Interpretation ergab darüber hinaus auch, wie sich diese Subjektivierungsdynamik begreifen lässt: Als situatives Lebendigwerden einer im Subjekt angelegten Identifikation, die in einem unauflöslichen Verhältnis mit Phänomenen vom Typ des Realen stehen: Organischem, Ekligem, Sinnlosem, emotional Überschüssigem… Diese Phänomene umgeben den Re-Identifikationsvorgang, scheinen sowohl seine Voraussetzung zu bilden wie zugleich auch von ihm ausgelöst zu werden. Atmosphäre stellt sich hier insofern als eine das Subjekt in eine Identifikationsdynamik verwickelnde Kraft dar, die in einer Situation wirkmächtig ist, die durch das Vorhandensein einer im Subjekt nur in relativer Weise wirksamen bzw. unwirksamen symbolischen Ordnung bei gleichzeitig starker Präsenz des Genießens im Realen gekennzeichnet ist.

Diedrich Diederichsen hat diesen Zusammenhang, und damit die Kraft des Atmosphärischen, unkomplizierter formuliert. Für ihn ist das Zustandekommen von Atmosphäre daran geknüpft, dass eine Situation vorliegen muss, „in der ein großer Zweck (Transport, Verkauf, Handel und Wandel etc.) ein Licht wirft, dessen Schatten groß ist: hier tummeln sich viele und Vielheiten, die der Anlass zusammengeführt hat, die aber eigentlich was anderes wollen und machen."[99] Das paradigmatische Beispiel ist hier der klassische Bahnhof. Atmosphäre heiße, so Diederichsen weiter, „eine Konstellation steckt voller Möglichkeiten, denen aber

[98] Vgl. Bonz, Jochen 2011: Das Kulturelle.

[99] Hier und im Folgenden Diederichsen, Diedrich 1999: Der lange Weg, 60.

nicht das zentrale, sozusagen offizielle Interesse, die Beleuchtung gilt". Im Falle des Untersuchungsgegenstands des vorliegenden Kapitels handelt es sich bei dem großen Zweck um den Fußball in seiner gesamtgesellschaftlichen Relevanz, in seiner ökonomischen Bedeutung, im hohen Stellenwert, der dem SV Werder in Bremen zukommt. Aber auch die Tatsache des Gezeigt-Werdens des Fußballspiels in der Gaststätte stellt einen solchen großen Zweck dar. Um zu bestimmen, was Diederichsen als Möglichkeiten bezeichnet, die sich im Schatten des Zwecks ergeben, lässt sich dann an all das denken, was in der hier vorgenommenen Interpretation an der Situation der Live-Übertragung herausgearbeitet wurde. Im Wesentlichen: ins Reale (im Lacan'schen Sinne) eingetauchte Identifikationsbewegungen der Subjektivität, die sich auf eine symbolische Ordnung von lokaler und relativer Gültigkeit beziehen; eine Identifikationsbewegung, die darüber hinaus dadurch motiviert ist, zu einer Erfahrung und Wahrnehmung der Wirklichkeit zu gelangen, die man sich mit anderen Personen teilen kann (und die als Wirklichkeit nicht langweilig, sondern lebendig ist).

6.3 Eine Atmosphäre der Erarbeitung spielerischen und emotionalen Flusses. Über das ‚Kiebitzen' beim Mannschaftstraining

Mit einer weiteren Darstellung einer Auswertung von Feldforschungsmaterial gebe ich im vorliegenden Kapitel ein zweites Beispiel für das, was ich unter sonisch-ethnografischem Forschen begreife. Bei der untersuchten Situation handelt es sich in diesem Fall um das tägliche Training der Bundesligamannschaft des SV Werder Bremen. Dieses stellt insofern eine Situation der Fußballbegeisterung dar, als Fans, die sogenannten ‚Kiebitze', regelmäßig in ihr anwesend sind. Der Zeitpunkt der teilnehmenden Beobachtung, von der das im folgenden gezeigte Feldforschungsmaterial stammt, war ein Vormittag im Herbst 2012.

Wieder interessiert mich, was in der Situation ‚assoziiert' ist, da davon auszugehen ist, dass das, was in ihr vorhanden ist, von den Fans in der Situation auch gesucht und gefunden wird. Hierbei wird von mir wieder darauf gesetzt, dass die Berücksichtigung der Dimensionen des Klanglichen dazu beiträgt, das in der Situation Existierende zu artikulieren. Getragen ist die Artikulationsbemühung in diesem Fall aber auch wieder durch die Deutung der Feldforschungsnotizen und der Klangtranskription im Rahmen einer Interpretationsgruppe. Im Ganzen legt die im Folgenden beschriebene Annäherung an die Atmosphäre des Kiebitzens an besagtem Herbsttag wieder einen Interpretationsprozess offen. Abgesehen von der Ausformulierung des Fazits, das über Monate hinweg immer wieder leicht umgeschrieben wurde, und einer sprachlichen Überarbeitung der zusammenführenden Notizen, vollzog sich der Auswertungsvorgang innerhalb einiger weniger Tage. Er umfasst fünf Momente: 1) die im Anschluss an die Beobachtung formulierte Beschreibung der Situation, 2) eine interpretative Klangtranskription[100], 3) meine Formulierung der Ergebnisse der Deutung von Beschreibung und Transkription, 4) die Zusammenführung der Ergebnisse in der Form einer Note-on-Notes, 5) das Ergebnis.

Die Präsentation des Prozesses soll diesen konkreten Auswertungsvorgang und mit ihm die angewandte Methodik im Allgemeinen exemplarisch aufzeigen. Deutlich wird hierbei, dass der Auswertungsprozess zwar keinesfalls linear verläuft, sich aber Schritt für Schritt Artikulationen des Feldes ergeben. Entweder, indem neue Überlegungen zu bereits vorliegenden ergänzend hinzukommen, oder indem die bereits vorliegenden Überlegungen neu ineinander wirken. Die abschließend formulierte Interpretation, das Ergebnis, hat den Anspruch, die verschiedenen Aspekte, die im Auswertungsprozess aufgetaucht sind, in ihrem Ineinanderwirken zu berücksichtigen.

6.3.1 Beschreibung der Situation (Feldforschungsnotizen)

Nahezu täglich trainiert die Profimannschaft des SV Werder Bremen auf Trainingsplätzen, die unmittelbar neben dem Weserstadion liegen. Die Trainingseinheiten dauern in der Regel eine gute Stunde. Sie finden öffentlich statt und es sind tatsächlich auch immer Zuschauende da. Im Diskurs des Fußballjournalismus' (des ‚Fußballsprech', wie es vielleicht richtiger heißen muss, weil es ein Sprachgebrauch ist, der weit über journalistische Texte hinaus Anwendung findet) existiert mit ‚Kiebitze' eine Bezeichnung für Zuschauende beim Training. Da es eine regelmäßige Anwesenheit beim Training konnotiert, bedeutet das Wort auch Kennerschaft, Neugierde, und: die Zeit zu haben, mitten am Tag anderen beim Arbeiten zusehen zu können. Es ist ein Stereotyp, das sich für mich in der Vorstellung von älteren Männern manifestiert, Rentnern, für die das Zuschauen beim Training ein Moment im Tagesablauf darstellt. Ein besonderes Moment, vielleicht, weil man dabei draußen ist, bei Wind und Wetter; weil andere Kiebitze da sind, die man kennt, mit denen man sich unterhält, austauscht; auch weil man in diesem Moment den Profis, die ja prominent sind (Stars, Helden), nahe kommt; etc. Dieses Klischee ist für mich wirkmächtig, obwohl es ebenso Teenager beiderlei Geschlechts

[100] Zum Moment der Subjektivität und interpretativen Auslegung der Klänge in der Transkription vgl. die hierzu gemachten Anmerkungen in Kapitel 6.2.

sind, junge Paare und andere, die sich beim Training einfinden können, wie ich aus einer ganzen Reihe von teilnehmenden Beobachtungen in dieser Situation weiß.

Am betreffenden Tag, einem Mittwoch im November, findet das Training bereits um 10:00 morgens statt und nicht wie in der Regel am Nachmittag. Da keine Ferien sind und es außerdem zwar nicht regnet, aber doch stark bedeckt ist und in den vergangenen Tagen auch kalt war, ist das sicher kein besonders günstiger Termin, um etwas über Fußballbegeisterung zu erfahren. Ich nehme ihn trotzdem wahr und breche am Morgen, nachdem ich auf der Homepage des SV Werder Bremen den Zeitpunkt der Trainingseinheit erfahren habe, kurz entschlossen auf. Denn seit Tagen hatte ich mir vorgenommen, an diesem Tag, in dieser Woche, wieder einmal zum Training zu gehen. Weil ich diese Woche die Zeit dazu habe, und einfach auch Lust, mich darauf freue. Die Fahrradfahrt aus der Bremer Neustadt zum Stadion entspricht dem Weg, den ich, wie Tausende andere, schon zig Mal zu Spielen ins Stadion gegangen bin. Die Wilhelm-Kaisen-Brücke über die Weser; kilometerlang am parallel zur Weser, zur Innenstadt und den Innenstadtwohnvierteln Ostertor, Steintor und Peterswerder verlaufenden Osterdeich entlang, einer Allee, die sowohl Autostraße ist als auch einen breiten Fahrrad- und Fußweg hat. Direkt vom Deich geht es zum Stadion hinunter… Am Spieltag strömen hier die Fans und die Hinbewegung zum Spielort ist dann für mich bereits aufgeladen mit Emotionen, mit Vorfreude, mit Anspannung und Befürchtungen, mit Unruhe.

Der Platz, auf dem an diesem Morgen trainiert wird, liegt hinter einem großen Parkplatz. Es gibt auf der direkt an den Parkplatz angrenzenden, kurzen Seite des Platzes eine kleine Tribüne, auf die man sich zum Zuschauen stellen kann, in zwei Stufen vielleicht insgesamt Einmeterfünfzig erhöht. Eigentlich ist dieser Platz zum Zuschauen aber nicht so schön wie ein zweiter Platz, auf dem ebenfalls Trainingseinheiten stattfinden, weil ein Gitterzaun um den gesamten Platz läuft und auf der Seite der Tribüne sogar besonders, nämlich etliche Meter hoch ist.

Die Sonne bricht heraus. Im Laufe der kommenden dreiviertel Stunde, die ich da sein werde, sehen insgesamt etwa fünfundzwanzig Personen zu. Die wenigsten von ihnen die gesamte Zeit über. Zu Beginn sind nur zwei Männer da, die dem Kiebitz-Klischee entsprechen, weil sie offenbar die Zeit haben, da zu sein, und sich miteinander über das Geschehen auf dem Platz unterhalten. Einer von ihnen geht an Krücken. Der andere führt das große Wort; er weist seinen Bekannten auf bestimmte Spieler hin, die dieser offensichtlich nicht unterscheiden, nicht ausmachen kann. Das ist nicht verwunderlich, weil das Training nicht in der Nähe der Zuschauerseite, sondern in der Mitte des Platzes stattfindet, schätzungsweise dreißig, vierzig oder sogar fünfzig Meter von uns Zuschauenden entfernt. Nur einmal kommen uns die Spieler nahe, als sie, noch bei den Aufwärmübungen, mit dem

Ball am Fuß alle in einer Reihe genau auf uns zulaufen, auf der Grundlinie angekommen umdrehen und wieder davonlaufen.

Außerdem ist da auch von Beginn an eine Frau um die sechzig, die mit einem Fotoapparat am Zaun steht. Später stößt eine Begleiterin zu ihr, die ihr sehr ähnlich sieht. Beide sind nicht sofort als Frauen zu erkennen, in ihren einfarbigen Allwetterjacken und vor allem aufgrund ihres Kurzhaarschnittes. Auch sie schauen konzentriert zu und unterhalten sich dabei. Ein paar junge Frauen tauchen im Laufe der Zeit einzeln, zweimal auch in Begleitung älterer Männer auf, zwei auch mit Kinderwägen und Babys; ebenso mehrere Zweiergrüppchen junger Männer, vom Teenageralter bis vielleicht Mitte dreißig. Mehrere ältere Herren, die Kiebitze im Sinne des Klischees, sind außerdem im Laufe der Zeit da; alle alleine und nicht in Gesprächen. Ein Ehepaar kommt nach dem Einkauf im Fan-Shop des *SV Werder Bremen* vorbei und auch es ist darum bemüht, die Spieler auf dem Platz zu erkennen. Vor allem der Mann. „Das dort ist der Hunt." „Mit der grünen Kappe, ist das etwa Schaaf?" „Ja, klar." Auch mir erscheinen die Spieler zunächst als eine große Gruppe, in ihrer einheitlichen Trainingskleidung. Später kristallisieren sich zwei Gruppen heraus. Während die größere Gruppe von etwa zwanzig Personen auf engem Raum unter Anleitung des Trainers Thomas Schaaf und seiner zwei Assistenztrainer Fußball spielt, läuft eine Gruppe von knapp zehn sehr jung wirkenden Spielern mit dem Konditionstrainer (heißt das eigentlich so? Ist er nicht eigentlich für die Beweglichkeit der Spieler zuständig?) beständig im Dauerlauf um den Platz. Wenn sie an uns vorbeikommen, sehe ich, wie sie immer wieder Blicke zur anderen Gruppe hinüber werfen. Einer von ihnen ist ein Abwehrspieler namens Affolter, über den bekannt ist, dass er vom Trainer ‚aussortiert' (Fußballsprech) wurde. Die Blicke erscheinen mir sehnsüchtig und beim Aufschreiben, in der Erinnerung, werde ich ganz traurig. Gleichzeitig kam mir die Gruppe in der Situation selbst aber auch etwas aufmüpfig vor. Einer hob kaum die Füße hoch beim Laufen; alle liefen deutlich hinter dem Konditionstrainer, der sehr ernst wirkte und nicht sprach. Sie waren die vom Spiel Ausgeschlossenen.

Im Spiel der größeren Gruppe wiederholt sich für mich der Eindruck von Ausgeschlossensein und Dazugehören, weil die beiden Mannschaften aus einerseits Stammspielern, andererseits Ersatzspielern bestehen. Auf engem Raum sollen die Gruppen jeweils den Ball erobern und behalten. Ich habe den Eindruck, es geht um das Üben schnellen Zuspielens, unter Druck. Damit das Zuspiel funktioniert, sollen die Spieler sich anbieten und, wenn ich die Zurufe der Trainer richtig verstand, zu diesem Zweck Dreiecke bilden: ballführender Spieler, zwei Mitspieler, je mit genügend Abstand zu den Gegenspielern – so dass der ballführende Spieler zwei Abspielmöglichkeiten hat. Bei Mehmet Ekici, einem als sehr gut geltenden Spieler, der in dieser Saison vom Trainer aber nur selten in den Kader für die

Bundesligaspiele berufen wird und dort dann auch so gut wie nie spielt, fällt mir eine Situation auf, in der er wirklich keine Anspielmöglichkeit besaß. [Eigentlich heißt es ‚Abspielmöglichkeit', fällt mir beim Wiederlesen der Beschreibung auf.] Niemand hatte sich frei gespielt, um sich ihm anzubieten. Niemand „hilft" ihm, um die Formulierung zu gebrauchen, die aus Thomas Schaafs Mund immer wieder vom Spielfeld herüber drang.

Andere Spieler fallen mir durch ungenaues Abspielen auf (Marko Arnautovic), wieder andere durch extrem schnelles und auch präzises Passspiel (Aaron Hunt, Kevin De Bruyne). Andere zeigen großes Engagement, ohne zu glänzen. Spät fällt mir auf, dass ein bekannter Abwehrspieler (Sebastian Prödl) nicht mitspielt und spät kann ich überhaupt die Spieler auseinander halten, erkennen, benennen.

Unter den Zuschauenden sind neben den genannten Personen noch einige von der Presse. Zu Beginn hatte ich sogar den Eindruck, es seien mehr Presseleute als andere Zuschauende da. Mindestens drei Fotograf_innen: zwei Frauen, ein Mann, alle in ihren Zwanzigern. Ein Filmkameramann. Mindestens zwei Journalisten, in meinem Alter, die sich mit dem Fotografen darüber verständigen, wie wenig „medienfreundlich" es doch sei, das Training so weit von der Tribüne entfernt abzuhalten.

Nach einer dreiviertel Stunde beginnt es zu regnen. Ich mag nicht mehr bleiben und breche auf als die Spieler gerade anfangen, Tore aufzustellen um das freie Fußballspiel zu beginnen, mit dem die Trainingseinheiten in der Regel abschließen.

6.3.2 Interpretative Klangtranskription

Anfahrt mit dem Fahrrad, das Rauschen vorbeifahrender Autos und das Surren der Fahrradgangschaltung sind zu hören

05:32[101] „Guten Morgen." Schnäuzen.

06:45 Vogelkrächzen und leises, pulsierendes Rauschen. Vögel. Andere Vögel. Bewegung.

07:45 Im Hintergrund ganz leise: Stimmen. Werden lauter. Polizei-/Notarztsirene auf dem Osterdeich.

08:33 Wind, pulsierendes Geräusch wird etwas lauter. Metall, ein Tor, das geöffnet/geschlossen wird. Wind oder Bewegung am Mikrofon. Vogel. Wiederholt sich.

10:42 Stimmen, vom Platz?

[101] Die Transkriptionssoftware macht detaillierte Zeitangaben, die im Folgenden in vereinfachter Form zum Zweck einer ungefähren zeitlichen Orientierung übernommen sind.

10:56 Menschen. Einzelne Worte. „Alle auf meiner Höhe bleiben. Etwas mehr Tempo…“ Der Konditionstrainer gibt Anweisungen, die Mannschaft ist auf uns zugelaufen.

11:34 Schritte. Offenbar ist jemand gekommen. Stimme. Lachen. Da unterhalten sich zwei zuschauende Jungs.

12:43 Die Unterhaltung zwischen den Jungs läuft weiter. Zwei ältere Zuschauer unterhalten sich auch: „Da, der Weiße. Genau gradeaus.“ Einer von ihnen versucht dem anderen zu zeigen, welcher Spieler sich wo auf dem Platz befindet. „Zwischen den beiden Weißen da, in der Mitte.“

13:51 „Das können se alle.“

14:14 Gespräch der Jungen: „Kann ja nur Hunt gewesen sein.“ „Ohh!“ „Der macht’s aber gut.“ Im Anschluss an das Aufwärmen am Ball schießen die Spieler auf das Tor. Manche treffen, andere nicht. Diejenigen, die nicht treffen, müssen Liegestützen machen, was sie, wie mir auffällt, unterschiedlich intensiv ausführen.

14:25 „Oh, Alter,…“ „Der ist doch eigentlich voll gut.“

14:50 Husten. Wind. Jungs sprechen weiter. Schritte. Pulsierendes Rauschen, wieder intensiver. Kollektiver Ausruf. Eventuell eine Gruppe von Spielern, die nun rund um den Platz dauerlaufen.

17:23 Stimme des Mannes. Husten. Stimme. Vogelkrächzen. Pulsieren. Stimmen vom Platz. Rauschen, Bewegung – ich gehe ein paar Meter weiter, um auf Höhe der nun stattfindenden Übung zu sein: ein Spiel zweier Mannschaften auf engem Raum.

19:28 „Einwurf.“ (Stimme Thomas Schaaf) Im Hintergrund: Polizeisirene.

19:37 Andere Trainerstimme? Stimmen, entfernt – Spieler? Pulsieren.

20:38 „Ja!“ oder „Hier!“. Ausruf eines Spielers, oder Trainers.

21:13 Schaaf: „Ihr könnt genauso mitmachen… Eine Seite…“ Die Spieler sind auf dem Feld verteilt, an Positionen bzw. in einen von mindestens zwei Feldbereichen gebunden. Ein Teil der Spieler hat das wohl missverstanden und bringt sich nicht in die Übung ein.

21:19 „Komm, Iggi!“ Stimmen. „Einwurf.“… „Ja!“… „Hier!“

22:15 „Auf!“ Schaaf schreit gegen den geringen Einsatz von jemandem an. Vogel. Lachen. Husten.

26:55 „Hey!!!“ (Schaaf), „Komm, geh.“

28:52 Jetzt viel Kommunikation auf dem Platz.

29:17 „Komm, Marko, beweg dich.“ (Schaaf)

30:00 „Position, Position! Hilf ihm! Muss anspielen können. Muss anspielen können. Ja. Klar und deutlich, ja. Immer helfen. Gut so.“ (Schaaf)

30:17 Pulsieren, wieder stark. Ist das vielleicht der Autoverkehr am Osterdeich? Und das lautere Rauschen: Flugzeuge beim Landeanflug auf den/Start vom Bremer Flughafen? Schritte. Metall. Schritte. Wind.

31:15 „Ruhig, ruhig, ruhig!“ (Schaaf) „Umschalten, umschalten, umschalten!“ (Weiterer Trainer) „Wieder helfen. HELFEN!“ (Schaaf)

35:00 Frauenstimme. Journalist zu Kollegen: „Das war’n Auftrag.“ Frauenstimme. Gruppe von Männern unterhält sich. Wind. Unterhaltung. Husten. Parallel weiter Ausrufe/Anweisungen vom Platz.

6.3.3 Deutung der Beschreibung und Transkription

Im Rahmen einer Interpretationsgruppe[102] werden zur Beschreibung der Situation und der interpretative Klangtranskription folgende Assoziationen geäußert.

Ein Teilnehmer, der sich erkennbar für Fußball interessiert, sagt, er wünsche sich, selbst Fußballprofi zu sein. Er wolle auch so einen motivierenden Trainer haben. Die Mehrzahl der Teilnehmenden empfindet jedoch Druck, assoziiert Militärisches: herumkommandiert zu werden. Es sei kein Lob zu hören. Der Fußballer: Offenbar ist Training nicht ansprechend für Leute, die sich nicht für Fußball interessieren. Das Wort ‚Training‘ und die Formulierung ‚zum Training gehen‘ rufen in der Gruppe Irritationen hervor. Damit sei doch eigentlich eine Aktivität gemeint und nicht, dass man anderen beim Tun zuschaue. Auch meine Vorfreude auf die teilnehmende Beobachtung wird infrage gestellt. Zeit dafür zu haben, sich dies vorgenommen zu haben – wie passe das zur Lust? Sei es nicht vielmehr eine Verpflichtung, die hier zum Ausdruck komme? In der Erinnerung an die Sitzung verbindet sich für mich diese Irritation mit der geäußerten Verwunderung über die Motivation, Anderen beim Arbeiten zuzuschauen. Also: selbst nichts zu tun.

Eine Teilnehmerin, die von sich sagt, dass ihr Fußball eigentlich widerstrebe, meint, sie bekomme aber über das Wort ‚Kiebitze‘ einen Zugang. Was hier geschehe, erinnere sie an die Beobachtung von Tieren: beispielsweise Kiebitze oder Schafe. Und wie beim Beobachten von Spezies dürfe man diesen nicht zu nahe kommen.

Weitere Anmerkungen sind: Es geht nicht viel um die Fans. Die Beschreibung umgehe die Leute. Die Position des Feldforschers wirke auch unklar: Wo steht er? Die Beschreibung scheint um Neutralität bemüht, aber die Zuschauer wirken, als hätten sie nichts Besseres zu tun, als da am Zaun rumzuhängen und ‚rumzuproleten‘. Freilich seien dies Stereotype, aber das Feldmaterial rufe sie hervor.

[102] Die Interpretationsgruppe fand unter Anleitung von Maya Nadig als eine ethnopsychoanalytische Deutungswerkstatt zum damaligen Zeitpunkt regelmäßig am Institut für Ethnologie und Kulturwissenschaft der Universität Bremen statt. An der betreffenden Sitzung nahmen acht Personen teil, die sich ungefähr eineinhalb Stunden mit dem Feldforschungsmaterial auseinandersetzten.

Mit der Ausnahme von zwei Momenten seien gar keine Gefühlsregungen zu spüren. Die Ausnahmen: 1) Die Freude auf dem Hinweg. Sie wird assoziiert mit spazieren gehen, draußen sein, frei haben. 2) Bezogen auf die Spieler: Das Thema des mehrfachen Ausgeschlossenseins vom Mitspielen.

Der fußballinteressierte Teilnehmer merkt mit Bezug auf 1) an: Die Freude kommt nicht davon, ungebunden zu sein, frei zu haben, sondern von der Erinnerung an das Spieltagsgeschehen: Am Spieltag ist der Weg hin zum Stadion mit Gefühlen angefüllt, die in der beschriebenen Situation als erinnerte Gefühle auftauchen. Beim Training sind sie dann weg.

In diesem Zusammenhang wird bemerkt: Eine Trübheit durchziehe das Feldmaterial. Diese Traurigkeit gehe eigentlich weit über die beschriebenen Situationen des Ausgeschlossenseins vom Mitspielen hinaus. Kommt die Traurigkeit vom Feldforscher oder aus der Situation? Auf jeden Fall herrscht in der Situation Einsamkeit vor. Die Leute sprechen kaum miteinander. Es handelt sich bei ihnen auch nicht, wie erwartet wurde, um begeisterte jugendliche Fans, sondern eben um einsam wirkende ältere Männer. Auch sind es nicht Viele, sondern nur Wenige.

Als eine Frage bleibt, was es damit auf sich habe, dass Spieler erkannt werden können oder auch nicht.

In einer gemeinsam am Ende der Sitzung unternommenen Interpretation, die nicht versucht, die verschiedenen Aspekte auszudeuten, aber sie miteinander in Beziehung zu sehen, ergibt sich folgendes Gewebe: Vielleicht habe die Trübheit mit einer Enttäuschung zu tun. Denn, wie die Trainingseinheit zeige, gehe es im Fußball ja um das Zusammenspiel. Mit ihm sei auch der spielerische Erfolg verbunden. Das Feldmaterial würde aber zeigen, dass ein solches Zusammenspiel an diesem Morgen nicht gelinge und also auch nicht erlebbar sei. Der Ball bewege sich nicht flüssig und was auch nicht fließe, seien die Emotionen der Zuschauenden. Während man davon ausgehen könne, dass sich die Fans am Spieltag im Stadion in einem solchen Strömen der Gefühle begegneten, sei dies an diesem Morgen nicht der Fall.

6.3.4 Note on Notes

Aus einer teilnehmenden Beobachtung mit Klangaufzeichnung sind so drei Texte entstanden. Um die Auswertung noch einen Schritt weiter zu bringen führe ich sie in einem Memo[103] zusammen. Wobei die von Kleinman und Copp vorgeschlagene Begrifflichkeit ‚notes-on-notes'[104] die Funktion noch präziser fasst.

[103] Vgl. Emerson, Robert M. et al. 1995: Ethnographic Fieldnotes.

[104] Vgl. Kleinman, Sherryl; Copp, Martha A. 1993: Emotions and Fieldwork, 58f.

Im entstandenen Textmaterial kommt vielfach der Wunsch zum Ausdruck, am Spiel teilzuhaben. Er nimmt in den sehnsüchtigen Blicken und in der beherrschten Aufmüpfigkeit der Dauerlaufenden eine Gestalt an; er zeigt sich in der Differenz zwischen Stamm- und Ersatzspielern, zwischen gelingendem und nicht möglichem Abspielen; im Gitterzaun, der die Zuschauenden von der Mannschaft trennt. Im Unterschied zwischen der Gruppe, welche die Mannschaft bildet und die die Identifizierung einzelner Spieler für die Kiebitze schwierig macht, und dem Vereinzelt-Sein der Zuschauenden, ist der Wunsch nach Teilhabe an der gemeinschaftlichen Unternehmung des Spiels ebenso artikuliert, wie in der Erinnerung an den Trubel beim Spieltagsgeschehen, die mir in den Sinn gekommen ist, während ich an einem gewöhnlichen Wochentag diesen Weg in einer gänzlich anderen Situation zurückgelegt habe.

Ein starker Akzent liegt auf der Abwesenheit des Teilhabens am mannschaftlichen Spielgeschehen. Das Misslingen der Teilhabe war am betreffenden Tag wohl in ungewöhnlichem Maße spürbar, weil aufgrund der Tageszeit insgesamt relativ wenige Zuschauende und insbesondere keine Kinder und kaum Jugendliche anwesend waren. Das Training fand zur Schulzeit statt. Dass die Atmosphäre andernfalls lebendiger und auch gemeinschaftlicher hätte ausfallen können, weiß ich aus vorausgegangenen teilnehmenden Beobachtungen unter Kiebitzen. Das Misslingen mag an diesem Tag und in den entstandenen Notizen also besonders ausgeprägt sein, erfahrbar ist es für die Kiebitze allerdings zwangsläufig. Wird im Training das Gelingen der mannschaftlichen Abstimmung und des daraus resultierenden Spielflusses doch erst erarbeitet. Das Misslingen ist aber auch deshalb in besonderer Deutlichkeit für die Kiebitze spürbar, weil sie in ihrem Erleben weitgehend auf sich selbst zurück geworfen sind. Die Besonderheit dieser Erfahrung wird im Vergleich mit dem kollektiven Erleben der Fans in der Situation des Stadions am Spieltag oder des gemeinsamen Erlebens einer Live-Übertragung eines Fußballspiels in einer Gaststätte deutlich (vgl. 5.1., 5.2.)[105] und ‚zeigt' sich auch im Klanglichen: Hier begegnet sich wenig; die klanglichen Aktanten stehen nebeneinander, sie erscheinen wenig aufeinander bezogen. Umgeben sind diese vereinzelt wirkenden Klangereignisse vom Rauschen der Stadt, das hier den Eindruck von Anonymität verstärkt.

Das ver-einzelte emotionale Erleben, Ertragen, Verarbeiten scheint die Situation zu kennzeichnen. Es betrifft die Kiebitze und die Spieler, die in der Trainingssituation ebenfalls als Einzelne angesprochen und kritisiert werden. Wie der fuß-

[105] Besonders deutlich wird der Unterschied zwischen den beiden Situationen auch anhand von Alkemeyers Interpretation des Fußball-Erlebens im Stadion, die stark auf die affektive Kraft der Situation abhebt; vgl. Alkemeyer, Thomas 2008: Fußball als Figurationsgeschehen.

ballbegeisterte Teilnehmer der Deutungswerkstatt betont, umfasst das Auf-sich-gestellt-Sein das motivierende Im-Kontakt-Sein mit dem Trainer. Dessen Präsenz in der Situation belegt die Klangtranskription eindrücklich. Diesem ver-einzelten Da-Sein der Akteure kommt man als Kiebitz offenbar auch auf einer emotionalen Ebene nahe. Die in der Situation präsenten Fragen – ‚Wer ist wo?' ‚Wer ist wer?' ‚Wer tut was?' – lassen sich ja auch verstehen als: *In meiner Beziehung zum Spieler Aaron Hunt bin ich dort drüben und schieße am Tor vorbei..., als Marko Arnautovich spiele ich den Ball nicht rechtzeitig ab..., werde vom Trainer adressiert...*

Da der Trainer derjenige ist, der die Arbeit anleitet, und da diese note-on-notes überhaupt in verschiedenster Weise von der Erarbeitung des Spielflusses handelt, komme ich abschließend wieder auf die Annahme zurück, es gehe in der Situation des Kiebitzens darum, den Fußballspielern beim Arbeiten zuzusehen: Die Arbeit wird als solche eindrücklich erfahrbar; die Fußballspieler werden als Arbeitende erlebt; ein seltsames Gefühlsgemisch aus Tun-Müssen und der Lust, etwas zu tun, wie es meinen Aufbruch zum Training in scheinbar paradoxer Weise kennzeichnet, hängt wie ein Bremer Herbstnebel in der Luft – definiert dieses Gefühlsgemisch nicht auf eine treffende Weise, wie das Arbeiten im Allgemeinen erlebt und verstanden werden kann?

6.3.5 Die Atmosphäre der Erarbeitung des Spielflusses

In der Atmosphäre des Zuschauens beim Mannschaftstraining an besagtem Vormittag verbinden sich eine Reihe von Aspekten: Erstens ist da der Wunsch, am Spiel teilzuhaben. Als Gegenstand dieses Wunsches lässt sich allgemeiner die Teilhabe an der gemeinschaftlichen Unternehmung, der gemeinschaftlichen Aktion, Gemeinschaft als solcher, wenn man sie über das gemeinschaftliche Tun begreift, verstehen. Zweitens ist die Situation durch ein starkes Moment der Abwesenheit von Gemeinschaft, des Misslingens der Teilhabe gekennzeichnet. Die Abwesenheit der Teilhabe an einer gemeinschaftlichen Aktion ist drittens aufs Engste mit der im Training stattfindenden Arbeit am Zustandekommen der gemeinschaftlichen Aktion verknüpft; der Arbeit am Spielfluss. Viertens, diese Arbeit ist maßgeblich mit einem Alleinsein, einem Auf-sich gestellt-Sein verbunden: Es findet sich sowohl auf der Seite der weitgehend vereinzelten Zuschauenden wie auch auf der anderen Seite des Zaunes, bei den Spielern. Dort, auf Seiten der Spieler, geht gerade hiermit das Im-Kontakt-Sein mit dem Trainer einher. Und auch als Zuschauender beim Mannschaftstraining kommt man dem Trainerstab sehr viel näher als beispielsweise in der Situation des Stadions am Spieltag. Führt diese Nähe nicht sogar dazu, dass man wie selbst mit auf dem Platz steht, im Kontakt mit dem Trainer?

Die Situation ist durch die genannten Aspekte gekennzeichnet und sie ist von Spannungen durchzogen: Spannungen zwischen Nähe und Abstand; zwischen Mitwirken-Dürfen und Ausgeschlossen-Sein; Gruppenzugehörigkeit und Auf-sich-gestellt-Sein; Motivation und Unlust; Gelingen, vor allem aber Misslingen kooperativer Zusammenarbeit. Diese Spannungen drücken die Erarbeitung des Spielflusses aus, die verallgemeinert auch als Arbeit an einem gemeinschaftlichen Verständnis und am gemeinschaftlichen Tun, am Gemeinsamen, an der Gemeinschaft der Spieler schlechthin, verstanden werden kann. Diese Arbeit ist für die Kiebitze nicht nur sichtbar, sie ist vor allem *spürbar*. Liegen die Spannungen und Stockungen doch in der Luft. In der Deutung der Feldforschungsnotizen als trübe und, was das Fließen von Emotionen betrifft, verstockt, kommt dies zum Ausdruck.

Vielleicht ist die Attraktivität der Situation so zu begreifen: Für die Mannschaft bildet die Arbeit am Spielfluss die Voraussetzung eines möglichen Erfolges am Spieltag. In der alltäglichen Trainingsarbeit wird der Erfolg entsprechend antizipiert; als Möglichkeit ist er in allem Tun präsent, das sich hier ereignet. Gilt Vergleichbares nicht auch für die Kiebitze? Verspricht nicht gerade das Stocken der Emotionalität und die Abwesenheit von Gemeinschaft, wie sie die Situation des Zuschauens beim Mannschaftstraining an diesem Novembermorgen kennzeichnen, ein Fließen der Emotionen und das Erleben von Gemeinschaft am Spieltag?

Einsätze einer Kulturanthropologie des Hörens

7

Vor dem Hintergrund, dass das Klangliche bislang kaum systematisch als Dimension des Kulturellen untersucht worden ist, stellt die vorliegende Studie den Versuch dar, hier einen Ansatz zu entwickeln. Zu diesem Zweck werden verschiedene Pfade beschritten, die entweder von Kolleg_innen mit Interesse an Klangphänomenen angelegt wurden oder die sich für mich in der Auseinandersetzung mit Klangereignissen abgezeichnet haben. Diese Pfade wurden von mir auf- und nachgezeichnet, so dass sie zukünftig wiedergefunden, erneut begangen, genauer erforscht werden oder auch Ausgangspunkte für ganz andere Wege bilden können. Als Kompass bei dieser Orientierungsarbeit diente mir ein vom Poststrukturalismus und besonders von der psychoanalytischen Theorie Jacques Lacans bestimmtes Verständnis vom Kulturellen, das dieses über Bedeutungszusammenhänge (symbolische Ordnungen) begreift und über verschiedene Beziehungsmodi, in welchen sich Subjektivität im Verhältnis zu solchen Bedeutungszusammenhängen konstituiert. Auch wenn das Ergebnis weit von einer systematischen Kulturwissenschaft der Klänge entfernt ist, zeigen diese Gehversuche meines Erachtens doch vielversprechende Möglichkeiten auf, die eine Kulturanthropologie des Hörens der Kulturforschung eröffnet. Ich verstehe diese Möglichkeiten als Einsätze, die eine Kulturanthropologie des Hörens der Kulturforschung offerieren kann – und die die Sound Studies in die Kulturforschung tätigen kann.

Dabei ist selbstkritisch anzumerken, dass die Studie – und sei es aufgrund ihres Charakters als Ansammlung von Teilstudien, sei es aus Gründen, die mit dem theoretischen Begriffswerkzeug der Studie zu tun haben, oder aus noch ganz anderen Gründen – den Eindruck, sie würde ihren Gegenstand verfehlen, wohl nicht vollständig ausräumen kann. Ein poetischer Foto-Essay von Ina-Maria Greverus, auf

© Springer Fachmedien Wiesbaden 2015

J. Bonz, *Alltagsklänge – Einsätze einer Kulturanthropologie des Hörens,* Kulturelle Figurationen: Artefakte, Praktiken, Fiktionen, DOI 10.1007/978-3-658-00889-5_7

den ich während der Fertigstellung des Manuskripts aufmerksam wurde, inszeniert eine solche Verfehlung geradezu: Mit „Klang der Orte“[1] überschrieben, verbindet der Text Fotografien von Orten, an denen die Autorin berührende Erfahrungen mit der Landschaft machte, mit jeweils wenigen Sätzen, in denen Ort und Jahr der Aufnahme genannt sowie jeweils ein, zwei Überlegungen skizziert werden. Von Klängen ist gar keine Rede. Der Begriff des Klangs wird vielmehr dazu verwendet, die an den verschiedenen Orten gemachten Erfahrungen als Resonanzen auf diese Orte zu verstehen, als „Klang und Gegenklang“[2].

Es gibt, wie gesagt, sicherlich Gründe für diesen Eindruck, die in meiner Verantwortung als Autor liegen. Aber der wirklich ursächliche Grund findet sich meines Erachtens in der Medialität und Ästhetik des Klanglichen selbst, die sich eben als widerhallend, als vibrierend fassen lassen oder auch in ihrem Charakter als präsentisch und ephemer. Phillip Vanini und seine Mitautor_innen sprechen diesbezüglich mit Bezug auf die Sprechakttheorie von „elocution“[3] und erläutern dies in folgender Weise. „Sound acts have an intriguing material property, something we call elocution.“[4] Diese Materialität des Klanglichen bewirkt etwas. „An elocutionary instance of sound is a particularly vivid, striking, evocative, and attention-grabbing one. […] [E]locutionary sounds make a claim for our attention, focus, and care.“

Die Einsätze einer Kulturanthropologie des Hörens resultieren aus dieser elokutiven Eigenschaft des Klanglichen, die in meiner Studie in unterschiedlichsten Erscheinungsformen thematisiert wird. Mit 1) der klanglichen Affizierung des Subjekts, 2) dem Ansatz einer sonischen Ethnografie und 3) der interpretativen Forschungshaltung beschreibe ich im Folgenden drei Ergebnisse meiner Untersuchung, die mir in besonderem Maße als solche Einsätze erscheinen.

7.1 Die klangliche Affizierung des Subjekts

In Michel Chions Überlegungen zum Stellenwert des Tons im Medium Film werden zwei Konzeptionen entwickelt, die wesentliche Aspekte meiner Studie vorwegnehmen. Zum einen bezeichnet Chion als ‚Synchresis‘ die Verbindung eines visuellen Ereignisses (einer handelnden Figur, einer Handlung, einem Vorkommnis etc.) mit einem Klangphänomen. Synchresis meint die Verschmelzung beider Er-

[1] Greverus 2009: Klang der Orte.

[2] Ebd., 70.

[3] Vgl. Vannini, Phillip et al. 2010: Elocution.

[4] Hier und im Folgenden ebd., 334.

eignisse; den Umstand, dass das Klangphänomen zum Signifikanten dessen wird, was das visuelle Ereignis den Rezipient_innen bedeutet. Das Klangphänomen steht nun für etwas; es führt nun eine Bedeutung mit sich, die es mit seinem Auftreten in den Rezipienten aufruft. Diesen semantischen Aspekt des Klanglichen habe ich mit dem Gegebensein der Dimension der symbolischen Ordnung verbunden, also eines Referenzrahmens, eines Verweisungszusammenhangs, in dem ein Klang eine Bedeutung tragen kann – in Relation zu anderen Zeichen desselben Referenzsystems. Das heißt, was Chion als eine Funktionsweise des Mediums Film erläutert, stellt im Bereich der Alltagskultur eine basale Tatsache dar. Eine Tatsache, die derart basal ist, wie ich in der Vorstellung von Gregg Wagstaffs Soundscape-Forschungsprojekt TESE zu verdeutlichen versucht habe, dass sie zwar einleuchtend, aber gar nicht so leicht zu greifen ist.

Chion adressiert diesen Aspekt der tendenziellen Flüchtigkeit der Klangbedeutung, indem er als ‚rendu' eine Umgangsweise mit Klängen im Film bezeichnet, die deren Materialität ausstellt, diese massiv einsetzt und auf diese Weise die Klangbedeutung bestärkt. Ein Beispiel, das er gibt, ist die Hörbarkeit von Fingernägeln auf Klaviertasten, die die Präsenz des Klavierspiels in der Wahrnehmung der Zuschauenden verstärkt. Generell verweist er darauf, dass die materiale Sättigung des Klangs im Film gesucht und mittels technologischer Verfahren herbeigeführt wird. Auch in meiner Studie hat sich Präsenz als mediale Qualität des Klanglichen erwiesen, die eine Berücksichtigung klanglicher Phänomene für die Kulturforschung besonders interessant macht. Die Grundform bildet hierbei wieder, dass der Klang einer mit ihm verbundenen Bedeutung Gegenwärtigkeit verleiht. Mit dem Klang ist die Bedeutung aber nicht nur da, sondern sie bekommt eine Dringlichkeit, sie insistiert gewissermaßen. Ein Beispiel hierfür ist das von Diedrich Diederichsen in Anlehnung an Theodor Reik beschriebene Funktionieren von Musikstücken in Analogie zum psychoanalytischen Verständnis vom Träumen: Während der Arbeit an seinem Buchprojekt *Über Popmusik* spukt Diederichsen ein Lied durch den Kopf, in dem auf versteckte Weise die Thematik seiner Schreibschwierigkeiten adressiert wird.[5]

Wie an Chions Konzeptualisierung der Funktion des Klangs im Film deutlich wird, beruht das Potenzial des Klangs, Bedeutungen präsent zu machen, gerade auf seiner Überschüssigkeit gegenüber dem Bedeutungsmäßigen: Mit dem Klangphänomen ist immer mehr als die Bedeutung da, die es artikuliert; es handelt sich bei diesem Überschuss um die Materialität des Klangereignisses selbst. Die Thematisierung der Wirkungsweise dieser Materialität habe ich in der vorliegenden Studie am extremen Beispiel der von Raymond Murray Schafer als Low-Fi-Soundscapes

[5] Vgl. Diederichsen Diedrich 2014: Über Popmusik, 341f.

bezeichneten Klangphänomene eingeführt, deren Klangeigenschaft darin besteht, wenig differenziert sein, zu rauschen und damit den materialen Charakter des Klanglichen in besonderer Weise mit sich zu führen. Weil die hier für das Subjekt des Hörens erfahrbare klangliche Materialität nicht in einem Verständnis von Bedeutungen aufgeht, insistiert mit dem Unverstandenen die Anwesenheit der Klänge als solche. Auf diese Weise bringen die Klänge eine Umgebung hervor, mit der sie das Subjekt des Hörens umfassen. Während es sich für Schafer bei den besonders materialen Soundscapes um einen Zivilisationsfluch handelt, ist die andauernde Faszinationskraft der Popmusik gerade in der affizierenden, immersiven Kraft klanglicher Materialität begründet (vgl. Kap. 1.2).

Wenn die Materialität des Klangs die Bedeutungsdimension weitgehend abstreift, wie etwa in der frühen Techno Music, ist mit der schieren Existenz des Klangs für das Subjekt eine Präsenzerfahrung verbunden, in der es nicht ein Sinn ist, keine Erinnerung, kein Wissen, die gegenwärtig werden; das Subjekt wird sich vielmehr selbst präsent, in seinem eigenen materialen Existieren.

Im Zusammenhang dieser, die Medialität des Klangs ausmachenden Spannung zwischen Bedeutungsartikulation und materialer Präsenz, hat sich eine Bestimmung des zur Bezeichnung einer grundlegenden Qualität der spätmodernen westlichen Kultur so wichtigen Begriffs der Atmosphäre ergeben: Auf der Grundlage der Anwesenheit einer symbolischen Ordnung ein Sich-Spüren zu erzeugen (ein Genießen in der Terminologie Lacans), in dessen Erleben sich das Subjekt in Beziehung zum Geltungsbereich einer symbolischen Ordnung bewegt. Im beschrieben Fall der Fußballfans in einer Gaststätte heißt das: Das Subjekt scheint sich in den Geltungsbereich der Ordnung hinein bewegt zu haben; eine Identifikation wurde im Subjekt wachgerufen und verstärkt, die in ihm bereits angelegt, aber nicht subjektbestimmend war. Dies wurde sie erst in der Atmosphäre der betreffenden Situation.

Vielfach verweisen die Gegenstände und Überlegungen der Studie auf die hier exemplarisch zum Ausdruck kommende Wandelbarkeit der Subjektivität, ihre Einnehmbarkeit, ihre Abhängigkeit von Einflüssen. Das Subjekt erscheint in meiner Studie als durch ein relatives Nicht-Identifiziertsein bestimmt: Es hat eher *nicht* einen Habitus inkorporiert; hat nicht wirklich einen großen Anderen internalisiert, der eine symbolische Ordnung repräsentiert; nimmt die Wirklichkeit nicht dauerhaft mit Kategorien wahr, die es sich mit Anderen ebenso dauerhaft teilt etc. Dieses relative Nicht-Identifiziertsein bildet eine Analogie zum wechselhaften ontologischen Status der Klänge zwischen Signifizierung und Signifikanz, zwischen klarer Artikulation von Bedeutung und eindrücklicher Präsenz. Da es zweifellos eine doppelte Zumutung darstellt, Subjektivität in Abhängigkeit vom Kulturellen und außerdem auch noch als wandelbar zu begreifen, hoffe ich, dass die Studie es schafft, dieses spätmoderne Subjekt zu zeigen (und es nicht nur zu proklamieren).

7.2 Sonische Ethnografie

Die Ethnografie stellt die differenzierteste Methode zur Untersuchung der Gegenwartskultur dar, weil sie das forschende Subjekt in Beziehung zu konkreten Situationen, Personen, Handlungspraxen, Gegenständen usw. setzt. Dies bildet die Grundlage für das mit der Methode angestrebte emische Verständnis, also die Annäherung an das Wirklichkeitserleben Anderer. In die Methode eingelassen ist damit ein kontextualisierend verfahrender Umgang mit den in der Feldforschung gemachten Beobachtungen und Wahrnehmungen; verlangt die Gleichzeitigkeit von Fremdheit im Feld und In-Beziehung-Stehen doch die Auslegung der Beobachtungen und Wahrnehmungen in ihrem möglichen Zusammenspiel, ihrem Zusammenhang.

Durch die verstärkte und ausdrückliche Berücksichtigung der Dimension des Klangs gewinnt die Ethnografie als Methode zusätzlich an Validität. Das gilt zweifellos im weiten Sinne einer sensuellen, komplexen und schließlich vollständigeren Wahrnehmung der Wirklichkeit. Darüber hinaus können klangliche Phänomene außerdem auch konkret Zugänge zu einem eingehenderen Verständnis des jeweiligen Feldes eröffnen. Diese Möglichkeit wird vom Klanglichen dadurch eröffnet, dass die Klänge auf das in einer Situation Anwesende hinweisen; das, woraus sich die Situation zusammensetzt; was sich in ihr verbindet. Im hier in meiner Wortwahl anklingenden Latour'schen Verständnis von Gesellschaft können Klänge als Hinweise auf Aktanten verstanden werden, die eine gegebene Situation ausmachen. Die Anlehnung an Latour erscheint mir auch deshalb sinnvoll, weil Latours Interesse ja dem Wandel des Kulturellen gilt und das Klangliche, wie meine Studie in sämtlichen ihrer einzelnen Untersuchungsgegenstände zeigt, nicht nur durch Flüchtigkeit gekennzeichnet ist, sondern besonders durch Dynamik, Veränderungen, Wandel. So stellen etwa Phänomene des Auftauchens, des Sich-Herausbildens, des Gestalt-Annehmens wiederholt ein Thema der Untersuchung dar. Ebenso führt die Berücksichtigung des Klanglichen zur Wahrnehmung des Uneindeutigen, der eher diffusen Präsenzen und atmosphärischer Qualitäten. Mit dieser Betonung des Dynamischen und des in seinem ontologischen Status Unklaren erzeugt die Berücksichtigung klanglicher Phänomene in der Wahrnehmung des feldforschenden Subjekts Irritationsmomente, deren Analyse zu einem vertieften Verständnis des Untersuchungsfeldes führen.

Zu einem differenzierten, vertieften Verständnis gegenwartskultureller Phänomene und Felder trägt die sonische Ethnografie auch bei indem sie die Hülle durchstößt, die das Gros spätmoderner kultureller Phänomene umgibt: ihre Erscheinungsform im Modus der Bildlichkeit, die mit Idealisierungen einhergeht, Kantiges abrundet, Narben zuschminkt, Zuschreibungen und Vorstellungen hervorbringt, die in dualen Rivalitätsbeziehungen organisiert sind, sowie vermeintlich eindeutige Grenzziehungen vornimmt. Ähnlich den Klängen der organisch-lebendigen Körperlichkeit, die in einer Welt der geschönten Oberflächen nur als obszön verstanden werden können, lassen sich auch mit der Berücksichtigung des Klanglichen in der ethnografischen Feldforschung die Idealisierungen etc. durchbrechen.

7.3 Interpretative Forschungshaltung

Die hier betriebene kulturwissenschaftliche Auseinandersetzung mit der Dimension des Klangs geht mit einer Öffnung im Kulturverständnis einher. Von einer Bestimmung des Kulturellen über Eigenschaften, die sich mit dem (post-)strukturalistischen Begriff ‚symbolische Ordnung' fassen lassen, führt sie hin zu einer Auffassung vom Kulturellen, in der gerade auch das Nicht-Intelligible als wesentlich figuriert. Damit eröffnet sich ein Raum für das Interpretieren.

Das Interesse am Hörbaren trägt so auch im übertragenen Sinne zu einem forschenden Zuhören bei. Einem offenen Zuhören, wie es in etlichen Anleitungen zur qualitativen Sozialforschung im Zusammenhang mit Überlegungen zur Interviewführung vielfach als Empfehlung ausgesprochen ist: Es macht die Gesprächspartner reden, weil es eine fundamentale Anerkennung ihrer Subjektivität zum Ausdruck bringt.[6] Um mich noch einmal mit Hilfe von Sätzen aus Utz Jeggles *Der Kopf des Körpers – Eine volkskundliche Anatomie* auszudrücken: „Die Klage, der Ruf, die Verkündigung, die Beichte und die Psychoanalyse bedienen sich vorrangig des Ohrs, weil in ihnen um eine Verständnis gerungen wird. Der sprechende Mund und das hörende Ohr gehen dabei eine Beziehung ein, die nicht in jedem Fall von Liebe begleitet ist, aber doch davon ausgeht, dass dem Wort im Ohr berührende und bewegende Kraft innewohnt."[7]

In meinem Fall ist dieser ausgreifende interpretative Ansatz zum einen mit der Hinzuziehung eines Schatzes an bereits bestehendem Wissen, bereits vorliegender Überlegungen einhergegangen (etwa bei der Interpretation des Autotune-Sounds oder der Soundscape des Stadions). Zum anderen und noch deutlicher kommt er im sonisch-ethnografischen Ansatz der Erarbeitung und Darlegung diverser Feldmaterialien, einschließlich ihrer in Interpretationsgruppen vorgenommenen Deutungen, notes-on-notes etc., zum Ausdruck.

[6] Die Relevanz der Anerkennung der Subjektivität der Beforschten wird in den Studien Maya Nadigs in besonderer Eindringlichkeit greifbar; vgl. Nadig, Maya 1986: Die verborgene Kultur der Frau; dies. 1992: Der ethnologische Weg zur Erkenntnis.

[7] Jeggle, Utz 1986: Der Kopf des Körpers, 109.

Jenseits dieser beiden konkreten Formen möglicher Ausdehnungen von Spielräumen des Interpretierens liegt die prinzipielle interpretative Öffnung, die das Sonische einfordert. Oder: Das Sonische bietet einer solchen Öffnung Anlässe. Vielleicht wäre dies das eigentlich aus der Auseinandersetzung mit dem Sonischen zu Lernende – sie als Einsatz für eine interpretative Öffnung im geistes- und sozialwissenschaftlichen Forschen zu begreifen. Eine zu dem Zweck unternommene Öffnung, eine Ausdehnung der Verständnismöglichkeiten zu erreichen, die nicht einfach nur vielfältig wären, sondern sich vor allem dadurch auszeichneten, den Untersuchungsgegenstand möglichst adäquat, differenziert und treffend zu erfassen.

Anhang

Bibliographische Nachweise

Ein früherer Versuch, Gregg Wagstaffs künstlerisches Soundscape-Forschungsprojekt TESE zusammenzufassen, erschien unter dem Titel *Soundscapes und ihre Hörer. Klangliche Wahrnehmungen der Wirklichkeit zwischen Resonanz und Identifikation* in dem Musik und Klänge thematisierenden und von Caroline Roeder herausgegebenen Band der Zeitschrift kjl&m: Blechtrommeln (= Kinder- und Jugendliteratur & Musik 12.extra), 212–219. München: kopaed 2012.

Meine Beobachtungen an den klassischen Soundscape-Studien, ihr Vergleich mit der Popmusik und die Auseinandersetzung mit heutigen Sound Studies, die sich als Soundscape-Forschung begreifen lassen, erschienen in einer früheren Textfassung unter dem Titel *Vom Verlust der Natur zur Umwandlung des Selbst. Soundscape-Forschung im und nach dem Paradigma der Akustischen Ökologie* in der von Holger Schulze herausgegebenen Ausgabe der Zeitschrift für Semiotik 34 1–2/2012 mit dem Schwerpunktthema Situation und Klang, 157–179.

Überlegungen zu den Möglichkeiten sonischer Ethnografie zur Untersuchung von Atmosphären im Fußballstadion sind von mir bereits in meinem Beitrag zu dem von Brigitta Schmidt-Lauber, Klara Löffler, Ana Rogojanu und Jens Wietschorke 2013 herausgegebenen Band *Wiener Urbanitäten. Kulturwissenschaftliche Ansichten einer Stadt* (Wien u. a.: Böhlau) angestellt worden. Dort erschienen sie unter der Überschrift *Das Gesprächssummen. Freundschaftlichkeit als Erscheinungsform der Fußballbegeisterung auf der Friedhofstribüne des Wiener Sportclub-Platzes*, 322–347.

Die Ausführungen zur Atmosphäre bei einem Mannschaftstraining des SV Werder Bremen erschienen bereits unter dem Titel *Fußballbegeisterung. Annäherung an einen überwältigenden Untersuchungsgegenstand* in dem von Christoph Bareither, Kaspar Maase und Mirjam Nast herausgegeben Band zu ersten Tagung der

© Springer Fachmedien Wiesbaden 2015

J. Bonz, *Alltagsklänge – Einsätze einer Kulturanthropologie des Hörens,* Kulturelle Figurationen: Artefakte, Praktiken, Fiktionen, DOI 10.1007/978-3-658-00889-5

Kommission Kulturen populärer Unterhaltung und Vergnügungen in der Gesellschaft für Volkskunde: *Kulturen populärer Unterhaltung und Vergnügung*, Würzburg: Königshausen & Neumann 2013, 95–113.

Überhaupt eine erste Form nahmen die Überlegungen der vorliegenden Studie in meinem Beitrag *Soziologie des Hörens. Akustische Konventionalität und akustische Materialität als Kategorien subjektorientierter Popkulturforschung* zu dem von Christoph Jacke, Jens Ruchatz und Martin Zierold herausgegebenen Band zur Paderborner Tagung der AG Populärkultur und Medien in der Gesellschaft für Medienwissenschaft an: *Theorien des Populären*, Münster: Lit 2011, 113–138.

Literatur[1]

702. 1999. You Don't Know. Auf *702*. Motown.

Abels, Birgit. 2013. Hörgemeinschaften. Eine musikwissenschaftliche Annäherung an die Atmosphärenforschung. *Musikforschung* 3/2013, 220–231.

Alkemeyer, Thomas. 2008. Fußball als Figurationsgeschehen. Über performative Gemeinschaften in modernen Gesellschaften. In *Ernste Spiele. Zur politischen Soziologie des Fußballs*, hrsg. Gabriele Klein u. Michael Meuser, 87–111. Bielefeld: Transcript.

Althusser, Louis 1973 (1969): Ideologie und ideologische Staatsapparate. In *Ideologie und ideologische Staatsapparate. Aufsätze zur marxistischen Theorie*, ders., 108-153, Berlin: VSA.

Ambros, Wolfgang. 2013 (1977). I bin miad. Auf *Hoffnungslos*. Bellaphon.

A$AP Rocky. 2013. *Long. Live. A$AP.* ASAP Worldwide/ Polo Grounds Music/ RCA.

Augoyard, Jean-François; Torgue, Henry. 2009 (1995). *Sonic Experience. A Guide to Everyday Sounds*. Montreal u. a.: McGill-Queen's University Press.

Back, Les. 2006 (2003). Sounds in the Crowd. In *The Auditory Culture Reader*, hrsg. Michael Bull u. Les Back. Oxford u. New York: Berg.

Badiou, Alain; Roudinesco, Élisabeth. 2013. *Jacques Lacan. Gestern, heute, Dialog*. Wien u. Berlin: Turia + Kant.

Barthes, Roland. 2005 (1972). Die Rauheit der Stimme. In *Der entgegenkommende und der stumpfe Sinn*, ders., 269–278. Frankfurt a. M.: Suhrkamp.

Baum, Carla. 2013. Das Leben der Boheme. Neues Album von DJ Lawrence. In *die tageszeitung* vom 18.10.2013, http://www.taz.de/Neues-Album-von-DJ-Lawrence/!125709/. Gesehen am 03. Oktober 2014.

Bausinger, Hermann. 1978. Identität. In *Grundzüge der Volkskunde*, hrsg. ders.; Utz Jeggle, Gottfried Korff, Martin Scharfe, 204–263. Darmstadt: Wissenschaftliche Buchgesellschaft.

– 2000. Kleine Feste im Alltag. Zur Bedeutung des Fußballs. In *Über Fußball. Ein Lesebuch zur wichtigsten Nebensache der Welt*, hrsg. Wolfgang Schlicht u. Werner Lang, 42–58. Schorndorf: Hofmann.

[1] Das Jahr der originalsprachlichen Erstveröffentlichung wird in Klammern angegeben, wenn es signifikant von der zitierten Ausgabe abweicht.

Becker, Brigitte; Eisch-Angus, Katharina; Hamm, Marion; Karl, Ute; Kestler, Judith; Kestler-Josten, Sebastian; Richter, Ulrike A.; Scheider, Sabine; Sülzle, Almut; Wittel-Fischer, Barbara. 2013. Die reflexive Couch. Feldforschungssupervision in der Ethnografie. *Zeitschrift für Volkskunde* 109. Jg. 2013/2, 181–203.

Bendix, Regina. 1995. *Amerikanische Folkloristik. Eine Einführung.* Berlin u. Hamburg: Dietrich Reimer Verlag.

– 1997. Symbols and Sound, Senses and Sentiment. Notizen zu einer Ethnographie des (Zu-) Hörens. In *Symbole. Zur Bedeutung der Zeichen in der Kultur* (=30. Deutscher Volkskundekongress in Karlsruhe vom 25. bis 29. September 1995), hrsg. Rolf Wilhelm Brednich u. Heinz Schmitt, 42–57. Münster u. a.: Waxmann.

– 2001. The Pleasures of the Ear. Toward an Ethnography of Listening. *Cultural Analysis* 2001/1, 33–50.

– 2005. Stimme. Eine Spurensuche. In *Leben – Erzählen. Beiträge zur Erzähl- und Biographieforschung* (=Festschrift für Albrecht Lehmann), hrsg. Thomas Hengartner u. Brigitta Schmidt-Lauber, 71–95. Berlin u. Hamburg: Dietrich Reimer Verlag.

– 2006. Was über das Auge hinausgeht. Zur Rolle der Sinne in der ethnographischen Forschung. In *Schweizerisches Archiv für Volkskunde* 102, 71–84.

Berg, Eberhard; Fuchs, Martin. 1993. *Kultur, soziale Praxis, Text. Die Krise der ethnographischen Repräsentation.* Frankfurt a. M.: Suhrkamp.

Böhme, Gernot. 2001. *Aisthetik. Vorlesungen über Ästhetik als allgemeine Wahrnehmungslehre.* Paderborn und München: Fink.

Bonz, Jochen. 1998. *Meinecke, Mayer, Musik erzählt.* Osnabrück u. Mainz: Intro/ Ventil Verlag.

– 2008. *Subjekte des Tracks.* Berlin: Kadmos.

– 2010. Fußball – Ein soziales Band der spätmodernen Gesellschaft? In *Fans und Fans. Fußball-Fankultur in Bremen*, hrsg. ders., Daniel Krebs, Frank Müller, Cigdem Öz, Robert Otto, Fabian Trempnau, Philipp Weiskirch, 117–143. Bremen: Edition Temmen.

– 2011. *Das Kulturelle.* Paderborn u. München: Fink.

– im Interview mit Holger van Dordrecht und Beat Weber. 2012. Der Rap-Roboter. In *Malmö 57*, 18.

– 2013. Das Gesprächssummen. Freundschaftlichkeit als Erscheinungsform der Fußballbegeisterung auf der Friedhofstribüne des Wiener Sportclub-Platzes. In *Wiener Urbanitäten. Kulturwissenschaftliche Ansichten einer Stadt*, hrsg. Brigitta Schmidt-Lauber, Klara Löffler, Ana Rogojanu, Jens Wietschorke, 322–347. Wien u. a.: Böhlau.

Bourdieu, Pierre. 2001 (1997). *Meditationen. Zur Kritik der scholastischen Vernunft.* Frankfurt a. M.: Suhrkamp.

– 2004 (1989). *Der Staatsadel.* Konstanz: UVK.

Bracher, Mark. 1994. On the Psychological and Social Functions of Language. Lacan's Theory of the Four Discourses. In *Lacanian Theory of Discourse. Subject, Structure, and Society*, hrsg. ders., Marshall W. Alcorn, Jr., Ronald J. Corthell, Françoise Massardier-Kenney, 107–128. New York u. London: New York University Press.

Bromberger, Christian. 1991. Die Stadt im Stadion. Olympique Marseille als Spiegel der kulturellen und sozialen Topographie Marseilles. In *Die Kanten des runden Leders. Beiträge zur europäischen Fußballkultur*, hrsg. Roman Horak u. Wolfgang Reiter, 23–34. Wien: Promedia.

Bull, Michael. 2006a. *Sounding Out The City. Personal Stereos and the Management of Everyday Life.* Oxford u. New York: Berg.

– 2006b: Soundscapes of the Car. A Critical Study of Automobile Habitation. In *The Auditory Culture Reader*, hrsg. ders, Les Back, 357–380. Oxford u. New York: Berg.

– u. Les Back. 2006. Into Sound. In *The Auditory Culture Reader*, hrsg. dies., 1–18. Oxford u. New York: Berg.

Butler, Judith. 1993 (1990). Leibliche Einschreibungen, performative Subversionen. In *Das Unbehagen der Geschlechter*, dies., 190–208. Frankfurt a. M.: Suhrkamp.

Cher. 1998. *Believe*. Warner Bros.

Chion, Michel. 1994 (1990). *Audio-Vision. Sound on Screen*. New York: Columbia University Press.

Chromatics. 2012. *Kill for Love*. Italiens do it better.

Daft Punk. 1996. *Homework*. Daft Music/ Virgin France/ Zomba.

– 2001. One More Time. Auf *Discovery*. Daft Life/ Virgin.

David-Ménard, Catherine. 2009. *Deleuze und die Psychoanalyse*. Zürich u. Berlin: Diaphanes.

Deleuze, Gilles; Guattari, Félix. 1992. *Tausend Plateaus. Kapitalismus und Schizophrenie*. Berlin: Merve.

Dery, Mark. 1998. Black to the Future. Afro-Futurismus. In *Loving the Alien. Science Fiction, Diaspora, Multikultur*, hrsg. Diedrich Diederichsen, 16–29. Berlin: ID Verlag.

Diederichsen, Diedrich. 1997. Hören, Wiederhören, Zitieren. In *SPEX 1997/1*, 43–47.

– 1999. *Der lange Weg nach Mitte. Der Sound und die Stadt*. Köln: Kiepenheuer & Witsch.

– 2007. Allein mit der Gesellschaft. Was kommuniziert Pop-Musik? In *Das Populäre der Gesellschaft. Systemtheorie und Populärkultur*, hrsg. Christian Huck u. Carsten Zorn, 322–334. Wiesbaden: VS Verlag.

– 2014. *Über Popmusik*. Köln: Kiepenheuer & Witsch.

Diverse Autor_innen. Machair, http://de.wikipedia.org/wiki/Machair, gesehen am 22.08.2013.

Dixon, Kevin. 2011. A ‚Third Way' for Football Fandom Research. Anthony Giddens and Structuration Theory. *Soccer & Society* 12:2, 279–298.

Dolar, Mladen. 2007 (2003). *His Masters Voice. Eine Theorie der Stimme*. Frankfurt a. M.: Suhrkamp.

Dunning, Eric; Murphy, Patrick; Williams, John. 1988. *The Roots of Football Hooliganism. An Historical and Sociological Study*. London: Routledge and Kegan Paul.

Eggebrecht, Hans Heinrich. 1997. *Die Musik und das Schöne*. München u. Zürich: Piper.

Elias, Norbert; Dunning, Eric. 2003. Die Suche nach Erregung in der Freizeit. In *Sport und Spannung im Prozess der Zivilisation (=Norbert Elias: Gesammelte Schriften, Band 7)*, dies., 121–168. Frankfurt a. M.: Suhrkamp.

Emerson, Robert M.; Fretz, Rachel I.; Shaw, Linda L. 1995. *Writing Ethnographic Fieldnotes*. Chicago u. London: The University of Chicago Press.

Erdheim, Mario; Nadig, Maya. 1991. Ethnopsychoanalyse. In *Herrschaft, Anpassung, Widerstand* (=Ethnopsychoanalyse 2), 187–201. Frankfurt a. M.: Brandes & Apsel.

Eshun, Kodwo. 1999. *Heller als die Sonne. Abenteuer in der Sonic Fiction*. Berlin: ID Verlag.

Evans, Dylan. 2001 (1997). *An Introductory Dictionary of Lacanian Psychoanalysis*. London u. New York: Routledge.

– 2002. *Wörterbuch der Lacanschen Psychoanalyse*. Wien: Turia + Kant.

Fabian, Johannes. 1983. *Time and the Other. How Anthropology Makes Its Object*. New York: Columbia University Press.

Feld, Steven. 1990 (1982). *Sound and Sentiment. Birds, Weeping, Poetics, and Song in Kaluli Expression.* Philadelphia: University of Pennsylvania Press.

– 1994. Aesthetics as Iconicity of Style (uptown title); or, (downtown title) ‚Lift-up-over Sounding': Getting into the Kaluli Groove. In *Music Grooves*, hrsg. Charles Keil und Steven Feld, 109–150. Chicago u. London: The University of Chicago Press.

– 1996. Waterfalls of Song: An Acoustemology of Place Resounding in Bosavi, Papua New Guinea. In *Senses of Place, hrsg.* ders. u. Keith H. Basso, 91–135. Santa Fe: School of American Research Press.

– 2001. *Bosavi. Rainforest Music from Papua New Guinea. A 3-CD Anthology.* Smithsonian Folkway Recordings.

– ; Brenneis, Donald. 2004. Doing Anthropology in Sound. In *American Ethnologist* 31:4, 461–474.

Foucault, Michel. 1995 (1966). *Die Ordnung der Dinge.* Frankfurt a. M.: Suhrkamp.

– 2001. Was ist ein Autor? In *Schriften in vier Bänden. Dits et Écrits*, ders., 1003–1041. Frankfurt a. M.: Suhrkamp.

Frank Ocean. 2012. *Channel Orange*. Def Jam/ Universal.

Geertz, Clifford. 1991 (1973). ‚Deep Play'. Bemerkungen zum balinesischen Hahnenkampf. In *Dichte Beschreibung. Beiträge zum Verstehen kultureller Systeme*, ders., 202–261. Frankfurt a. M.: Suhrkamp.

Gilbert, Jeremy. 1999. White Light/ White Heat. Jouissance Beyond Gender in The Velvet Underground. In Living Through Pop, hrsg. Andrew Blake, 31–48. London u. New York: Routledge.

– ; Pearson, Ewan. 1999. *Discographies. Dance Music, Culture and the Politics of Sound.* London u. New York: Routledge.

Giulianotti, Richard. 2002. Supporters, Followers, Fans, and Flaneurs. In *Journal of Sport & Social Issues* 26: 1, 24–46.

Gondek, Hans Dieter. 2001. Subjekt, Sprache und Erkenntnis. Philosophische Zugänge zur Lacanschen Psychoanalyse. In *Jacques Lacan. Wege zu seinem Werk*, hrsg. ders., Roger Hofmann, Hans-Martin Lohmann, 130–163. Stuttgart: Klett-Cotta.

Goodman, Steve. 2010. *Sonic Warfare. Sound, Affect and the Ecology of Fear.* Cambridge u. London: MIT Press.

Greverus, Ina-Maria. 2007. Klang der Orte. In *Über die Poesie und die Prosa der Räume. Gedanken zu einer Anthropologie des Raums*, dies., 70–74. Berlin u. Münster: Lit.

Grossberg, Lawrence. 1997 (1984). Another Boring Day in Paradise. Rock and Roll and the Empowerment of Everyday Life. In *The Subcultures Reader*, hrsg. Ken Gelder u. Sarah Thornton, 477–493. London u. New York: Routledge.

Gumbrecht, Hans Ulrich. 2012. Epiphanien. In *Präsenz*, ders., 332–351. Berlin: Suhrkamp.

Hahn, Thomas. 2013. Es war einmal ein Samstag. In *Süddeutsche Zeitung* vom 18., 19. und 20.05.2013, 37.

Henriques, Julian. 2011. *Sonic Bodies. Reggae Sound Systems, Performance Techniques and Ways of Knowing.* New York u. London: Continuum.

Heitmeyer, Wilhelm; Peter, Jörg-Ingo. 1988. *Jugendliche Fußballfans. Soziale und politische Orientierungen, Gesellungsformen, Gewalt.* München u. Weinheim: Juventa.

Hirschauer, Stefan; Amann, Klaus. 1997. Die Befremdung der eigenen Kultur. Ein Programm. In *Die Befremdung der eigenen Kultur. Zur ethnographischen Herausforderung soziologischer Empirie*, hrsg. dies., 7–52. Frankfurt a. M.: Suhrkamp.

Hoeltzenbein, Klaus. 2013. Knallkörper und Knallköpfe. Die gesellschaftliche Debatte über die Gewalt im Fußball hat viel zu spät begonnen. In *Süddeutsche Zeitung* vom 18.05.2012, 4.

Holland, Janet. 2007. Emotions and Research. In *International Journal of Social Research Methodology* 10:3, 195–209.

Horak, Roman; Maderthaner, Wolfgang. 1997. *Mehr als ein Spiel. Fußball und populäre Kulturen im Wien der Moderne.* Wien: Löcker.

Huizinga, Johan. 2011 (1938). *Homo Ludens. Vom Ursprung der Kultur im Spiel.* Reinbek: Rowohlt.

Jahoda, Marie im Interview mit David Fryer. 1986. The Social Psychology of the Invisible. In *New Ideas in Psychology* 4:1, 107–118.

Järviluoma, Helmi. 2009. The Scythe-Driven Nostalgia. Agricultural Ambiences in Bissingen. In *Acoustic Environments in Change*, hrsg. dies., Meri Kytö, Barry Truax, Heikki Uimonen, Noora Vikman, 154–170. Tampere: Tampereen Ammattikorkeakoulu.

– ; Kytö, Meri; Truax, Barry; Uimonen, Heikki; Vikman, Noora. 2009. *Acoustic Environments in Change.* Tampere: Tampereen Ammattikorkeakoulu.

Jeggle, Utz. 1986. *Der Kopf des Körpers. Eine volkskundliche Anatomie.* Weinheim u. Berlin: Quadriga.

– 2008 (1988). Essgewohnheit und Familienordnung. Was beim Essen alles mitgegessen wird. In *Empirische Kulturwissenschaft. Eine Tübinger Enzyklopädie. Der Reader des Ludwig-Uhland-Instituts*, hrsg. Reinhard Johler u. Bernhard Tschofen, 187–201. Tübingen: TVV.

Jirat, Jan. 2007. Der zwölfte Mann. Die Schaffhauser Bierkurve. Ethnografie einer Fußball-Fankurve. In *Schweizerisches Archiv für Volkskunde* 103, 105–131.

Kandi Burruss. 2000. *Hey Kandi.* Columbia.

Kanye West. 2008. *808s & Heartbreak.* Roc-A-Fella Records.

Kittler, Friedrich A. 1993a: Der Gott der Ohren. In *Draculas Vermächtnis. Technische Schriften*, ders., 130–148. Leipzig: Reclam.

– ders. 1993b. Die Welt des Symbolischen – eine Welt der Maschine. In *Draculas Vermächtnis. Technische Schriften*, ders., 58–80. Leipzig: Reclam.

Kleinman, Sherryl; Copp, Martha A. 1993. *Emotions and Fieldwork* (=Qualitative Research Methods, Volume 28). London u. a.: Sage.

Kraftwerk. 1977. *Trans Europa Express.* Klingklang/ EMI/ Capitol.

Kytö, Meri. 2011. ‚We are the rebellious voice of the terraces, we are Çarsi.' Constructing a Football Supporter Group Trough Sound. In *Soccer & Society* 12:1, 77–93.

Kopiez, Reinhard; Brink, Guido. 1998. *Fußball-Fangesänge. Eine FANomenologie.* Würzburg: Königshausen & Neumann.

Köster, Philipp. 2008. Der dressierte Block. In *11 Freunde* 85, 28–34.

LaBelle, Brandon. 2010. *Acoustic Territories. Sound Culture and Everyday Life.* New York u. London: Continuum.

Lacan, Jacques. 1991 (1978). *Das Ich in der Theorie Freuds und in der Technik der Psychoanalyse* (=Das Seminar von Jacques Lacan, Buch 2, 1954–1955). Weinheim u. Berlin: Quadriga.

– 1996. *Die Ethik der Psychoanalyse* (=Das Seminar von Jacques Lacan, Buch 7, 1959–1960). Weinheim u. Berlin: Quadriga.

– 1997. *Die Psychosen* (=Das Seminar von Jacques Lacan, Buch 3, 1955–1956). Weinheim u. Berlin: Quadriga.

– 2007. *The Other Side of Psychoanalysis* (=The Seminar of Jacques Lacan, Seminar 17). New York u. London: W. W. Norton.

– 2010. Die Kehrseite der Psychoanalyse (=Seminar 17, 1969–1970, Fassung 4). Unautorisierte Übersetzung.

Latour, Bruno. 1998 (1991). *Wir sind nie modern gewesen. Versuch einer symmetrischen Anthropologie.* Frankfurt a. M.: Fischer.

– 2002 (1999). *Die Hoffnung der Pandora. Untersuchungen zur Wirklichkeit der Wissenschaft.* Frankfurt a. M.: Suhrkamp.

– 2007 (2005). *Eine neue Soziologie für eine neue Gesellschaft. Einführung in die Akteur-Netzwerk-Theorie.* Frankfurt a. M.: Suhrkamp.

Lévi-Strauss, Claude. 1997 (1962). *Das wilde Denken.* Frankfurt a. M.: Suhrkamp.

Lil Wayne. 2008. *Tha Carter III.* Young Money/ Cash Money/ Universal.

Lindner, Rolf; Breuer, Heinrich T. 1978. *‚Sind doch nicht alles Beckenbauers'. Zur Sozialgeschichte des Fußballs im Ruhrgebiet.* Frankfurt a. M.: Syndikat.

Mauss, Marcel. 2004 (1925). *Die Gabe. Form und Funktion des Austauschs in archaischen Gesellschaften.* Frankfurt a. M.: Suhrkamp.

Marcus, Greil. 1992 (1976). *Mystery Train. Der Traum von Amerika in Liedern der Rockmusik.* Hamburg: Rogner & Bernhard.

Menotti, César Luis im Interview mit Peter Burghardt. 2013. Pep Guardiola ist obsessiv, ohne zu nerven. In *Süddeutsche Zeitung Magazin* 2013/25, 14–19.

Millwall Roar at Ipswich 21/04/12, http://www.youtube.com/watch?v=46L1xiMksUk, gesehen am 5.9.2013.

Müller, Frank 2010: Lebenslang grün-weiß. In *Fans und Fans. Fußball-Fankultur in Bremen*, hrsg. ders., Daniel Krebs, Frank Müller, Cigdem Öz, Robert Otto, Fabian Trempnau, Philipp Weiskirch, 90–113. Bremen: Edition Temmen.

Müske, Johannes. 2012. Maritimes Erbe und die akustische Aneignung des städtischen Raums. Das Beispiel der Klanglandschaft Flensburger Hafen. In *Schweizerisches Archiv für Volkskunde* 108:2 (= Under Construction. Räume im kulturwissenschaftlichen Fokus, hrsg. Rebecca Niederhauser, Aleta-Amirée von Holzen), 189–197.

Nadig, Maya. 1986. *Die verborgene Kultur der Frau. Ethnopsychoanalytische Gespräche mit Bäuerinnen in Mexiko.* Frankfurt a. M.: Fischer.

– 1992. Der ethnologische Weg zur Erkenntnis. Das weibliche Subjekt in der feministischen Wissenschaft. In *Traditionen Brüche*, hrsg. Gudrun-Axeli Knapp u. Angelika Wetterer, 151–200. Freiburg: Kore.

Nancy, Jean-Luc. 2010 (2005). *Zum Gehör.* Zürich u. Berlin: Diaphanes.

Nelson, Alondra. 2002. Future Texts, Introduction. In *Social Text* 71, 20:2, 1–15.

Nicki Minaj. 2012. *Pink Friday: Roman Reloaded.* Young Money/ Cash Money/ Universal.

Panda Bear. 2011. *Tomboy.* Paw Tracks/ Indigo.

Petzold, Christian im Gespräch mit Diederich Diederichsen und Constanze Ruhm. 2010. You Can Only Narrate Loneliness Acoustically. In *Utopia of Sound. Immediacy and Non-Simultaneity*, hrsg. Diedrich Diederichsen u. Constanze Ruhm, 219–243. Wien: Akademie der Künste bei Schlebrügge.Editor.

Poliça. 2012. *Give You The Ghost.* Memphis Industries/ Indigo.

Porat, Amir Ben. 2010. Football Fandom. A Bounded Identification. In *Soccer & Society* 11:3, 277–290.

Prosser, Michael. 2002. ‚Fußballverzückung' beim Stadionbesuch. Zum rituell-festiven Charakter von Fußballveranstaltungen in Deutschland. In *Fußball als Kulturphänomen. Kunst, Kultur, Kommerz*, hrsg. Markwart Herzog, 269–292. Stuttgart: Kohlhammer.

Rabe, Jens-Christian. 2007. Das große Flattern. Tune, was du nicht lassen kannst. Digitale Tonhöhenkorrektur, Kanye West und das irre kalte Monster Pop. In *Süddeutsche Zeitung* vom 18.12.2008, 13.

Rappe, Michael. 2010. *Under Construction. Kontextbezogene Analyse afroamerikanischer Popmusik.* Köln: Dohr.

Reckwitz, Andreas. 2000. *Die Transformation der Kulturtheorien. Zur Entwicklung eines Theorieprogramms.* Weilerswist: Velbrück.

Reichard, Sven. 2014. *Authentizität und Gemeinschaft. Linksalternatives Leben in den siebziger und frühen achtziger Jahren.* Berlin: Suhrkamp.

Reynolds, Simon. 1998. *Energy Flash. A Journey Through Rave Music and Dance Culture.* London u. Basingstoke: Picador.

Robson, Garry. 2004 (2000). *‚No One Likes Us, We Don't Care.' The Myth and Reality of Millwall Fandom.* Oxford u. New York: Berg.

Rolshoven, Johanna. 2008. Fußball aus kulturwissenschaftlicher Perspektive. In *FC St. Pauli. Zur Ethnographie eines Vereins*, hrsg. Brigitta Schmidt-Lauber, 38–53. Hamburg u. Münster: Lit.

Said, Edward. 2003 (1978). *Orientalism.* London: Penguin.

Sandvoss, Cornel. 2003. *A Game of Two Halves. Football, Television, and Globalization.* London u. New York: Routledge.

Sartre, Jean-Paul. 1999 (1938). *Der Ekel.* Reinbek: Rowohlt.

– 2010 (1943). *Das Sein und das Nichts. Versuch einer phänomenologischen Ontologie.* Reinbek: Rowohlt.

Saussure, Ferdinande de. 2001 (1915). *Grundfragen der allgemeinen Sprachwissenschaft.* Berlin u. New York: de Gruyter.

Schäfer, Mike S.; Roose, Jochen. 2010. Emotions in Sports Stadia. In *Stadium Worlds. Football, Space and the Built Environment*, hrsg. Sybille Frank u. Silke Steets, 229–244. London u. New York: Routledge.

Schafer, Raymond Murray. 1994 (1977). *The Soundscape. Our Sonic Environment and the Tuning of the World.* Rochester: Destiny Books.

– (Hg.). 2009 (1977). *Five Village Soundscapes.* Tampere: Tampereen Ammattikorkeakoulu.

Scherer, Wolfgang. 1983. *Babbelogik. Sound und die Auslöschung der buchstäblichen Ordnung.* Basel u. Frankfurt a. M.: Stroemfeld/ Roter Stern.

Schieffelin, Bambi B. 1990. *The Give and Take of Everyday Life. Language Socialization of Kaluli Children.* Cambridge u. a.: Cambridge University Press.

Schieffelin, Edward L. 2005 (1976). *The Sorrow of the Lonely and the Burning of the Dancers.* New York: Palgrave Macmillan.

Schmidt-Lauber, Brigitta. 2008 (2003). Der FC St. Pauli als kulturelles Ereignis. Zur Ethnographie eines Vereins. In *FC St. Pauli. Zur Ethnographie eines Vereins*, hrsg. dies., 13–37. Hamburg, u. Münster: Lit.

Schulze, Holger 2008: Bewegung Berührung Übertragung. In *Sound Studies. Traditionen, Methoden, Desiderate. Eine Einführung*, hrsg. ders., 143–165.

Schwarz, David. 1997. *Listening Subjects. Music, Psychoanalysis, Culture.* Durham u. London: Duke University Press.

Schwier, Jürgen. 2009. Ultras. Zur Selbstmediatisierung jugendlicher Fußballfans. In *Mediennutzung, Identität und Identifikation. Die Sozialisationsrelevanz der Medien im Selbstfindungsprozess von Jugendlichen*, hrsg. Lothar Mikos, Dagmar Hoffmann, Rainer Winter, 149–162. Weinheim u. München: Juventa.

Shapiro, Peter. 2009. *Turn the Beat Around. The Secret History of Disco.* London: Faber & Faber.

Sly Stone. 2008 (1971). *There's A Riot Goin' On.* Sony Music.

Snoop Dogg. 2008. Sexual Eruption/ Sensual Seduction. Auf *Ego Trippin'*. Doggystyle/ Geffen.

Thibaud, Jean-Paul. 2003: Die sinnliche Umwelt von Städten. Zum Verständnis urbaner Atmosphären. In *Die Kunst der Wahrnehmung. Beiträge zu einer Philosophie der sinnlichen Erkenntnis*, hrsg. Michael Hauskeller, 280–297. Zug und Kusterdingen: Die Graue Edition.

Toop, David. 1985. *The Rap Attack. African Jive to New York Hip Hop.* London: Pluto Press.

T-Pain. 2005. *Rappa ternt Sanga*. Konvict/ Jive/ Zomba.

Truax, Barry. 2009. Introduction to Five Village Soundscapes. In *Five Village Soundscapes*, hrsg. Raymond Murray Schafer, 286–289. Tampere: Tampereen Ammattikorkeakoulu.

Vannini, Phillip; Waskul, Dennis; Gottschalk, Simon; Rambo, Carol. 2010. Sound Acts. Elocution, Somatic Work, and the Performance of Sonic Alignment. In *Journal of Contemporary Ethnography* 39:3, 328–353.

Vikmann, Noora. 2009. Soundscape Shutters. Rhythmicity and Cultural Interruptions in the Soundscape. In *Acoustic Environments in Change*, hrsg. Helmi Järviluoma, Meri Kytö, Barry Truax, Heikki Uimonen, Nora Vikman, 90–115. Tampere: Tampereen Ammattikorkeakoulu.

Wagstaff, Gregg. 2002a. *TESE. Touring Exhibition of Sound Environments. Sounds of Harris & Lewis/ Machair Soundwalks.* Earminded.

– 2002b. Towards a Social Ecological Soundscape. In *Soundscape Studies and Methods*, hrsg. Helmi Järviluoma u. Gregg Wagstaff, 115–132. Turku: Finnish Society for Ethnomusicology, Department of Art, Literature and Music, University of Turku.

Walter, Klaus. 2010. Geschminkte Stimmen. In die tageszeitung, http://www.taz.de/Pornografisierung-des-Pop/!54641/, gesehen am 14.11.2014.

Waltz, Alexis. 2012. Gabriel Ananda. Short Story. In *Groove* 137, 101.

Waltz, Matthias. 1993. *Ordnung der Namen. Die Entstehung der Moderne: Rousseau, Proust, Sartre.* Frankfurt a. M.: Fischer.

– 2001. Zwei Topographien des Begehrens. Pop/ Techno mit Lacan. In *Sound Signatures*, hrsg. Jochen Bonz, 214–231. Frankfurt a. M.: Suhrkamp.

– 2006. Tauschsysteme als subjektivierende Ordnungen. Mauss, Lévi-Strauss, Lacan. In *Gift. Marcel Mauss' Kulturtheorie der Gabe*, hrsg. Stephan Moebius u. Christian Papilloud, 81–105. Wiesbaden: VS Verlag.

– 2007. Das Reale in der zeitgenössischen Kultur. In *Verschränkungen von Symbolischem und Realem. Zur Aktualität von Lacans Denken in den Kulturwissenschaften*, hrsg. Jochen Bonz, Gisela Febel, Insa Härtel, 29–55. Berlin: Kadmos.

Weed, Mike. 2007. The Pub as a Virtual Football Fandom Venue. An Alternative to Being There? In *Soccer & Society* 8:2, 399–414.

Weheliye, Alexander G. 2002. ‚Feenin.' Posthuman Voices in Contemporary Black Popular Music. In *Social Text* 71, 20:2, 22–47.

Willis, Paul. 1981 (1978). *‚Profane Culture'. Rocker, Hippies: Subversive Stile der Jugendkultur.* Frankfurt a. M.: Syndikat.

Winkler, Justin. 1999. Landschaft hören. In *Klanglandschaft wörtlich. Akustische Umwelt in transdisziplinärer Perspektive*, hrsg. Forum Klanglandschaft, 3–9. Basel: Akroama Verlag.

– 2012: Klanglandschaft – Zeitlandschaft. In *Landschaft quer denken. Theorien, Bilder, Formationen*, hrsg. Stefanie Krebs u. Manfred Seifert, 155–166. Leipzig: Leipziger Universitätsverlag.

Woods, Scott. 2000. Cell-Phone Girls. http://www.villagevoice.com/2000-12-12/music/will-you-scrub-me-tomorrow/, gesehen am 26.03.2013.

Žižek, Slavoy. 1997. *Mehr-Genießen. Lacan in der Populärkultur*. Wien: Turia + Kant.

– 1999. Ist das Cogito sexualisiert? In *Sehr innig und nicht zu rasch. Zwei Essays über sexuelle Differenz als philosophischer Kategorie*, ders., 55–97. Wien: Turia + Kant.

– 2001. *Die Tücke des Subjekts*. Frankfurt a. M.: Suhrkamp.